KB271830

책(冊)은 마음의 선물입니다.

책을 선물하는 당신, 당신은 아름답습니다.

당신의 따뜻한 마음을

소중한 그 분에게 전하세요.

_______________________ 님께

_______________________ 드림

스마트한 싱글들을 위한 아이템 100선
싱글
백서

스마트한 싱글들을 위한 아이템 100선

# 싱글백서

**초판 1쇄 인쇄** 2015년 06월 10일
**초판 1쇄 발행** 2015년 06월 17일

**출판등록 번호** 제2006-38호
**출판등록 일자** 2006년 8월 1일
**사업자등록번호** 206-92-86713

ISBN | 978-89-94716-10-7 13590

**주소** 138-873 서울특별시 송파구 바람드리12길 15-1(풍납동, 1층101호)
**전화** 02-2294-9105 | **팩스** 070-8802-6103
**홈페이지** www.MorningBooks.co.kr | **E-mail** morning@morningbooks.co.kr

**지은이** 석은주
**펴낸곳** 아침풍경 | **펴낸이** 김성규
**기획·디자인** 想 company



Published by AchimPoongKyung Co., Ltd. Printed in Korea

# Single
# white paper

item

# Contents


**Prologue**

소소한 싱글라이프의 세계로 초대합니다    06


**PART 01  ROOM**

'동선'과 '효율성'을 따져라

01  나를 반기는 아주 '똑똑한' 조명  **카멜레온 휴(hue)**    18
02  매일 밤, 아트를 만나다!  **빅 스팟 커버(Big Spot Cover)**    20
03  낮에는 소파로, 밤에는 침대로 변신한다!  **싱글이라면, 소파 베드(Sofa Bed)**    22
04  내 방을 카페로, 루미나(Luminor) LED 램프 & 스피커  **조명이야? 스피커야?**    24
05  '브런치'가 있는 일상  **베드 트레이(Bed Tray) 하나쯤은**    26
06  방한 · 방음 효과까지 만점!  **슬리퍼 한 켤레**    28
07  사랑까지 전하는 자연 가습기  **나눔팟 러브팟(Lovepot)**    30
08  시린 옆구리를 따뜻하게 감싸주는 사계절 아이템  **100% 울 담요(wool blanket)**    32
09  은은한 향기로 싱글룸을 채우다!  **아로마디퓨저, 재스민(Jasmine)**    34
10  아주 편안한 넥쿠션  **당신의 '꿀잠'을 도와드립니다!**    36
11  마음까지 안마해 줄게요!  **미스터 판판(Mr. Pan-Pan)**    38
12  빈티지 감성으로 즐기다  **마드모아젤 턴테이블**    40
13  아련한 동심으로 초대합니다!  **메모리 풍선 조명(Memory Celing Light)**    42
14  애플은 어디에나 있다?  **해피해요, 해플(HAPPLE)!**    44
15  한번 빠지면 헤어나올 수 없다!  **피곤할 땐 '푹신 소파'**    46
16  용감한 히어로가 지켜드립니다!  **스파이더맨 3D 데코라이트**    48
17  보조 난방을 하더라도 '엣지있게'  **온풍기라는 이름의 'MAX'**    50
18  푹신한 독서대와 미니 쿠션이 만났다?  **북시트(The Book Seat)**    52
19  빈 공간도 수납공간으로 활용하라  **침대 밑 수납 박스**    54
20  이것만 있으면 정리의 신!  **폴딩 박스면 된다!**    56
21  빠르게 다리고 손쉽게 보관하는 캡슐 다리미  **컴팩트터치(CompactTouch)**    58
22  이런 쓰레기통 봤나요?  **캡슐이 된 쓰레기통!**    60

23  마음의 건조함까지 밀려올 때! **에어워셔 '롤리폴리'**  62

24  아무데나 붙여 쓴다고? **만능 자석, '유어 마그넷(your magnet)'**  64

25  싱글룸 워너비 아이템을 꼽는다면 **다재다능 파티션**  66

26  걸어두면 작품이 된다! **감성 돋는 스토리지 보드**  68

27  내가 만드는 나만의 공간 **변신9단 액션스투디오**  70

28  거북목이 의심된다면? **노트북 쿨링 스탠드**  72

29  아날로그한 매력이 좋아! **티모르(Timor)**  74

30  완벽한 혼자만의 시간을 위하여! **소파에 끼워놓고 쓰는 미니 테이블**  76

31  원하는 위치대로 자유롭게 조절한다! **자바라 스마트폰 거치대**  78

32  허리 펴고 삽시다, 여러분! **very good, 베리데스크!**  80

33  눅눅함 잡아주는 사계절 싱글 필수품 **스트레스 먹는 제습기, 알버트(Albert)**  82

34  지저분한 것들은 저리 가라! **케이블 정리함 하나쯤은**  84

35  접이식 테이블의 멀티 파워 **북랙테이블(Book Rack Table)**  86

36  다양한 변신이 가능한 메탈 박스 **공간 활용의 큐브, 큐보(Qbo)**  88

37  보이는 수납, 스마트 스토리지! **월랙(wall rack)**  90

38  센스와 디자인으로 움직인다! **코드리스 청소기**  92

39  뭘 걸어도 센스만점 **우산걸이가 이토록 스타일 나는 물건이었나?**  94

● **싱글들에 의한, 싱글들을 위한 TIP 1 _ 스마트한 싱글들을 위한 필수 앱 가이드**  96


## PART 02  KITCHEN
**싱글들의 즐거운 놀이터, 부엌**


40  차 거름망이 가져다 준 여유 **차 한 잔 하실래요?**  110

41  밋밋한 식탁의 큐티한 감성 코드 **애니멀 퍼레이드 시즈닝 쉐이커**  112

42  좁은 집 넓게 쓰는 트윈테이블 **접었다 폈다, 내 맘대로!**  114

43  견고함과 단순함의 스테디셀러 **헬리오스 보온병**  116

44  환경을 생각하는 아이디어 와인스토퍼 **북극곰을 부탁해~**  118

45  오롯이 나만을 위한 그릇 **인테리어 소품이야? 그릇이야?**  120

46  간편하게 즐기는 솔로(solo) 커피 **한 잔 커피, 커피프레스**  122

47  갓 지은 밥맛, 요 안에 다 있다 **락앤락 '햇쌀밥용기'**  124

48  푸릇푸릇 신선함이 한가득 **퀄리의 샐러드 볼**  126

49  보는 것만으로도 요리가 즐거워진다! **유니크한 주방 아이템**  128

50  이왕 하는 설거지, 즐겁게! **필론 브러쉬(brush)**  130

51  '엣지있게' 누린다! **홈바형 냉장고 SMEG500**  132

52  세우지 말고 눕혀 보관하세요! **와인셀(Wine Cell)**  134

| 53 | 버튼 하나로 간편 요리가 뚝딱! **다용도 건강식 메이커** | 136 |
| 54 | 스타일리시하거나 스마트하거나! **미니 블렌더** | 138 |
| 55 | 싱글이라면 미니 밥솥 **'맛있는' 밥 드세요!** | 140 |
| 56 | 출근 준비하는 동안 커피, 계란 프라이, 따뜻한 빵이 한방에! **보만 커피메이커 & 오븐** | 142 |
| 57 | 딱 1인분을 위하여! **레꼴뜨 솔로 오븐(solo oven)** | 144 |
| 58 | 이것이 디자인의 힘! **스메그 토스터기** | 146 |
| 59 | 혼자 살려면 이거 하나 정도는 꼭! **정말 '멀티'한 쿠커** | 148 |
| 60 | 집에서 만들어 먹는 팝콘 **주말의 명화는 팝콘 팝퍼와 함께!** | 150 |
| 61 | '그냥' 주스가 아니예요! **내 몸을 살리는 '욕망의' 가전, 휴롬** | 152 |
| 62 | 커피, 컵라면… 끓는 물만 있으면 OK! **예뻐서 더욱 손이 가는 전기포트** | 154 |
| 63 | 오롯이 즐기는 나만의 홈 카페 **네스프레소 캡슐 커피 머신** | 156 |
| 64 | 싱글들의 워너비 냉장고 NO.1 **스메그 FAB28** | 158 |
| 65 | 환기없이! 간편하게! **딱 1구짜리 전기레인지** | 160 |
| 66 | 혼자서도 맛있게 구워먹자! **미니 엑셀리오 그릴** | 162 |
| 67 | 참 고마운 음식물처리기 **스마트카라(Smart KARA)** | 164 |
| ● **싱글들에 의한, 싱글들을 위한 TIP 2** _ 혼자 먹어도 부담 없는 1인 식당 | 166 |


## ● PART 03  BATHROOM
### 욕실, 고칠 수 없다면 스마트하게 즐겨라


| 68 | 칫솔 홀더로, 컵으로도 사용하는 **2 in 1 양치컵** | 176 |
| 69 | 물 빠짐 기능으로 비누 무를 날이 없을 땐 **젠(Zen) 비누홀더** | 178 |
| 70 | 욕실로 들어 온 사물인터넷 세상 **아주 똑똑한 전동칫솔** | 180 |
| 71 | 빨래가 '갑'이었던 싱글들이여 **벽걸이 미니(mini)로 빨래 끝!** | 182 |
| 72 | 건강을 생각하는 싱글이라면 **스마트폰 대신 하루 15분 족욕!** | 184 |
| 73 | 화장실, 이제 오픈하세요! **체리 화장실 브러시** | 186 |
| 74 | 합리적 용량, 야무진 기능으로 빨래걱정 타파! **꼬망스 미니 세탁기** | 188 |
| 75 | 작지만 강한 바람, 놀라운 수납력까지! **벽걸이형 미니 드라이어** | 190 |
| 76 | 샤워하면서도 음악을 즐긴다! **방수 블루투스 스피커, 터프(Tough)** | 192 |
| 77 | 비싼 시술 부럽지 않다. **홈 뷰티 케어, '메르비'** | 194 |
| 78 | 이것만 바르시면 됩니다! **귀찮다면 올인원(All in One)!** | 196 |
| 79 | 막힌 곳을 간단하게 뚫어드립니다! **뚫어펑, 미스터펑** | 198 |
| 80 | 3단 바구니의 무한 변신 **잡동사니들이여, 내게로 오라!** | 200 |
| ● **싱글들에 의한, 싱글들을 위한 TIP 3** _<br>별의 별걸 다 배달해주는 서브스크립션 서비스 | 202 |

# PART 04  HEALTH & OUTDOOR
### 건강과 취미를 위한 '가치 투자'에 집중해라


| | | |
|---|---|---|
| 81 | 여유로운 라이프스타일을 꿈꾼다면 **버츄(virtue) 클래식 자전거** | 214 |
| 82 | 싱글족의 데일리 '잇'아이템 **캐스 키드슨 에코백** | 216 |
| 83 | '엣지있는' 스마트 어댑터족을 위한 블루투스 헤드셋 **삼성 기어 서클** | 218 |
| 84 | 친환경으로 달린다! 1인용 전동 스쿠터, 에어휠(Airwheel) S3 | 220 |
| 85 | 신고만 있어도 살이 빠진다고? **하루 10분 밸런스톤(Balance Tone)** | 222 |
| 86 | 여기저기 주물러 드립니다! **내 손안의 진동 마사지기** | 224 |
| 87 | 휴대용 블루투스 스피커, 야마하 NX-P100 **블루투스로 즐기세요!** | 226 |
| 88 | 건강한 싱글라이프를 꿈꾼다면, 달려라! **나이키 에어맥스 2015** | 228 |
| 89 | 유난히 옆구리 시린 싱글들이여 **추울 땐 히트텍하세요!** | 230 |
| 90 | 나이키 레볼루션 트레이닝 재킷(Revolution Training Jacket) **사시사철 바람막이** | 232 |
| 91 | 예쁜 게 좋아! **아주 스타일리시한 캐리어** | 234 |
| 92 | 내 몸에 거는 아이디어 소품 **일상을 여행처럼, 택툴(tagtool)** | 236 |
| 93 | 혼자라도 두렵지 않다! **나를 위한 경비원, 브이스타캠-100V** | 238 |
| 94 | 싱그러움을 담다! **자연을 담는 가방, 패브릭 화분 박삭(Bacsac)** | 240 |
| 95 | 천장에 걸어두고 즐기는 자연 **스카이 플랜터(Sky Planter)** | 242 |
| 96 | 잔 손 가는 싱글 살림에 하나쯤은 DIY가 필요할 땐, 후쿠 | 244 |
| 97 | 게으른 몸치를 위한 나만의 트레이너 **건강한 팔찌, 핏비트 차지(Fitbit Charge)** | 246 |
| 98 | 에코라이프의 시작 **스타벅스 텀블러** | 248 |
| 99 | 싱글룸에 꾸민 나만의 전용 영화관 SKT 스마트빔 | 250 |
| 100 | 키덜트족의 스몰 럭셔리 **어른들의 장난감, 피규어(figure)** | 252 |
| ● **싱글들에 의한, 싱글들을 위한 TIP 4** _ 싱글들을 위한 똑똑한 재테크 A to Z | 256 |

# Prologue



어느새 대세가 된 싱글라이프. 결코 드라마에 비춰지는 모습처럼 화려하고, 엣지있고, 완벽하진 않지만, 수많은 사람들이 이 녹록치 않은 라이프스타일에 도전하는 것에는 다 이유가 있겠지요. 혼자만의 공간을 갖게 되는 것은 물론, 오롯이 자신에게 집중할 수 있는 시간까지 덤으로 얻기 때문이 아닐까요.

싱글라이프의 가장 매력적인 메리트는 이 모든 것의 주인공이 다름아닌 '자신'이라는 사실입니다. 각별한 의미와 이야기가 담긴 물건과 책, 음악으로 가득 찬 적당히 작고 아늑한 나만의 공간, 가장 편하게 숨 쉴 수 있는 라이프스타일에 최적화된 나만의 공간, 충분히 고민하고, 투자하고, 꿈꿀 수 있는 나를 위한 시간을 가질 수 있으니까요.

얼마 전에 독립 7년차 후배 에디터의 집에 초대 받아 놀러갔던 적이 있습니다. 이것저것 살림살이가 눈에 들어오던 중 방 한켠에 놓여있는 아르네 야콥센(Arne Jacobsen)의 에그 체어(Egg Chair)가 눈에 확 들어왔습니다. 줄잡아도 몇 백 만원, 이미테이션도 몇 십 만원에 이른다는 이야기를 들은 적이 있던 터라 적잖이 당황했지요. 놀라는 저를 향해, '1인용 소파는 싱글의 아이덴티티라구!'라며 당당하게 외치던 후배의 얼굴이 떠오릅니다.

솔직히, 부럽다는 생각이 든 건 사실입니다. 어느새 '품절녀'가 되어 온가족 살림을 책임지는 저로서는, 식구들 하나하나 챙길 필요 없이 자신만의 공간을 누리는 후배에게 은근한 시샘이 났던 것 같습니다. 하지만 그녀의 삶도 자세히 들여다보면 결코 쉽지 않음을 알 수 있습니다. 관리비며 집세 등 골치 아픈 문제도 혼자 해결해야 하고, 필요한 가구나 살림살이 등 스스로 모두 챙겨야 합니다. 아플 때는 또 어떤가요. 혼자 끙끙 아픈 것만큼 서러운 일이 없습니다. 밥 한 끼 차려먹는 것도 '의식'입니다.

이렇듯, 늘 동경해 왔던 싱글라이프가 막상 현실로 다가오게 되면 누구라도 크고 작은 시행착오를 겪기 마련입니다. 뭐든지 처음부터 잘할 수는 없는 법이지요. 하지만 일명 '생존'의 단계를 넘어선 싱글족이나 규칙적인 운동으로 철저한 자기관리를 해 나가는가 하면, 독특한 스타일의 인테리어로 공간을 채우는 등 자신만의 당당한 라이프스타일을 구축해나가는 그들을 보면 그렇게 멋있어 보일 수가 없습니다.

싱글들의 삶을 부러워하고 하면서 만약 나라면 어떤 물건을 들여놓고 싶을까, 혼자 살면서 꼭 필요한 건 무얼까 하는 고민을 하기 시작했습니다. 찾아보니 탐나는 물건들이 한둘이 아니더군요. 싱글족도 아무 불편함 없이 사용할 수 있는 각종 미니 키친 웨어부터 센스 있는 사무용품과 스마트 한 웨어러블 기기들, 외로움을 달래줄 각종 취미 용품, 위트 있는 디자인의 조명 등… 이중에서 싱글들에게 정말 필요한 아이템은 무엇일지 하나하나 고르는 작업을 하면서 마치 싱글이 된 듯, 잠시 행복한 고민에 빠지기도 했습니다.

막상 싱글 생활을 시작했지만 당장 어떤 물건들로 빈집을 채워야 할지 막막한 그들, 무언가 특별한 아이템으로 자신만의 공간을 창조하고 싶은 중견(?) 싱글족들에게 이 책은 센스 있는 가이드가 되고 싶은 마음입니다.

막막한 걱정과 동시에 짜릿한 자유를 매 순간 함께 겪는 싱글족들에게, 자신의 공간을 만들어가는 데 도움이 될 싱글 아이템 100개를 모아보았습니다. 편리한 1인 생활을 도와주는 스마트폰 어플리케이션, 혼자서도 당당하게 밥 먹을 수 있는 1인용 식당, 서브스크립션 정보, 재테크 가이드 등 소소한 '꿀팁' 또한 곳곳에 양념처럼 버무렸습니다.

마치 맛있는 요리 레시피를 찬찬히 읽어나간다는 느낌으로 책 구석구석을 들여다보는 것은 어떨까요. 이 책을 읽는 내내 어떤 나만의 라이프스타일을, 나만의 집을 꾸려나갈지에 대한 행복한 고민이, 여러분의 머릿속을 가득 채웠으면 좋겠습니다.

석은주(dnc2012@naver.com)

# PART
# 01

# ROOM

싱글하우스에서 '방'은 많은 것을 아우르는 공간이다. 하루의 피로를 푸는 휴식과 힐링의 공간이 되었다가, 책이나 TV를 보거나, 원룸일 경우 식사를 위한 다이닝 공간으로도 활용된다. 때문에 소소한 아이템들이 가장 많이 필요한 공간이기도 하다. 하지만 싱글라이프의 장밋빛 기대에 부풀어 이것저것 계획 없이 준비하다보면 어느새 방 안은 어지러운 창고로 전락하기 쉽다. 스타일도 포기할 수 없고, 효율성도 따져봐야 하는 상황. 이럴 땐 자신의 라이프스타일을 고려한 '동선'을 따라 쇼핑 리스트를 만들면 불필요한 낭비를 막을 수 있다.

# ROOM

## '동선'과 '효율성'을 따져라

프리랜서 에디터 한승은(32)씨는 유학 생활을 포함해 12년 동안 원룸에서 살고 있는 싱글족이다. 평소 해외직구 쇼핑광으로 소문이 자자하지만 정작 본인은 패션이나 가구 보다는 살림살이에 관심이 더 많다. "최근에 큰맘 먹고 공기청정기를 구입했어요. 친칠라 고양이를 한 마리 키우고 있는데, 집에 올 때마다 코가 가렵고 냄새도 나더라고요. 공기청정기를 사용하고부터는 창문을 열어 놓지 않고도 실내 공기가 좋아졌음을 느껴요."

그녀는 요즘 콤팩트형 스팀다리미의 덕도 톡톡히 보고 있다며 추천했다. "실크나 니트 종류 옷이 많아서 늘 옷을 다려서 입어야 해요. 기존의 다리미는 번거롭고 자리만 차지하는 경우가 많아서 잘 안 쓰게 되더라고요. 그래서 세탁소에 늘 맡겨야 하는 불편함이 있었는데 스팀다리미를 구입하면서 생각이 달라졌어요. 예열 시간도 빠르고 손목에 무리를 주지 않아 외출 전에 요긴하게 잘 쓰고 있어요." 핸디형이라 꺼내 쓰기 편하고 한 손에 쏙 들어오니 아침에 머리 드라이하듯 편하게 쓸 수 있어 좋다고 한다.

지난 해 봄 '드디어' 집에서 분가한 PR 매니저 김기태(37)씨는 새 보금자리로 이사 오면서 가구를 모두 새로 구입했다. "집에서 쓰던 걸 가져올까도 생각했었는데, 싱글라이프도 축하할 겸 무리가 가더라도 가구를 새로 장만하기로 했어요. 평소 인테리어에 관심이 많아서 리빙 잡지나 인테리어 편집샵에 들어가서 틈틈이 눈팅도 했죠. 그런데 막상 내 공간이 생기고 보니 뭐부터 준비해야할지 막막하더라고요. 또 원룸이다 보니 침대 하나 놓고 나면 다른 가구 놓을 공간도 없어 애매했죠." 고민 끝에 그는 침대 대신 데이베드를 구입해서 낮에는 소파처럼 쓰다가 저녁에는 침대로 사용한다. 아직까지 크게 불편한 점은 없단다. 침대 때문에 죽은 공간이 될 뻔 했던 한쪽 벽엔 모듈식 박스 가구를 놓고, 필요에 따라 자유롭게 쌓았다 해체했다 하며 사용하고 있다. "시간이 지나니 모양만 예쁜 가구들은 오히려 짐이 되더라고요. 좁은 싱글룸일수록 수납이 답이라는 생각이 절실해요."

1인 가구 전성시대. 네 집 걸러 한 집이 1인 가구가 된 요즘, '싱글'이란 단어는 그리 낯설지도 어색하지도 않다. 오히려 안정적인 경제력을 겸비한 채 자신을 위한 투자에 아낌없는 그들은 부러움의 대상이다. '솔로 이코노미'라는 새로운 경제 용어가 만들어질 정도로 소비의 '축'으로 떠오르며 사회 전반에 걸쳐 트렌드를 이끌어 가고 있다.

이런 싱글들의 물리적인 상징성은 '싱글룸'으로 대변되는 자신만의 공간이다. 조용히 사색에 잠길 수 있고, 그 누구의 방해도 없이 온전히 자신에게 집중할 수 있는 혼자만의 공간. 오랫동안 꿈꿔왔기에 저마다 자신만의 아늑한 공간을 꿈꾸며 이것저것 욕심을 내본다. 방을 꾸미거나 쇼핑 목록을 정할 때 중요한 것은, 자신의 '동선'을 고려해야 한다는 점이다. 평소 생활하는 흐름을 따라 공간 배열을 하다보면 불필요한 물건을 뺄 수도 있고, 자연스럽게 필요한 가구 및 인테리어 스타일까지 결정할 수 있다.

● **동선별로 구입해야 할 물건 리스트를 만들어라**

원룸처럼 작은 공간에서 동선이 무슨 대수냐고 반문할 수도 있겠다. 하지만 스스로 본인의 라이프스타일을 곰곰이 생각해보면 필요한 물건과 굳이 없어도 살 수 있는 물건들의 판단 기준이 생기기 마련이다. 혼자 살면서 꼭 필요한 가전제품이나 디테일한 소품 리스트도 준비할 수 있어 쓸데없는 낭비를 미연에 막아주기도 한다.

먼저, 침대처럼 기본적으로 필요한 아이템의 위치를 정해 본다. 굳이 침대가 아니라도 좋다. 테이블이나 소파 등 본인의 라이프스타일에서 가장 중심으로 두고 있는 아이템 위주로 위치를 잡은 다음 그 동선을 따라 무엇이 필요할지 리스트를 만들어보는 거다. 스탠드, 책상, 화장대, 소파, 수납장, 식탁 등의 소소한 아이템이 떠오를 것이다.

이때부터는 주어진 공간 및 효율성을 두고 포기할 것은 포기하고 꼭 필요한 것만 구입하는 데 집중해야 한다. 우선, 공간이 넉넉하다면 침대 외에 1인용 소파나 빈백 같은 좌식 소파를 두어도 좋지만, 여의치 않다면 소파 겸 밤에는 침대로도 사용할 수 있는 데이베드를 고려해 본다. 책상이나 화장대도 굳이 각각 필요하지 않다면 하나로 줄인다. 베이직한 디자인을 선택해 두 가지 용도로 함께 사용하면 효율적이다. 평소 깊은 잠을 못자는 케이스라면 숙면을 도와주는 암막 커튼이나 침구 등을 위시 리스트에 넣어야 할 것이고, 집에서도 업무를 처리하는 경우라면 작더라도 오직 책상으로만 쓸 수 있는 테이블은 필수다. 스마트폰이며 노트북 등으로 침대에서 꼼지락거리며 시간을 많이 보낸다면 침대 옆 사이드테이블도 염두에 둬야 할 것이다. 취향 따라 스칸디나비아 풍의 담백한 스타일로 꾸밀지 군더더기 없는 모던한 분위기로 꾸밀 지도 이때 결정하면 좋다. 이처럼 동선과 같이 큰 밑그림만 잡아 놓으면 그 다음부터는 원하는 분위기도, 필요한 물건 종류도 자연스럽게 결정된다.

## ● 멀티 기능으로 공간을 넓게 써라

대부분의 싱글룸은 좁은 원룸이나 투룸, 평형이 작은 아파트인 경우가 많다. 이런 집에 가구 하나를 들여 놓는다는 것은 엄청난 공간에 대한 '투자'다. 이런 투자는 가구가 지닌 기능과 효율성에 있어서 늘 고민하게 만들기도 한다. 저렴하고 예쁘다고 즉흥적으로 구입하는 가구들은 결국 유행이 지나면 짐만 될 뿐이다. 반면 필요성을 알면서도 '굳이 이것까지야?' 고민하다 빠트린 것들은 결국 살면서 '살 걸!'하는 아쉬움으로 다가오기 쉽다. '지금 당장은 필요 없지만 결혼할 때를 대비해서~' 등의 이유로 굳이 욕심내고 싶은 아이템이 생기기도 한다. 이런 애매한 선택을 결정짓는 기준은, 생각할 것도 없이 '효율성'이다.

　제아무리 스타일리시한 가구라도 나에게 '짐'이 되어선 안 된다. 짐에 파묻혀 살기로 작정하지 않은 이상, 우선 내가 살면서 편해야 한다는 점을 명심하자. 이럴 때 주어진 공간을 효율적으로 활용 가능한 멀티 가구로 눈을 돌려 보는 것도 좋은 방법이다. 소파베드는 낮에는 소파로, 밤에는 침대로 변신한다. 접었다 펼 수 있는 식탁 테이블은 식사를 하거나, 노트북 컴퓨터 또는 업무용 책상으로 쓰다가 안 쓸 때는 쓱 접어둘 수 있다. 안에 수납할 공간이 있는 스툴은 의자로도 쓰고 잡다한 소품들 담아 두기도 좋다. 벙커 형태의 2층 침대는 아래 칸만 잘 활용하면 침실뿐만 아니라 근사한 홈오피스 공간으로도 활용할 수 있다.



## ● 효과적인 수납 아이템, 모듈 가구

　작은 집일수록 수납은 '선택이 아닌 필수'라고들 한다. 내 마음대로 조립할 수 있는 '모듈형' 수납 가구도 싱글룸의 현명한 솔루션이 될 수 있다. 이사할 때마다 가구 때문에 골치 아팠던 경험은 한 번씩 있을 것이다. 큰맘 먹고 구입한 가구가 구조에 맞지 않아 애매한 처지에 놓인 경우, 버리자니 본전 생각나고 그대로 두자니 마땅히 둘 장소도 없다. 그래서 최근에는 이 낭비를 보완하는 방법으로 공간에 맞춰 자유자재로 변형할 수 있는 '모듈 가구'가 주목받고 있다. 모듈 가구란 일정한 기본형을 가진 가구를 기본으로 사용 조건에 맞추어서 다양한 조합이 가능한 가구를 말한다. 기본 유닛(unit)들을 조합해 쌓거나 늘리는 등 마치 블록처럼 마음대로 형태를 바꿀 수 있다. 소파가 되었다가 의자가 되기도 하고, 책상처럼 쓰다가 책장이 필요하면 위로 쌓아서 책장으로 만들어 쓰는 방식이다. 어떻게 만드느냐에 따라 무한대로 변신 가능하다는 점이 가장 큰 특징이다. 시중에 판매되고 있는 박스 형태의 유닛을 여러 개 구입한 다음 필요에 따라 서랍장으로, 책상으로, TV 받침대나 식탁 등으로 만들어 사용한다. 각자의 여건에 맞는 용도로 사용할 수 있기 때문에 제품을 배치하고 결합하면서 새로운 디자인을 만들어 내는 재미도 쏠쏠하다. 이사할 때는 각각 분리한 뒤 따로 챙겨 가면 된다.

● **가치 있는 한 가지면 충분하다**

모든 것을 다 가질 수 있으면 좋겠지만 그렇지 못한 경우엔 적절한 선에서 구입비용을 줄인 다음, 평소 꿈꿔왔던 한 가지 정도는 크게 '질러' 본다. 누군가에겐 디자인 체어가 될 수 있고, 또 어떤 이에겐 유명 오디오 시스템이 될 수도 있다. 빈 집에 혼자 들어오는 게 서글픈 사람은 사물 인터넷 시스템으로 진화한 조명 시스템에, 부엌에 자주 드나드는 스타일이라면 '스메그(SMEG)' 같은 디자인 냉장고에 과감히 지갑을 열 수도 있다. 열 개를 다 가질 수 없다면, 아홉 개는 합리적으로 줄이고 대신 나머지 한 개는 '엣지있는' 자기만의 물건에 투자하는 것이다. 낭비 같아 보이지만 어떻게 보면 싱글들만이 누릴 수 있는 작은 사치, 즉 '소신소비'의 개념으로 이해해도 좋겠다. 반갑게도 요즘은 맹목적으로 명품을 쫓는 거품 소비는 줄고 합리적인 선에서 가능한 소비가 늘고 있다는데, 싱글라이프에 있어서도 감당할 자신만 있다면 하나쯤은 자신만의 '아이덴티티' 아이템을 구입해 소유하는 즐거움을 누릴 수도 있지 않을까? 일례로 알고 지내는 한 후배는 1년간 모은 적금으로 유명 디자이너의 디자인 체어를 구입했는데, 볼 때마다 스스로 꾸려 가는 싱글라이프가 대견하다고 말한다. 혼자 집에 있을 때면 그곳에 앉아 하루의 고단함을 달래곤 한다고.

   조명은 참 신기한 매력을 지녔다. 큰 돈 들이지 않고도 실내 분위기를 좌지우지할 수 있기 때문이다. 예전 같으면 천장 한 가운데의 형광등이 전부였겠지만 요즘은 스탠드, 플로어, 사이드, 포인트 조명 등 용도에 맞는 다양한 조명 시스템이 선택의 즐거움을 안겨 주고 있다. 따뜻한 분위기를 원한다면 하얀 불빛의 형광등 대신 백열등의 은은한 불빛을 이용해보자. 책상 위 스탠드나 주방의 식탁 등, 소파 옆에 플로어 스탠드를 켜두면 집 안 전체에 아늑하고 따뜻한 느낌이 든다. 혼자 사는 집에 무슨 조명 타령이냐고 묻는다면 그건 하나만 알고 둘은 모르는 이야기다. 혼자 사는 사람이 제일 외로워지는 시간은 밤이란 사실. 따뜻한 온기는 난방만으론 해결되지 않는 법이다. 썰렁한 빈 집에 온기를 줄 수 있을 뿐더러 독특한 조명으로 밋밋한 싱글룸을 개성 넘치는 공간으로 바꿔놓을 수도 있다. 최근에는 스마트폰과의 연동으로 집에 도착하기 전에 미리 조명을 맞춰 놓는다거나 기분에 따라 컬러까지 바꿔가면서 안주인의 기분을 살펴 주는 똑똑한 조명

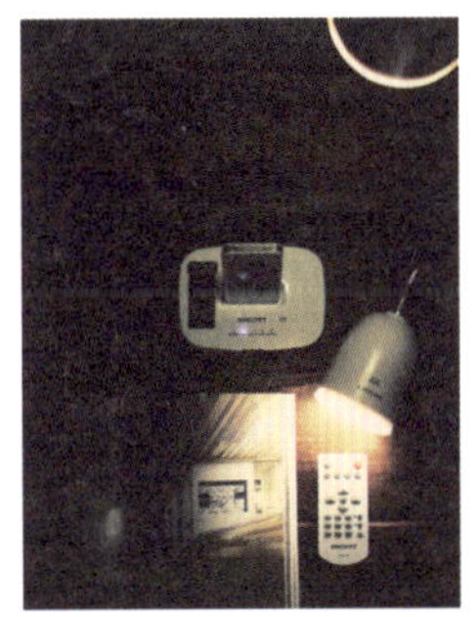

시스템도 출시되고 있다. 스피커와 연결되어 켜자마자 음악이 흘러나오는 등 마치 카페처럼 아늑한 분위기를 연출해주는 제품도 눈여겨볼만하다.

# 카멜레온 휴(hue)

**Editor's Tip**

❶ 휴 디스코 앱을 활용하면 집에서도 클럽분위기를 낼 수 있다. 파티 음악의 리듬에 따라 조명 색상을 자유자재로 바꿀 수 있다는데… 단, 너무 자주 사용하면 경미한 어지러움증을 유발할 수도 있으므로 자제할 것!

❷ 똑똑한 휴(hue)를 사용하기 위해선 반드시 인터넷 환경이 구축되어 있어야 한다. Wi-Fi 공유기 설치는 필수.

❸ 휴(hue) 전용 어플리케이션은 앱스토어와 구글 플레이에서 무료로 다운받을 수 있다.

퇴근길, 아무도 없는 불꺼진 집에 혼자 들어가는 모습은 생각만 해도 처량하다. 하지만 집에 들어서자마자 마치 나를 기다렸다는 듯이 불이 환하게 켜지고, 레드, 블루, 오렌지 등 내 기분대로 색깔이 바뀌고, 그것도 모자라 바깥 날씨나 음악에 따라 조명 컬러가 막 달라진다면? 마치 영화에서나 가능했을 일들을 이제 싱글룸에서 누릴 수 있게 되었다. 스마트폰만 있으면 내 맘대로 불을 켰다 껐다 재미있게 놀 수 있는 이 카멜레온 같은 매력의 소유자는, 다름아닌 필립스의 휴(hue). 요즘 트렌드를 이끌고 있는 IoT(Internet of Things), 즉 사물 인터넷의 '조명' 버전인 셈인데, 한마디로 인터넷 공유기를 통해 전체 조명이 컨트롤되는 시스템이라고 생각하면 쉽다.

설치 방법은 간단하다. 우선, LED 스마트 전구와 브릿지로 구성된 '휴 스타터 킷(hue Starter Kit)'을 구입해서, 전구는 기존의 스탠드나 팬던트 조명의 소켓에, 브릿지는 랜(LAN)선으로 무선 공유기와 연결한다. 그 다음엔 브릿지가 알아서 네트워킹해준다. 기본적으로 휴식(relax), 집중(Concentrate), 활력(Energize), 독서(Reading) 등 4가지 모드가 내장되어 있으며, 그날

스마트폰에 전용 앱을 깔면 일일이 손으로 켰다 껐다 하지 않아도 내 맘대로 컨트롤이 가능한 조명 시스템 필립스 휴(hue). 기본적으로 세팅되어 있는 휴식, 집중, 활력, 독서 등 4가지 모드 외에도 필요에 따라 조도나 색상까지 조절이 가능하다.

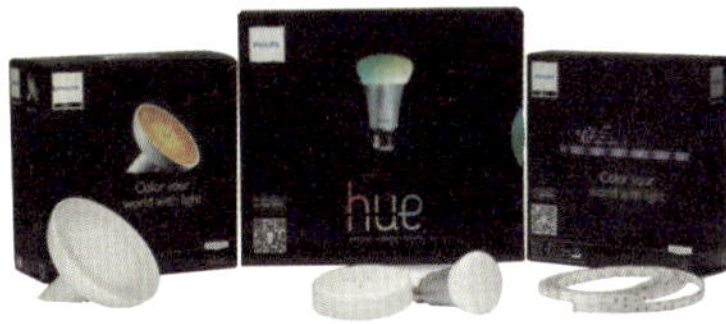

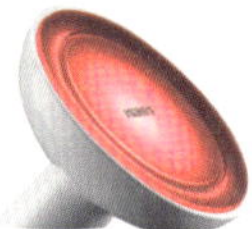

기분따라 세팅만 하면 된다.

또 하나, 이 '똑똑한' 스마트 휴(hue)는, 스마트폰이나 태블릿PC에 전용 앱을 깔면 알람, 타이머, 위치인식 능 별의별 기능으로 내 손안의 장난감처럼 갖고 놀 수도 있다는 사실이다. 단순히 전원을 켜고 끄는 것 뿐만아니라 조도나 색상까지 내 맘대로 바꿀 수 있다.

조명 외에도 다양한 기능으로 즐길 수 있다. 원격으로 조명을 켜거나 끌 수 있으며 알람이나 타이머로 컨트롤할 수도 있다. 바깥 날씨나 음악에 따라 조명 색을 바꿀 수도, 특정 주식이 오르거나 자신의 SNS에 새 글이 등록됐을 때 깜빡이게 할 수 있다. 또한 지오펜싱(Geofencing) 기능이 있어 사용자가 집 가까이 오면 조명이 자동으로 켜지고 집에서 멀어지면 자동으로 꺼지게 할 수도 있다. 아침에 알람 대신 점차 밝아오는 조명으로 일어나거나 집에 오기를 기다렸다는 듯이 화사한 색으로 나를 반기는 조명. 이 행복한 상상이 현실이 되었다.

**판매 및 문의 필립스코리아** www.philips.co.kr

# 빅 스팟 커버(Big Spot Cover)

혼자 살아도 갖출 것은 다 갖추고 싶은 것이 싱글들의 마음이다. 때문에 물건 하나를 고를 때도 공간 활용도와 가격, 디자인 등을 꼼꼼히 따진다. 여자라면 주방기구나 리빙 아이템으로 눈을 돌릴 것이며 남자라면 취미생활이나 운동기구부터 기웃거릴 것이다. 그러나 남녀를 막론하고 가장 신경 써야 하는 부분은 침구와 쿠션 같은 잠자리에 관련된 필수품. 하루의 고단함을 풀 수 있는 힐링 아이템이자, 개성있는 베딩 연출은 주어진 공간 내에서 자신만의 인테리어 감각을 표현할 수 있는 포인트가 되기 때문이다. 챕터원에서 만난 아우라 홈(Aura Home)의 '빅 스팟 커버'는 이런 싱글들이 원하는 세 가지, 즉 기능성, 디자인, 그리고 그렇고 그런 침구와는 확연히 차별되는 개성까지 다 아우르는 침구라 할 수 있다.

지구촌을 여행하며 영감을 얻은 디자이너의 눈은 복잡하거나 단순하다. 화려함 뒤에는 심플함이 존재하고 심플함 뒤에는 복잡해지고 싶은 욕망이 존

재한다. 전체적인 비주얼을 보면 커다란 이불 위에 찍힌 점 하나 일뿐이고, 침대에 그냥 펼쳐 놓았을 뿐인데, 밋밋한 침대를 이렇게나 스타일리시하게 바꿔 놓는다. 수많은 점들의 귀여움 대신 강렬한 포인트 하나를 좋아하는 싱글이라면 너도나도 탐낼만한 물건 아닐까. 한동안 스트라이프의 열풍이 있었고 이 패턴은 영원히 지속되겠지만 사이즈가 커지면 라인보다는 도트 무늬가 훨씬 안정감을 준다. 약간의 모던함을 더한다면 컬러풀한 도트가 오히려 합리적이다.

혼자 자도 베개 두 개를 두거나 베개 하나에 푹신하고 커다란 쿠션 하나를 놓아야 편안한 잠을 잘 수 있는 듀엣 구성이란 점도 마음에 든다. 커다란 베개 두 개는 그날의 기분에 따라 사이드를 번갈아 가며 사용하면 될 것이고, 남은 한 개는 쿠션으로 써도 무방하겠다.

판매 및 문의 챕터원  www.chapterone.kr

**Editor's Tip**

관리만 잘해도 같은 이불을 오래도록 톡톡하게 사용할 수 있다.
❶ 린넨과 코튼이 섞인 고급스러운 소재는 단시간 가볍게 세탁하는 것이 좋다. 처음 세탁 시, 세탁기의 손빨래 기능으로 한번만 돌려 빨아주자.
❷ 삶거나 표백제를 사용하면 천이 상하기니 색이 번힐 수 있으므로 주의한다. 가급적 탈수는 짧은 시간에 해주고, 너무 꽉 짜거나 비틀지 않는 것이 좋다.
❸ 톡톡한 느낌을 원한다면 살짝 덜 말랐을 때 다림질로 다려주면 된다.

# 싱글이라면, 소파 베드(Sofa Bed)

싱글룸 인테리어의 포인트는 좁은 공간을 얼마나 효율적으로 활용하느냐에 달려있다. 특히 한 방에 책상이며 TV, 수납장, 침대 등을 배치해야 하는 원룸일 경우에는 더욱 그렇다. '가구들은 최대한 줄여서 꼭 필요한 것만 구입하거나, 한 가지로 두 가지 이상의 기능을 할 수 있는 아이템이면 더욱 좋다' 등등. 귀에 딱지 앉도록 듣는 말이긴 하지만, 사실이다. 효율적인 공간 활용이 가능한 소파 베드야말로 이런 목적에 200% 충실한 아이템이 아닐까. 낮에는 소파로 사용하고 밤에는 침대로 변형이 가능해 좁은 공간을 효율적으로 사용할 수 있다. 일반 침대에 비해 디자인과 컬러, 사이즈가 다양해 선택의 폭이 넓다는 장점도 있다.

디자이너스룸의 카우치형 소파 베드 '어반라운지 싱글톤 소파 베드'. 시크한 디자인 특징이며, 3단계 각도 조절 기능도 갖추었다.

# 03

접었을 땐 소파로, 펼치면 길이 2m의 1인용 침대로 변신하는 동양클래식가구의 소파 베드. 좁은 싱글룸에 추천할만한 아이템.

동양클래식가구의 1인용 소파 베드는 접이식 침대다. 말 그대로 소파와 침대라는 두 가지 기능에 충실한 다목적 가구. 접었을 때는 90cm 폭의 소파로, 펼쳤을 때는 길이 200cm의 1인용 침대로 변신한다. 공간 활용은 물론 부드럽고 고급스러운 소재감으로 공간의 격도 높여줄 뿐만 아니라, 아래에는 회전 장치가 달려 있어 회전의자처럼 회전도 가능하다.

스타일리시한 디자인을 원한다면 디자이너스룸의 '어반라운지 싱글톤 소파 베드'도 눈여겨 볼만하다. 심플한 디자인뿐만 아니라 블랙 컬러가 주는 시크한 이미지가 돋보이는 소파 베드로, 군더더기 없는 미니멀한 가구를 선호하는 이들에게 추천하고 싶은 모델이다. 카우치형이라 다리를 쭉 뻗은 상태에서 편안한 휴식을 취할 수도 있다. 3단계 각도 조절 기능이 있어 본인이 원하는 자세대로 등받이를 조절할 수 있다. 낮에는 독서나 TV 시청 등을 위한 안락한 휴식 공간으로, 밤에는 완전히 펼쳐 침대로도 사용할 수 있으니 여러모로 경제적인 조합이다.

**판매 및 문의**
**동양클래식가구** www.dyclassic.com
**디자이너스룸** www.designersroom.co.kr

# 04



내 방을 카페로, 루미나(Luminor) LED 램프 & 스피커

# 조명이야? 스피커야?

나 홀로 귀가길. 집에 들어서자마자 불을 켠다. 이 때, 점등과 함께 들려오는 감미로운 음악 소리. 마치 마법을 부리듯 썰렁한 나의 싱글룸을 한 순간에 아늑한 카페 공간으로 바꿔주는 특별한 이 물건의 정체는 '루미나(Luminor) iDXS 10L'. LED 램프와 스피커가 일체형으로 묶인 신기한 조명이다. 일반 전구대신 루미나 LED 램프 & 스피커를 끼우면 조명도 되고 스피커로도 쓸 수 있는, 즉 '무선 라이트 스피커 시스템'이라 설명하면 이해가 쉽겠다. 최근 들어 별도로 존재하던 기기의 기능을 서로 합친 컨버전스

"

(Convergence) 제품이 주목받고 있는데, 루미나(Luminor) LED 램프 &
스피커 역시 스마트가전의 '핫'한 컨버전스 아이템 중의 하나라고 할 수 있
다. 물론 스피커는 스피커대로, LED 램프는 램프대로 별도로 구입해서 연
출하는 것도 가능하지만, 이렇게 하면 비용이 많이 들고 선을 배치하는데
도 어려움이 따른다. 무선이라는 장점에 스피커와 LED 램프로 깔끔하게 연
출되는 오디오 공간은, 아무리 합리적인 싱글이라도 한번쯤은 탐낼만한 물
건이 아닐까.

우선, '루미나(Luminor) iDXS 10L'만의 특징이라면 단연, 스피커 기능. 조
명이 있는 곳이라면 어디서든 음악이 재생되어 집에서도 카페 같은 분위기
를 낼 수 있다. 커다란 LED 전구와 2.4GHz 전파 송수신기, 스피커 및 앰프
로 이루어져 있으며 집에 있는 각종 조명 기구의 전구를 빼내고 램프 스피
커를 끼우면 그 다음엔 무선으로 자기끼리 '알아서' 서로 연동해 음악으로
재생해 낸다. 일반 전구 소켓(20W)이면 다 꽂을 수 있기 때문에 스탠드에서
부터 천장에 달린 전구, 거실에 세워둔 램프까지 다양한 곳에 응용 가능하
다는 점도 특징.

그렇다면 음향이나 조명 퀄리티는 어떨까? 20W의 파워풀한 출력에 소리는
제법 섬세하고 단단하다. 조명 역시 화이트에 밝고 따뜻한 색상으로 실내
공간의 분위기를 한껏 살려준다. 누워서 책을 읽거나 스마트폰을 쓰다 보면
그대로 잠들고 싶은 경우가 많은데, 이런 경우에도 리모컨을 이용해 조명과
음악 양쪽을 모두 제어할 수 있어 혼자 사는 집에 더없이 유용하다. 스피커
를 컨트롤하는 전파 송수신기는 아이팟이나 아이폰 뿐만 아니라 SD 카드,
USB 메모리 카드로도 제어가 가능하다. 아이폰 외의 다른 기종일 경우엔
AUX로 연결하면 가능하다. 전파 수신 시스템 1개에 LED 램프와 스피커가
합쳐진 조명을 최대 8개까지 그룹으로 설정해 사용할 수도 있기 때문에 화
장실이나 거실, 부엌 등 어디서든 내 맘대로 조명도, 음악도 컨트롤할 수 있
다. 밝기도 2단계로 조절할 수 있어 밤에 조명을 낮추고 조용히 음악을 들
으려는 사람에게도 매력적이다. .

판매 및 문의 펀샵 www.funshop.co.kr

혼자 있는 공간, 은은한 조명과 함께 스피커로
흘러나오는 음악을 듣다 보면 마치 분위기 좋은
카페에 와 있는 듯한 착각을 불러일으킨다. 사
용하던 일반 전구 대신 루미나 LED 램프 & 스
피커를 갈아 끼우면 이 모든 것이 가능해진다.

# 베드 트레이(Bed Tray) 하나쯤은

**05**

'꼼지락 대마왕' 싱글이라면 버선발로 반길 아이템을 소개한다. 그 주인공은 보사인(bosign)의 '베드 트레이'. 이름 그대로 트레이 하나로 침대 위에서의 모든 일상을 가능케 해주는 물건이다. 밥도 먹고, 노트북을 올려 놓고 영화도 보고, 책도 읽고, 커피도 마시고, 밀린 리포트도 뚝딱 해결할 수 있는 만능 아이템이다. 접었다 폈다 하는 일반적인 트레이와도 사뭇 다르게 한쪽 면은 푹신한 쿠션, 다른 한쪽 면은 고급스러운 나무 보드로 제작되어 넘어질 염려도 밀리지도 않을 만큼 안정적이다. 때문에 침대 위 간이 테이블로 쓰기에도 안성맞춤이다. 밀착감이 뛰어나서 커피나 주스 쏟을 일도 없겠다. 겨울에는 무릎담요 겸용 노트북 거치대로도 훌륭하다. 시린 무릎 위를 폭신한 쿠션이 감싸주니 보온성이야 말할 것도 없고, 고급스러운 나무 보드로 이루어진 상판은 노트북 거치대로도 적당하다.

하지만 뭐니 뭐니 해도, 침대 위에서 단 일분이라도 더 부비적거리고 싶은

싱글들이리면 단연 '브런치'를 떠올릴 것이다. 펑소에는 아침도 제대로 챙겨 먹기 힘든 생활이지만, 싱글들의 주말 브런치는 온전히 솔로만이 누릴 수 있는 여유와 즐거움 그 이상이다. 나른한 토요일 아침, 베드 트레이 한가득 커피 한 잔과 빵 한 조각, 과일 몇 개라도 세팅해 보라. 고급 호텔의 룸서비스도 부럽지 않을 것이다. 나무와 패브릭으로 이루어진 소소한 비주얼을 보면 혼자만의 아놀로그한 감성놀이도 가능할 것만 같다.

무엇보다 크기가 넉넉해서 안정감 있고, 침대 위에서 사용할 때 웬만한 물건들은 트레이 위에 올려놓을 수 있어서 실용적이다. 상판 한쪽 모서리에 약간 파인 부분이 있어 컵이나 휴대폰 등의 소품을 올려 놓아도 쉽게 미끄러지지 않는다. 소파나 의자 등 언제 어디서나 활용도가 높아서 하나쯤 가지고 있으면 더없이 유용하겠다.

**판매 및 문의 티엠앤코** http://blog.naver.com/tmncostory

# 슬리퍼 한 켤레

**Editor's Tip**

❶ 제아무리 안감원단이 항균 방취처리 되어 있다고해도, 자주 빨아 신는 게 안심된다. 물빨래도 가능하니, 세탁망에 넣어 세탁기에 휙 돌리면 간단하다.

❷ 참고로, 유니클로 룸슈즈의 사이즈는 딱 두 가지다. 미디움이 240, 라지는 270 정도. 물론 '대략적인' 사이즈이므로 크게 구애받을 필요는 없다. 슬리퍼는 발에 꼭 맞지 않아도 무방하다.

퇴근길, 현관 앞에 가지런히 놓여 있는 슬리퍼를 보면 이상하게 기분이 좋아진다. '어서 오세요'하며, 마치 나를 반기는 것같다. 슬리퍼에 가만히 발을 집어넣으면 비로소 내 집에 무사히 도착했다는 안도감마저 든다. 자질구레한 물건들로 늘 넘쳐나는 싱글하우스에 무슨 슬리퍼 타령이냐고 하겠지만, 슬리퍼는 여러 모로 쓰임새가 많다. 맨발로 바닥을 밟지 않아도 되니 우선 위생적이고, 겨울에는 저난방으로도 추위를 이겨낼 수 있도록 도와주는 효자 방한 용품이다. 집에 찾아 온 손님을 환대하기에도 꽤 좋은 접대 아이템.

겨울이 되면, 유독 유니클로의 룸슈즈를 많이들 찾는다. '보송보송'한 매력 때문이다. 동글동글, 복슬복슬하니 생긴 것부터 '난 따뜻해요!'를 외치는 듯한데, 외피 디자인이나 내부 소재에 따라 몇 가지 모델로 나뉜다. 바깥 부분이 후리스 소재로 되어 있는 '니트후리스' 룸슈즈는 보온성이 뛰어나다. 쿠션성 뛰어난 우레탄폼으로 바닥 부분이 마감되어 있어 발을 감싸주는 듯한 안정적인 착용감 또한 최고다. 스웨트(sweat) 소재를 사용하여 한층 더 편안함을

살린 '스웨트 룸슈즈'는 장시간 서 있어도 발이 편안하다는 심플한 무지 타입으로 연령대를 불문하고 인기있는 모델이다. 좀 더 유니크한 감각으로 신고 싶다면 '리사 라슨(Lisa Larson)' 모델도 추천한다. 스웨덴의 도예 디자이너인 리사 라슨이 디자인한 동물 패턴은 보는 이로 하여금 동심으로 돌아가게 해주는 매력을 지녔다(단, 유니클로는 매년 다른 브랜드, 다른 회사와 콜라보레이션을 진행하기 때문에 올해에도 판매가 될 지는 아직 미정이다.). 마냥 따뜻할 것만 같은 '퍼리후리스 룸슈즈'도 겨울이면 품절 리스트에 오르는 인기 제품. 퇴근한 뒤, 보일러를 올리고 기다리는 동안 신고 있기에 딱 좋다. 게다가 가격까지 부담 없다. 또한, 손세탁이 가능하고 세탁기에 넣고 돌려도 끄떡없으니 언제든 청결하게 신고 다닐 수 있다. 하도 푹신해서 혹시 모를 층간소음도 자동으로 방지해주니, 여러모로 유용한 아이템이다. 한겨울, 온몸에 후리스, 수면바지, 수면양말을 풀 장착하고 요 룸슈즈까지 신고 뒹굴뒹굴할 생각을 하니, 어느새 마음부터 따뜻해지는 기분이다.

**판매 및 문의 유니클로** www.uniqlo.kr

추운 겨울, 따뜻한 싱글라이프를 가능하게 해주는 유니클로의 룸슈즈 바닥 부분이 쿠션감 좋은 우레탄폼으로 처리되어 있어 차용감은 물론, 층간 소음도 완화시켜 주는 역할을 한다.

# 나눔팟 러브팟(Lovepot)

**Editor's Tip**

러브팟을 오래오래 쓸 수 있는 방법은 '티슈볼'을 잘 관리하는 데 있다. 일반적으로 24시간 사용한다고 볼 때, 평균 1주일에 1회 정도 세척해주는 것이 좋다. 세척할 때는 티슈볼을 팟에서 분리해서 세제에 담궜다가 흐르는 물에 살살 헹구면 된다. 얼룩이 묻었다면 헹굴 때 얼룩 부분만 손끝으로 살살 비비듯이 오염을 제거해준다. 전체적으로 비비거나 문지르면 모양의 변형이 올 수도 있다. 손으로 눌러서 물기를 적당히 제거한 후 팟에 꽂는다.

디자인에도 많은 이야기를 담을 수 있다. 때로는 백 마디 말보다, 하고자 하는 메시지가 뚜렷하게 담긴 디자인이 마음을 움직일 때가 있지 않던가. 또한, 그 이야기가 세상을 조금 더 따뜻하게 데워주는 힘을 갖고 있을 때 우리는 그 디자인에 선뜻 마음을 연다.

미니 가습기 나눔프로젝트 '러브팟(Lovepot)'. 화분에 하트가 꽂혀있는 것처럼 생긴 이 귀여운 가습기에는 그 이름처럼 따뜻한 이야기가 담겨 있다. 화분 속에 물을 채워 넣고 일명 '티슈볼'을 끼우면, 티슈볼이 화분 속의 물을·빨아들이는 동시에 방안에 수분을 공급한다. 물을 빨아들이고, 방안에 그 습기를 내뿜을수록 티슈볼은 점점 양옆으로 벌어지고, 이내 통통한 하트 모양이 된다. '사랑을 나누면 주변이 향기롭고 은은해지는 것처럼, 러브

팟 또한 우리의 공간을 아름답게 채워준다'는 이야기를 온몸으로 전해주고 있는 듯하다.

기능면에서 보자면, 러브팟(Lovepot)은 '자연 가습기'다. 아무런 전기를 이용하지 않기 때문이다. 오로지 티슈볼의 자연증발 효과를 이용하여 수분을 공기 중에 퍼뜨리는 친환경 에너지 절약형 가습기라 할 수 있다. 하지만 이 작은 가습기의 성능을 우습게 봤다간 큰 코 다친다. 개인이 느끼는 차이는 있겠지만, 무려 젖은 티셔츠 6장~10장 정도를 너는 것과 맞먹는 가습량으로 웬만한 가습기와 견주어도 결코 부족함이 없다.

항균 코팅 처리가 되어 있어 세균 번식으로부터도 안전하다. 디퓨저로 쓰고 싶다면 아로마 오일을 물에 몇 방울 떨어 뜨려도 좋다. 티슈볼은 누구나 쉽게 펼치고 접을 수 있으며 팟에 고정하고 분리하는 방법도 간단하다. 티슈볼을 둥글게 편 뒤 동봉된 클립으로 고정시키고 화분에 물을 채운 다음 팟에 티슈볼을 꽂으면 된다.

지난 2008년 KAIST 산업디자인학과 배상민 교수의 재능기부로 탄생했으며, 국제구호기구 월드비전과 함께 진행하고 있는 나눔프로젝트의 일환으로 구매할 때마다 수익금 전액이 저소득층 어린이 교육을 위해 쓰여 지기 때문에 여러모로 의미 있는 제품이다. 이왕 살 가습기, 작년 걸 쓰자니 뭔가 찝찝하고, 안 사자니 얼굴 건조가 걱정된다면 러브팟을 선택해보는 건 어떨까. 건소노 삽고, 사랑도 함께 나눌 수 있으니 말이다.

**판매 및 문의 나눔** www.nanumproject.com

티슈볼의 자연증발 효과를 이용한 자연 가습기 러브팟(Lovepot). 따로 전기가 필요하지 않아 에너지 절약 차원에서도 이득이고, 수익금 전액이 저소득층 어린이를 위해 기부도 된다니 여러모로 기특한 아이템이다.

**시린 옆구리를 따뜻하게 감싸주는 사계절 아이템**

# 100% 울 담요(wool blanket)

꼭 겨울이 아니어도, 바람이 불거나 온기가 필요할 때, 담요만 한 것이 있을까. '블랭킷(blanket)'이란 이름으로 흔히 불리는, 소파나 의자에 앉을 때 무릎 위에 가볍게 걸칠 수 있는 작은 담요 말이다. 날씨가 추울 때는 어깨나 시린 무릎을 감싸는 용도로 쓰이기도 하고, 여름에는 사무실이나 학교 등의 냉방 시스템으로부터 한기를 막아 주는 덮개로도 사용할 수 있는 사계절 아이템. 문방구에서 파는 학생용 캐릭터 블랭킷부터 유명 브랜드의 스테디셀러 디자인 등 디자인이며 그 소재, 가격 또한 다양하다는 것이 특징이다.

많은 싱글들의 소원은 반쪽을 찾는 것이겠지만, 재미있게도 그들의 로망 중의 하나가 자기만의 100% 울 담요를 갖고 싶어 한다는 점이다. 부드러운 촉감과 따뜻함이 주는 여유는, 비단 싱글이 아니어도 한번쯤은 누리고픈 힐링 아이템이리라. 이 100% 울 소재라는 것이 참 미묘한데, 하나를 갖더라도 무엇보다 품질과 가격대비 퀄리티를 중요하게 생각하는 '싱글 마인드'에서 생각해보면 이해되는 부분도 없지 않다. 양모는 특유의 보온성과 통기성으로 쾌적한 수면을 유도한다. 촉감은 부드럽긴 하지만 처음에는 조금 까끌까끌하게 느껴질 수도 있다. 하지만 울 자체의 특성상 사용할수록 부드러워지며, 보온성과 신축성, 습도 조질까지 합성섬유가 가실 수 없는 고유의 특성이 매력적인 섬유라 할 수 있다.

100% 울 성분을 자랑하는 이 담요는 핀란드에서 왔다. 핀란드의 섬유디자인 하우스 'Lapuan Kankurit' 제품. 찬찬히 살펴보면, 우선 스칸디나비아 특징의 패턴이 그려져 있어 보는 이의 상상을 자극한다. 그레이와 블랙이라는 모던한 컬러 구성 또한 스타일리시하다. 발끝을 덮을 수 있는 넉넉함과 자연스럽게 떨어지는 술(fringes) 장식이 포인트. 이 프린지 장식으로 인해 한결 더 우아함과 포근함을 느낄 수 있다. 보온은 물론이고 통기성까지 좋다. 가끔은 온 몸을 담요로 둘둘 만 채 뜨거운 커피를 마시거나 뒹굴거리며 이 책 저 책 뒤적거려 보라. 때로는 이런 '혼자 놀기'에도 소소한 즐거움이 있다는 걸 발견할 지도 모른다.

**판매 및 문의 펀샵** www.funshop.co.kr

# 아로마디퓨저, 재스민(Jasmine)

**Editor's Tip**

요즘 '디자인 가전'이란 말도 있듯이. 수많은 디퓨저 제품 중에서 유독 재스민이 사랑받는 이유는 아마도 그 앙증맞은 외모도 한몫한 것이다. 이미 레드닷 등 권위있는 세계적인 디자인 어워드에서 수차례 수상한 경력도 있으니 말이다. 고급스러운 재질감과 세련된 디자인으로 집안 어느 곳에 두어도 두루두루 잘 어울린다.

식물의 향으로 심신을 치유하는 아로마테라피는 예로부터 지친 몸과 마음을 진정시켜 주는 자연 요법으로 애용됐다. 특히 늘 크고 작은 스트레스로 지치고 힘들어하는 이들에게 아로마는 심신을 편안하게 하여 자연 치유력을 높이는 효과가 있다고 알려져 있다. 가까이에서 아로마향을 즐기는 방법은 여러 가지가 있지만 최근에는 실내에서 디퓨저로 많이 활용하는 추세다. 전용 디퓨저에 물과 오일 몇 방울을 넣고 적당히 블렌딩 한 뒤, 전원만 꽂아두면 하루 종일 은은한 아로마향을 즐길 수 있다.

재스민(Jasmine)은 컴팩트한 사이즈의 아로마디퓨저. 디자인 가전으로 유명한 스테들러폼(Stadler Form)의 스테디셀러로 꼽힌다. 초음파 멤브레인을 통해 물에 블렌딩된 아로마 오일이 미세한 입자로 안개처럼 분사되어 온 집안을 기분 좋은 향으로 채워준다. 무게 400g에 폭 13cm, 높이 9cm로 컴팩트한 사이즈에 26dB의 매우 낮은 저소음, 간편한 청소 방법과 편리한 휴대성 또한 많은 사랑을 받는 이유이다. 사용할 때는 디퓨저를 평평한 곳에 놓고 뚜껑을 열어 물을 최대 수위(MAX)까지 채운 후 좋아하는 오일을 2~3방울 투입하면 된다. 일부러 저을 필요는 없다. 아래에 위치한 초음파 멤브레인에 의해서 자동으로 섞여서 분사된다. 하루 종일 틀어 놔도 걱정 없다. 10분간 작동하고 20분간 휴식을 되풀이 해주는 인터벌 모드가 있어서 하루 종일 물과 오일 리필하느라 동동거리지 않아도 된다. 사실, 제아무리 좋은 향이라도 하루 종일 맡고 있기에는 부담스러운 법인데, 재스민에는 잠깐씩의 쉬어 주는 인터벌 기능이 있어 긴 시간 동안 향긋한 기분으로 지낼 수 있다. 뚜껑을 열면 내부가 바로 드러나 물과 오일을 쉽게 넣을 수도 있고 청소하기도 쉽다. 색상은 화이트, 블랙, 옐로, 메탈, 베리 색으로 5가지. 퀴퀴한 냄새 대신 하루 종일 은은한 아로마향이 흐른다면, 나홀로 생활도 그리 외로울 것 같지는 않다.

**판매 및 문의** ㈜마호 www.mymach.kr

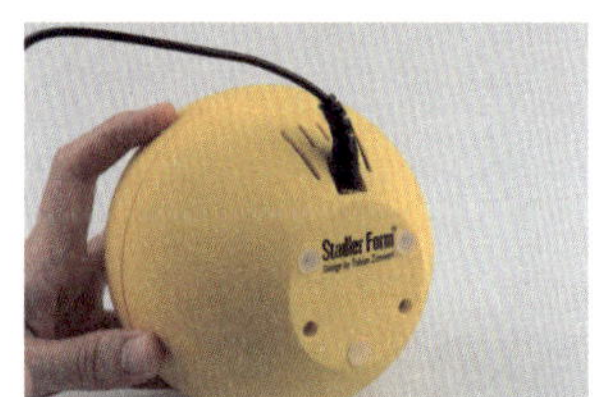

간단한 사용 방법과 인터벌 기능 때문에 싱글룸에 놓고 쓰기에 적당하다. 뚜껑을 열고 맞춤 수위까지 물을 부은 다음 전원을 꽂으면 끝. 취향에 따라 아로마 오일을 조금 떨어뜨려 블렌딩해 주면 된다. 인터벌 기능이 있어 과열될 염려없이 하루 종일 과하지 않은 은은한 향으로 즐길 수 있다.

# 당신의 '꿀잠'을 도와드립니다!

마의 시간 오후 3시, 일하다 보면 피곤해도 너무 피곤할 때가 있다. 오죽하면 '세상에서 가장 무거운 것은 눈꺼풀'이라는 말까지 등장했겠는가. 눈꺼풀의 힘이 모든 의지와 이성을 이겨버리는 그 순간, 그 자리에 엎드리거나 그대로 목을 뒤로 젖힌 채 우스꽝스럽게 곯아떨어지기 일쑤다. 그러나 깨고 나면 자도 잔 게 아닌 것 같은 애매한 기분만 남거나 안타깝게도 이상한 자세로 잠들었을 경우, 하루 종일 목이 땡겨 조심조심 다닌 경험은 누구나 한 번쯤은 있을 것이다. 언제 어디서든 집에서처럼 편하게 잠들 수 있다면 얼마나 좋을까? 무인양품의 '푹신 넥쿠션'은 이러한 고민에서 출발한 다기능 목배게다.

'어디서든지 편하게 잠잘 수 있도록, 짧게 자더라도 확실한 휴식을 취하도록'하는 것이 목표인 무인양품의 '푹신 넥쿠션'은 여러 면에서 남다르다. 우선, 내부에 미립자 비즈로 채워 넣어 더욱 더 푹신함을 살렸다. 몸의 움직임에 따라 몸에 핏 되는 소재이기 때문에 자세에 맞춰 다양하게 사용할 수 있다. 잠깐 동안의 낮잠용으로 턱을 댄 채로 엎드리면 그야말로 '꿀잠'을 청할 수 있다. 목 둘레 뿐만 아니라 허리와 의자 사이에 넣을 수도 있어 오랜 시간 앉아있어도 허리가 덜 피로하도록 도와준다. 조금 프리한 사무실 분위기라면, 컴퓨터 앞에 놓고 써도 편안할 듯(단, 엎드려 자고 싶은 충동을 억제할 수 있을 때 가능한 일)하다. 쉽게 끼웠다 뺐다 할 수 있는 여밈 장식을 쭉 펴면 간이 베개로도 완벽하다. 침이 묻더라도 분리 세탁이 가능해 자주 세탁만 해주면 감쪽같이 그 흔적을 지울 수 있다.

잠깐 자더라도 확실하게 피로를 풀었으면 하는 이들이라면 눈여겨 볼만 하다. 출장이 잦거나 장거리 여행을 계획하고 있는 이들에게도 꼭 챙겨가야 할 위시리스트에 추가하자.

**판매 및 문의 무인양품** www.mujikorea.net

### Editor's Tip

'MUJI To Sleep'이란 수면 어플을 들어본 적이
있는 지. 언제 어디서나 나의 수면을 서포트 해
준다는 신기한 어플. 아주 특별할 건 없지만, 그
래도 폭포 소리, 새 소리, 강물 소리 등 자연에
서 나는 6개의 대표적인 소리들을 내장된 입체
음향 시스템을 통해 들려 준다. '푹신 넥쿠션'과
의 기대되는 조합. 앱 스토어나 구글에서 다운
받을 수 이있다.

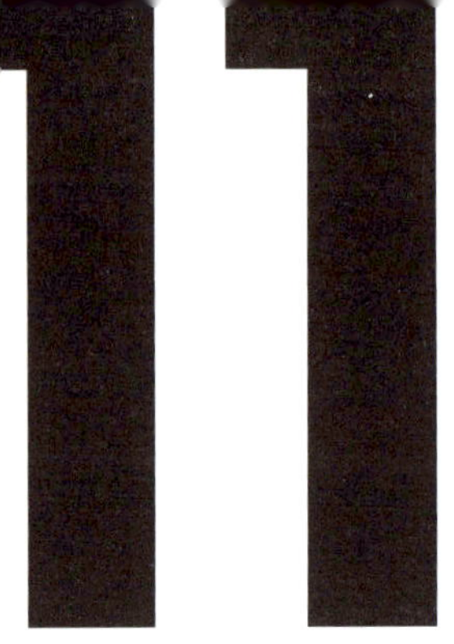

**마음까지 안마해 줄게요!**

# 미스터 판판(Mr. Pan-Pan)



지친 몸을 이끌고 침대로 간신히 입수하기 전에 무심코 허리를 돌린다거
나 혹은 간만에 목 스트레칭을 하다보면 예상치 못한 "뚜두두둑!" 소리에
소스라치게 놀라곤 한다. '내 허리가 원래 이렇게 안 좋았던가?' '가만, 요
즘 사무실에서 너무 오래 앉아있었던 탓일 게야.', 누군가 안마 좀 해줬으
면 좋겠는데… 흔히 '안마기구'라 하면, 30년 전통 만두를 만들어온 기센
아줌마의 손 마냥 억세게 생긴 비주얼이 대번 떠오른다. 뭉친 근육은 확실
히 해결해줄 것 같지만 뭔가 상당히 부담스럽다. 이 때, 뽀송뽀송하게 생긴
동물 인형이 등장해 내 등을 손수 주물러준다면? 상상만 해도 미소가 절
로 지어진다. 안마 기능은 동일하되, 토실토실 귀여운 동물 인형이 가만가
만 내 몸 곳곳을 주물러준다면 혼자 있는 집에서도 조금은 덜 외로울 것만
같다. 뭉친 근육도, 팍팍해진 마음도 살살 풀어줄 이 녀석의 이름은 바로
아이스쿼어의 '미스터 판판(Mr. Pan-Pan)'.

사용 방법 또한 앙증맞다. 팬더의 꼬리 부분에 달려있는 선에 전용 어댑터
를 연결해 플러그에 꽂으면 된다. 그 다음 살포시 버튼을 누르면 귀요미 팬

더가 내 몸 곳곳을 달달하게 주물러준다. 더군다나 '하트'를 그리며 안마해 준다니 따뜻한 마음까지 함께 전해지는 듯하다.

가슴 부분에 위치한 지압돌기도 안마를 돕는다. 진동 방식이나 때리는 방식이 아닌, 사람이 안마해주듯 주물주물 수부르는 느낌이라 무척 친근하다. 플러그에 꽂기만 하면 되기 때문에 충전도 따로 필요 없고, 안마 기능을 켜거나 끌 때에는 팬더 옆구리에 있는 on/off 버튼을 사용하면 되기 때문에 조작 또한 간단하다. 뿐만 아니라 등에 올려놓고 등 안마를 받던, 인형의 네 발 사이에 팔이나 종아리를 끼워놓고 지압을 받듯 자유롭게 안마 부위를 바꿀 수도 있다.

이 순간만은 하루종일 나를 짓눌러왔던 긴장을 풀고, 귀여운 팬더의 심상치 않은 손놀림에 나를 맡겨 보는 것이 어떨까. 팬더에게 마사지 받으면서 '아이고오~아이고오~'소리를 내지르는 진풍경이 펼쳐질지도 모르겠다. 팬더 외에도 물개, 테디베어 등 3가지 동물 캐릭터로 선택할 수 있다.

**판매 및 문의** 1300k www.1300k.com

팬더, 테디베어, 물개 등 세 가지 동물 친구들이 전해주는 따뜻한 손길, 미스터 판판. 지치고 피곤할 때 마치 누군가가 안마해주듯 온 몸을 부드럽게 마사지해준다.

# 마드모아젤 턴테이블

매일 수많은 음원이 발매되고, 스마트폰만 있으면 어디서든 듣고 싶은 음악을 다운받아 즐길 수 있게 된 요즘. 손톱만한 USB 하나에도 수만 곡의 음원 파일을 저장할 수 있을 정도로 세상은 점점 스마트해지는데, 정작 사람들은 옛날의 아날로그한 감성을 그리워한다. 조심스럽게 LP판을 올리고, 느리게 돌아가는 턴테이블 판 위로 바늘 긁히는 소리에 숨을 죽인 채, 음 하나하나에 집중하며 음악을 듣고 싶어 한다. 아마도 CD 플레이어나 MP3에서는 채워질 수 없는 정서적 포만감을 누리고 싶어서일까. 이런 바람 때문인지 최근 많은 사람들이 다시 LP판을 찾고 턴테이블을 구입하고 있다.

하지만 턴테이블은 종류도 천차만별이고, 음질 때문에 무작정 고가의 수입품을 고집할 수는 없는 노릇이다. 또 이왕 내 방에 들여놓기로 한 이상 컬러며 디자인 등 인테리어 효과까지 고려해서 구입하는 것이 여러모로 득이다. 마드모아젤의 턴테이블은 이런 면에서 안성맞춤인 아이템으로, 모던한 디자인과 레트로 스타일이 조화롭게 결합된 LP용 턴테이블이다. 민트, 핑크, 옐로 등 바라보기만 해도 사랑스러운 컬러들은 집안 어디에 두어도 멋진 인테리어 소품 역할도 한다.

## Editor's Tip

❶ 왠지 LP로 들어야만 제 맛일 것 같은 노래가 있다. 김동율의 〈내 기억속의 습작〉이나 유재하의 〈사랑하기 때문에〉, 감광석의 〈서른 즈음에〉 등등. 물론 개인적인 취향이긴 하지만 정교하고 매끄러운 사운드가 아닌, 조금은 투박하게 들을 때 더 짙은 여운이 느껴지기도 한다.

❷ 이미 외국에선 유명 뮤지션을 중심으로 꾸준히 LP가 제작되어 왔다. 프랑스 출신의 일렉트로니카 듀오인 다프트 펑크를 비롯해 레이디 가가, 메탈리카 등 많은 유명 뮤지션들이 LP제작에 공을 들여왔다는 후문.

❸ 우리나라도 예외는 아니다. 2013년 10년 만에 발표한 조용필 씨의 신보 〈Hello〉 역시 LP판으로 따로 제작되기도 했다.

레트로 감각의 스타일리시한 디자인이 눈길을 끄는 마드모아젤 턴테이블. LP판을 올려 놓은 뒤 아날로그 사운드의 매력에 젖을 수도 있고 뚜껑을 닫은 뒤 다이얼로 주파수를 돌려 가며 라디오로 음악 방송을 감상하는 재미도 덤으로 안겨 준다.

# 12

스타일리시한 첫 인상 때문에 다소 디자인에 치중된 제품이 아닌가 싶은 생각도 들지만, 디지털 튜너가 아닌 클래식 튜너 장착으로 옛 음향을 그대로 느낄 수 있다는 섬에서 사운드나 음량 또한 만족스러움을 선사한다. CD로 듣는 소리와는 또 다른 느낌의 매력적인 사운드를 즐길 수 있다. 아마도 LP 플레이어를 통해 전해지는 따뜻한 음색, 그리고 가끔 들리는 스크래치 소리까지 아날로그한 감성을 고스란히 재현해내고 있기 때문이 아닐까. 턴테이블로도 좋지만 라디오, CD 플레이어 기능으로도 사용할 수 있고, AUX단자를 이용하면 스마트폰 재생까지 지원이 되어 편리하게 음악을 감상할 수도 있다.

볼륨을 제일 작게 돌리면 자동으로 음악이 멈추기 때문에 음악을 듣다가 갑자기 전화오거나 하면 바로 볼륨만 내리면 되니 편하다. LP판 손상 방지와 바늘 손상 방지를 위해 음악이 끝나면 헛돌지 않도록 하는 자동 재생 멈춤 기능도 탑재되어 있다.

**판매 및 문의 마드모아젤 코리아** www.mademoisellekorea.com

# 메모리 풍선 조명
## (Memory Celing Light)

# 13

메모리 풍선 조명은 디자이너 브로스 클리맥(Brois Klimek)의 어렸을 적 특별한 기억으로 디자인된 풍선 모양의 조명으로 불을 켜면 유리에 비친 은은한 파스텔톤 조명에 마음도 덩달아 따뜻해진다. 풍선 아래 달려 있는 실이 스위치 역할을 한다.

어릴 적 생일 파티, 풍선은 모든 아이들에게 단연 인기였다. 빨강, 파랑, 노랑 형형색색의 풍선들은 잔뜩 부풀려진 채 마치 온몸으로 생일을 축하해주는 듯 했고, 풍선을 잡은 손을 놓으면 저절로 천장으로 둥둥 떠올라 환호성을 지르기도 했다. 적어도 일주일은 내 방 천장에서 봉긋한 자태로 매달려 있던 알록달록한 풍선들. 바깥에 나가 그 풍선을 하늘 위로 높이높이 올려보내며 상상의 나래를 펼치던 기억은 누구나 마음 한 켠에 담아두고 있을 것이다. 이토록 저마다의 어린 시절을 행복하게 채워주었던 그 풍선이 그대로 형형색색의 조명으로 변신해서, 내 방 천장에 오손도손 매달려 있다면? 이를 멋지게 현실로 데려온 것이 바로 브로키스(BROKIS)의 '메모리 풍선 조명(Memory Celing Light)'.

말 그대로, 풍선처럼 생긴 조명이 천장 위에 조르륵 매달려있다. 디자이너 브로스 클리맥(Brois Klimek)의 어렸을 적 특별한 기억으로 디자인된 이 소녕은 보기에도 흐뭇하고 사용법 또한 위트 넘친다. 불을 켜면 온 집이 반짝반짝 빛나는 풍선들로 가득해 진다. 은은한 파스텔톤이라 마음도 덩달아 따뜻해지는 느낌이다. 특히 전등 아래로 길에 늘어뜨려져 있는 실을 눈여겨 보기 바란다. 꼭 한번 잡아당겨 보고 싶은 이 '재치 있는' 실은 사실은 이 풍선 전등의 스위치 역할을 하는 장치. 이 실을 당겼다 났다 하며 불을 켜고 끄는 역할을 하는 셈이다. 일일이 스위치를 찾아야 하는 번거로움을 덜어 주고 침대 위에 설치하면 누워서도 줄만 잡아당기면 되니 얼마나 편할까.

가끔씩 외로워질 때면 알록달록한 조명이 켜지듯 브로키스 메모리 풍선 조명으로 나만의 공간을 사랑스럽게 채워 보는건 어떨까. 힘이 되는 행복한 기억들을 둥둥 떠올릴 수 있도록 말이다.

**판매 및 문의 베드룸몰** www.bedroommall.co.kr

## Editor's Tip

❶ 풍선 색깔은 모두 9가지! 화이트톤의 오팔을 비롯, 레드, 핑크, 옐로 등 다양한 캔디컬러들로 '레알' 풍선을 방불케 한다. 시크하게 즐기고 싶다면 그레이를 추천한다.

❷ 전구는 주로 LED를 사용한다. LED에도 백색과 주광색 두 가지가 있는데, 선명한 느낌을 원한다면 백색을, 좀 더 따뜻한 느낌을 연출하고 싶다면 주광색을 추천한다.

# 14

## 해피해요, 해플(HAPPLE)!

어찌 보면 사과야말로 인류의 역사와 함께 한 과일이 아닐까 싶다. 아담과 이브의 선악과로 비롯된 인류의 시작부터, 오늘날 스티브 잡스의 '애플'이 이뤄낸 디지털 혁명까지…. 얼마나 다양하고 거대한 스펙트럼을 갖는지, 지구 위 수많은 사람들 중 한 사람으로서 그저 놀라울 뿐이다. 게다가 백설공주에 등장하는 독이 든 사과, '아침에 사과 하나면 의사가 필요 없다'는 영양학적인 속담까지, 사과에 대한 토픽 하나로 얼마나 수많은 이야기들이 만들어지고 전해지는가. 바꿔 말하면, 사과야말로 인간에게 가장 익숙한 과일이란 증거이기도 하다. 그래서일까. 사과 모양을 한 이 해플(HAPPLE)을 보면 마냥 정겹다.

'해플(happy+apple)'의 합성어에서 눈치 챌 수 있듯이, 이 커다란 사과 오

브제를 보면 없던 충동구매가 일어나는 '행복함'에 빠지게 된다. 모양만 예쁜 것이 아니라, 곰곰이 그 유용성과 합리성을 생각하면 수납 박스로 인테리어 소품으로도 꽤 쓸 만한 아이템임을 알 수 있다. 볼수록 질리지 않는 디자인이며 집안 어니에 놓나노 살 어울리기 때문에 활봉도 또한 높다.

'해플'은 미니와 빅 사이즈의 두 가지 크기로 선택할 수 있고, 컬러는 화이트와 레드, 그린 컬러로 라인업 되었다. 콘테이너와 뚜껑의 구조로 되어 있어 분리가 가능하다. 깊은 볼에는 '진짜' 사과를 넣어도 좋고 귤이나 체리, 토마토 같은 과일을 넣어 보관하던지, 아니면 사탕이나 초콜릿을 한꺼번에 넣어 스낵볼로 쓰면 아주 요긴할 듯싶다. 미니 사이즈의 뚜껑은 작은 그릇의 덮개로 사용하면 좋겠고, 빅 사이즈의 뚜껑은 뚜껑 손잡이가 위아래 이동이 가능하기 때문에 그릇의 덮개는 물론이고, 뒤집어서 음식이나 간식을 담을 수 있는 트레이로도 활용할 수 있다. 강렬한 컬러를 가진 사과의 임팩트만큼 집안의 분위기를 확연하게 바꿔줄 해플(HAPPLE). 독립을 선언한 싱글 친구가 있다면 집들이 선물로도 환영받겠다.

**판매 및 문의** ㈜필론파리스 www.pylones.kr

**Editor's Tip**
퀄리의 제품은 모두 위생뿐만 아니라 환경호르몬에도 적합한 판정을 받았기에 안심히고 시용할 수 있지민, 조심해서 나쁠 건 없다. 해피한 해플(HAPPLE)을 오래오래 곁에 두고 싶다면 가급적 너무 뜨거운 물로 세척하는 일은 삼가 하는 것이 좋다.

# 피곤할 땐 '푹신 소파'

**Editor's Tip**

❶ 안마 의자도 부럽지 않다. 문제는 자꾸 편한 것만 찾게 된다

❷ 앉을 때 적당히 모양을 잡아주면 더욱 더 편안하다. 이것도 자주 앉다보면 본인만의 단골 자세가 나오기 마련이다.

❸ 주인보다 개나 고양이가 더욱 반긴다. 넉넉한 사이즈라면 같이 뒹굴어도 좋을 듯하다.

❹ 세탁도 쉽다. 벗겨내서 드라이클리닝이나 손빨래로 조물조물 빨아서 그늘에서 말린다. 커버는 개별 구입도 가능하니, 이리저리 바꿔보는 것도 기분전환에 좋을 듯하다.

그냥 '털썩' 주저앉고 싶을 때가 있다. 온 몸을 무장해제 한 채, 누구 눈치도 보지 않고, 온몸의 무게를 실어 파묻히듯 편안하게 앉아있고 싶은 그런 순간. 유난히 힘든 하루를 보낸 날이면 더욱 간절하다. 이럴 땐 푹신한 의자에 앉아 긴장을 풀고 생각을 내려놓는 것도 좋은 해소법이다. 시원한 캔맥주까지 곁들이면 금상첨화. 행복이 뭐 별건가, 오롯이 혼자 쉴 수 있는 이 시간이야말로 싱글들에게는 절실한 힐링 타임이 아닐까. 정해진 모양도 없고, 가볍고, 이리저리 막 굴려도 묵묵히 제자리를 지켜줄 것만 같은 만만한 의자 하나만 있으면 이 모든 게 가능해진다. 이처럼 '의자는 무조건 편해야 한다'는 생각을 가진 사람이라면 탐낼 제품이 있으니, 바로 '푹신 소파'.

일단 딱딱한 소파의 고정관념은 버려라. 이름처럼 '푹신하다'. 내가 앉고 싶은 자세로, 몸의 움직임에 따라 충전재가 이동하는 빈백 체어의 일종으로

한번 앉으면 쉽게 일어설 수 없게 만드는 푹신한 매력을 지녔다. 엄밀히 말하자면, 몸이 움직이는 대로 맞춰준다고 하는 게 더 정확한 표현일 것 같다. 소파처럼 뒤로 앉을 때는 물론 엎드리거나 옆으로 비스듬히 기댈 때도, 마치 내 몸을 감싸듯 궁극의 편안함을 제공하듯 무한대로 변신하니 말이다. 편안함은 기본이고 가볍고, 이동이 편하며, 공간도 많이 차지하지 않기 때문에, 실제로 많은 솔로들이 이 푹신 소파를 탐낸다고 한다.

활용 범위 또한 무궁무진해서 뒤로 기대어 음악을 듣거나 TV를 봐도 좋고, 엎드린 채 스마트폰 삼매경에 빠지더라도 허리에 무리가 없다. 독서할 때는 비스듬히 기대어 목의 긴장을 풀어줄 수도 있다. 마치 내가 무엇을 하든지 다 들어주고 서포트해줄 것만 같은 기특한 아이템이다. 쉽게 늘어나는 커버의 불편함을 보완하기 위해 개량한 니트 원단을 사용했으며, 특히 충전재로 사용하는 미립자 비즈 덕분에 편안함은 물론 오래 사용해도 잘 꺼지지 않는다. 디자인이고 뭐고 막 굴릴 수 있는 소파가 필요한 사람에게 더없이 사랑받을 물건일 듯 싶은데, 문제는 푹신 소파의 매력에 한번 빠지면 헤어나오기가 힘들다는 점!

**판매 및 문의 무인양품** www.mujikorea.net

베이지를 비롯, 그레이, 와인 등 다양한 컬러의 푹신 소파. 커버는 잘 늘어나지 않도록 니트 원단을 사용했다. 개별 구입도 가능하며 색깔 따라 다양한 분위기를 연출할 수 있다.

# 스파이더맨 3D
# 데코라이트

# 16

요즘 싱글들에게는, 자신의 개성이 뚜렷하게 묻어나도록 집을 꾸미는 것이 유행인가보다. 아늑한 작업실, 카페, 캠핑장을 옮겨온 듯한 방, 깔끔한 오피스 등 집주인이 원하는 대로 공간을 디자인하는 것이 대세다. 큰 돈 들이지 않고도 리모델링을 통해 자기만의 독특한 집을 만들고, 이를 블로그에 소개해 큰 인기를 끈 사례 또한 많으니 말이다. 그렇다면 이번엔 조금 특별하게, 세계적인 히어로들을 방안 곳곳에 심어보는 것은 어떨까. 멋진 히어로 캐릭터를 이용한 특별한 조명을 이용해 개성있는 싱글룸을 연출해 보자.

손목을 주목해보라. 마치 스파이더맨의 거미줄마냥 불빛이 뿜어져 나온다. 건전지를 사용하기 때문에 별도의 시공 없이도 간편하게 사용할 수 있다. 조명으로서 뿐만 아니라 인테리어 오브제로도 유니크한 아이템이다.

스파이더맨과 한방 같이 써볼 용기가 있다면, 스파이더맨 3D 데코라이트를 적극 추천한다.

말 그대로 조명이 스파이더맨 얼굴과 팔처럼 생긴 것이어서, 벽에 붙이면 스파이더맨이 마치 벽에서 튀어나오는 듯한 강렬한 효과를 준다. 손바닥에선 거미줄 대신 불빛이 막 뿜어져 나온다. 세계를 구하던 히어로들이 '자진해서' 우리를 지켜준다니, 그저 신기할 따름이다. 스파이더맨뿐만 아니라 아이언맨, 헐크 모델도 있다. 특히, 마블(MARVEL)사의 히어로들에 심취해 있는 싱글족들에겐 그야말로 '취향저격'인 아이템 아닌가. 처음엔 다소 유치하고 장난감스러운 비주얼에 당황할 수도 있지만, 점점 그 독특한 매력에서 헤어나지 못할 것이다. 금방이라도 방안으로 뛰어 들어올 듯한 스파이더맨 조명이라면 왠지 기발한 아이디어가 쉴새 없이 노크해올 것 같다. 팍팍한 일상에 한줄기 웃음도 준다. 자기 전에 얼굴 한 번, 일어나자마자 얼굴 또 한 번 본다면 아무리 힘든 아침이라도 피식 웃으며 시작할 수 있지 않을까. 세계인의 히어로들이 지켜주는 듯한 든든한 느낌은 덤이다.

건전지 삽입 방식이라 별도의 전기시공이 필요치 않고 ON/OFF 스위치 조작이 간단하며 취침등, 무드등 용도 외에도 데코라이트 자체로도 훌륭한 인테리어 효과를 얻을 수 있다.

**판매 및 문의 베드룸몰** www.bedroommall.co.kr

**Editor's Tip**
내 방의 수호천사 멋진 히어로들! '누구'를 방에 들일까? 스파이더맨이 있다면, 우리의 시크남 '어벤져스', '아이언맨'도 있다. 어떤 히어로의 보호를 받을 것인지는 취향 따라 선택할 수 있다.

# 온풍기라는 이름의 'MAX'



따뜻한 집 놔두고 웬 온풍기냐고 묻는 사람도 있겠지만, 그건 혼자 살아보지 않아서다. 많은 싱글들은 공감할 것이다. 한 겨울 퇴근길, 뼈를 에이는 듯한 추위를 뚫고 집에 들어서지만, 그때마다 느껴지는 한기. 그렇다고 하루 종일 무작정 난방을 틀어놓을 수도 없다. 빡빡한 싱글 살림에 한 푼이라도 아껴야하는 1순위가 바로 난방비이기 때문이다. 이런저런 이유로 추운 겨울 따뜻하게 보낼 궁리를 하는 싱글들에겐 보조 난방이 필요하다. 하지만 난방비를 조금이라도 아끼기 위해 사용하는 보조 난방 기구도 잘못 사용하면 전기료로 역풍을 맞을 수 있으므로 효율적으로 선택하고 사용하는 지혜가 무엇보다 필요하다. 시중에는 이동식 라디에이터나 전기스토브도 많이 나와 있지만, 외출에서 돌아와 금방 따뜻한 기운을 원하는 이들에게는 온풍기를 추천한다.

스테들러 폼의 'MAX'는 보조 난방이라고는 하지만 주 난방 못지않은 화끈한 성능을 자랑하는 온풍기다. 디자인 또한 가전이라 부르기 아까울 정도로 스타일리시하다. 얼핏 보면 외계 물체같기도 한 것이, 마치 우주 저 멀리서 날아온 야릇한 물건처럼 생겼다. 검도의 투구에서 디자인 영감을 받아 탄생했단다. 범상치 않은 이 디자인 덕분에 뉴욕 및 도쿄 MoMA미술관에서 전시된 적도 있다. 이런 남다른 디자인에 비해 기능이나 작동법은 심플하다. 제품 상단에 있는 다이얼식 스위치를 돌리면, 금세 따뜻한 바람을 공급해준다. 강한 출력으로 퀵 히팅이 가능하기 때문에 집에 돌아오자마자 언 손발을 녹이거나 샤워 후 나와서 젖은 몸을 말릴 때도 안성맞춤이다. 온도 세기도 선택이 가능하며 히터가 넘어지거나 과열되면 자동으로 꺼지는 안전장치까지 갖췄다. 무엇보다 부피가 크지 않고 컴팩트한 사이즈라 이곳저곳 옮기며 사용하기도 적당하다. 하루 종일 틀기엔 당연 전기세가 부담되지만, 혼자 사는 싱글라이프에 있어서 간헐적인 온기가 필요할 땐 요긴한 아이템으로 예쁘기까지 한다.

**판매 및 문의** ㈜마호 www.mymach.kr

# 17

온풍기 'MAX'는 검도의 투구 모양을 모티브로 한 디자인으로 알려져 있다. 범상치 않은 이 디자인 덕분에 뉴욕 및 도쿄 MoMA미술관에서도 전시되기도 했다. 싱글룸의 간헐적인 온기가 필요할 때 유용한 보조 난방 제품.

**푹신한 독서대와 미니 쿠션이 만났다?**

# 북시트(The Book Seat)

하루 종일 회사에서 앉은 채로 근무하다 집에 돌아오면, 무작정 뒹굴고 싶을 때가 많다. 기대든지 눕든지, 아무런 방해도 받지 않고 세상에서 가장 편안한 자세로 오롯이 홀로 쉬고 싶은 것이다. 이 때 중요한 것은 책을 보든 스마트폰을 확인하든, 스스로 가장 편안한 자세여야 한다는 것이다.

호주에서 날아온 북시트(The Book Seat)는 무언가를 올려놓기 전에는 작은 쿠션이라고 생각이 들 정도의 폭신함과 아늑함이 그대로 묻어 있다. 북시트는 쉽게 말해 '지지대'의 한 종류로 지지대 하면 쉽게 떠올릴 수 있는 '독서대'가 딱딱하고 고정된 모양이라면, 이 물건은 쿠션처럼 어디서든 편안하게 사용할 수 있는 유용성을 지녔다. 소파에 누워서 독서를 할 때, 아이패

북시트(The Book Seat)는 쿠션처럼 어디서든 편안하게 사용할 수 있는 일종의 독서대로 소파에 누워서 독서를 할 때, 아이패드를 이용할 때, 컴퓨터 옆에 참고 문헌을 올려놓고 써야 할 때 너무나도 편리하다.

**Editor's Tip**
❶ 책상보다 침대나 소파와 더 친한 사람이거나, 거의 모든 것을 침대에서 해결하는 싱글들에겐 너무 좋은 아이템이다.
❷ 두꺼운 책이나 키큰 잡지들은 다소 무게 중심 잡기가 힘들지만 이것도 하다보면 요령이 생긴다.

드를 이용할 때, 컴퓨터 옆에 참고 문헌을 올려놓고 써야 할 때 편리하다. 이 뿐이랴. 공원에서 책을 볼 때나 양손으로는 다른 일을 해야 할 때, 눈은 무언가에 고정시켜야 할 때 등등 그 쓰임의 영역이 '독서대'를 넘어 선다. 가벼워서 침대, 소파, 의자는 물론이고, 자동차나 버스, 비행기 또는 야외에서는 간이 베개로노 사용할 수 있으니 그야말로 일석이조인 셈이다.

심지어 요리를 처음 하기 시작한 싱글들이 레시피를 볼 때 일일히 책을 들었다놨다 할 필요 없이 앞에 세워두면 그만일 듯하다. 하루 종일 시체놀이를 할 때 아이패드를 배 위에 올려놓고 손으로 지지해야 하는 불편함도 사라진다. 안경이나 스마트폰, 필기도구를 꽂아 놓을 수 있는 포켓 역시 스마트하다. 책장이 넘어가지 않도록 잡아주는 투명한 누름판도 있으며 벽에 걸면 수납용품으로, 또 1인용 의자나 소파에 세워 놓으면 작고 깜찍한 쿠션으로도 사용할 수 있다. 탄생 자체가 독서광인 CEO에 의해서 태어났다고 하니, 그야말로 책을 좋아하는 싱글들에게 최적화된 아이템이 아닐까도 싶다. 커버의 컬러 또한 상큼한 색상부터 어른들을 위한 선물로 적당한 은은한 컬러까지 다양하다.

**판매 및 문의 1300k** www.1300k.com

# 침대 밑 수납 박스

해도 해도 끝이 없는 게 '정리'라고들 한다. 이건 새내기 싱글족이나 경력 15년차 전업 주부 입에서도 공통적으로 흘러나오는 푸념이리라. 아무리 정리해도 금세 다시 지저분해지고 또다시 정리하고 그렇게 반복되는 일상을 살게 된다. 수납의 원칙은 '안 보이게 감추는 것'. 자질구레한 물건들이 어딘가에 정리된 채 쏙 들어가서 필요하다고 부를 때까지 안 보이면 얼마나 깔끔하고 좋을까? 그 반대로, 갑자기 필요할 때는 깊숙한 곳까지 뒤지지 않아도 바로 꺼내 쓸 수 있으면 좋으련만. 이런 바람은 단촐한 싱글룸일 경우엔 더욱 더 절실해진다. 어떻게 하면 안 보이게, 깔끔하게 정리하느냐가 쾌적한 싱글라이프의 질을 결정할 수도 있기 때문이다.

수납공간이 충분치 않다면 쓰지 않는 빈 공간으로 눈을 돌려 보자. 침대 밑 빈 공간이 그 대표적인 예. 어른 한 명 들어갈 만한 넉넉한 넓이에 높이도 적당해서 빈 박스나 상자를 이용해 정리하면 꽤 쓸모 있는 수납공간으로 활용할 수 있다. 무인양품의 '침대 밑 수납 박스'는 서랍 형태의 견고한 언더베드 용품으로 내추럴한 분위기까지 살려 주는 아이템이다. 일반적인 플라스틱 소재나 얇은 부직포로 제작한 리빙 박스의 경우 촌스럽거나 모양의 변형이 쉽다는 단점이 있는데 반해, 무인양품의 언더베드 박스는 내구성은 물론 인테리어 소품으로도 충분할 만큼 디자인도 심플하고 담백하다. 칸막이로 수납 공간을 작게 나눌 수 있게 하여 수납물에 따라 칸을 구분하거나, 사용빈도가 높은 것과 그렇지 않은 것을 구별해서 정리하기도 편리하다. 특히 손잡이 부분이 앞에서 보이게끔 조르륵 넣어두면, 마치 침대 서랍처럼 사용 가능하다. 철 지난 옷이나 넘쳐나는 책들을 수납해도 좋고, 방이 좁아 수납공간이 턱없이 부족하다면 속옷이나 양말, 수건 등을 칸칸이 정리해도 좋다.

이에 반해 이불이나 겨울 패딩, 철 지난 옷 등 자주 이용하지 않거나 부피가 있는 것들을 한꺼번에 정리해야 하는 경우라면 소프트한 소재의 수납 박스를 이용하는 것도 좋은 방법이다. '소프트 박스 의류 케이스'는 원단 안쪽에 코팅 처리가 되어 있어 먼지가 앉기 쉬운 물건들을 보다 더 청결하게 보관할 수 있다.

**판매 및 문의 무인양품** www.mujikorea.net

# 19



'소프트 박스 의류 케이스'에 이불 커버나 매트리스 커버, 베개 커버 등을 따로 정리해 보자. 자주 자주 갈아 줘야 하는 이런 침구 용품들은 옷장 서랍에 넣기도 그렇고 이불장 속 이불과 함께 쌓아 두는 것보다 가지런히 담아 침대 밑에 넣어두면, 필요할 때마다 쉽게 꺼내 쓸 수 있다.

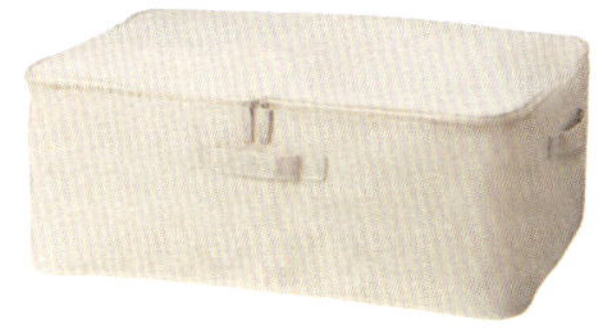

침대 아래는 의외의 많은 것들을 정리할 수 있는 의외의 알짜 수납공간. 철 지난 옷이나 넘쳐나는 책들을 수납해도 좋고, 방이 좁아 수납공간이 턱없이 부족하다면 속옷이나 양말, 수건 등을 칸칸이 정리해도 좋다.

특별한 조립 기술 없이도 누구나 손쉽게 만들 수 있다는 장점이
있는 다양한 컬러, 튼튼한 내구성 등으로 수납과 인테리어 효과
까지 기대할 수 있는 일석이조의 아이템이다. 가변형 수납 박스
인 폴딩 박스



# 폴딩 박스면 된다!

집안은 어수선하지만 치울 생각을 하면 실마리가 보이지 않는 사람들이
있다. 다른 건 잘해도 정리만 못하는 사람도 있다. 누구 집은 깨끗하고 누
구 집은 지저분한가의 기준은 바로 정리정돈! 혼자 산다고 살림이 없을
것 같지만 혼자 살아도 있을 건 다 있어야 하기에 공간 정리, 물건 정리의
필요성은 더 절실하다. 하나를 사도 컬러를 보고 디자인은 물론이고 가격
대비 효율과 실용성까지 꼼꼼하게 따지는 합리적인 싱글들을 위해 나온
최고의 정리 아이템이 있으니 바로, 폴딩 박스.
얼핏 보면 우유 상자같기도 하고, 각 맞춰 쌓아올린 걸 보니 레고 블록을
조립해놓은 것 같기도 하고… 하지만 알고보면 색색별로 구성된 이 박스
는 어느 곳에 놓아도 어색하지 않고, 의외로 오래 사용되는 내구성, 그리
고 차곡차곡 쌓아 사용하기 좋은 탄탄한 정리력까지 보여준다.
정리정돈은 물론, 은은한 파스텔 컬러는 어디에 놓아도 튀지 않고 사무실
이나 방 안에 그대로 안착되어 분위기를 발산한다.
최근에는 이 폴딩 박스를 이용해서 인테리어를 한 카페들도 간간히 눈에
띄기도 한다. 검색창에 이름을 쳐보면 이런 플라스틱 박스로 건축을 하는

# 20

사람이 있는가하면 재미있는 설치 미술을 하는 사람이 있을 정도로 사랑받고 있다.

다양한 컬러 스펙트럼을 자랑하는 폴딩 박스는 차곡차곡 높이 쌓을 수 있어 공간 활용에도 만점이다. 맞물림이 안전하므로 넘어질 걱정도 적다. 유연한 플라스틱 소재임에도 불구하고, 미묘하게 틀어지거나 하지 않고 딱 맞는 레고 블록처럼 정리된다. 사이즈가 다양하고 각 사이즈별로도 연계되니 통일감을 있어서 사용하기 좋다. 만약 당분간 쓸 일이 없다면 일자형으로 접어 구석에 쏙 집어넣으면 해결되므로, 자리 차지할 염려도 없다. 조립 및 해체가 간단하기 때문에, 혼자 모든 것을 해결해야 하는 싱글녀들도 부담 없이 사용할 수 있겠다.

고혹적인 매력의 블랙을 비롯한 브라운, 올리브 카키, 그레이, 네이비 등 다양한 컬러로 구성되어 있어 기분에 따라, 혹은 분위기를 전환할 때 바꿔가며 사용해도 좋다. 작은 미니 사이즈부터 미디움, 맥시 등 3가지 사이즈로 선보이고 있다.

**판매 및 문의 편샵**  www.funshop.co.kr

# 컴팩트터치(CompactTouch)

슬쩍 보면 컴퓨터의 무선 마우스처럼 생겼다. 게다가 투명하고 부드러운 커브를 가진 푸른색 커버와 화이트 케이스를 보니, 한손에 탁 들어오는 사이즈가 아닌가. 알고 보니 핸디형에 퀵 스팀 기능까지 겸비한 '다리미'란다. 하나를 사더라도 자기만족이 우선인 싱글족, 기능도 따지지만 '디자인'도 포기 못하는 개성파 싱글들이 찾던 제품이 아닐까 싶다. 이름 하여 필립스에서 나온 핸디형 퀵스팀 다리미 '컴팩트터치(CompactTouch)'.
유선형의 일체형 캡슐 케이스만 보자면 도저히 다리미가 안에 있다고 생각하기 힘들 정도로 빼어난 비주얼을 자랑한다. 아니나 다를까, 컴팩트 터치는 캡슐 모형의 일체형 케이스에 물탱크를 간소화한 혁신적인 디자인으로 '2013년 IF 디자인 어워드'에서 제품 디자인상을 수상하기도 했다.

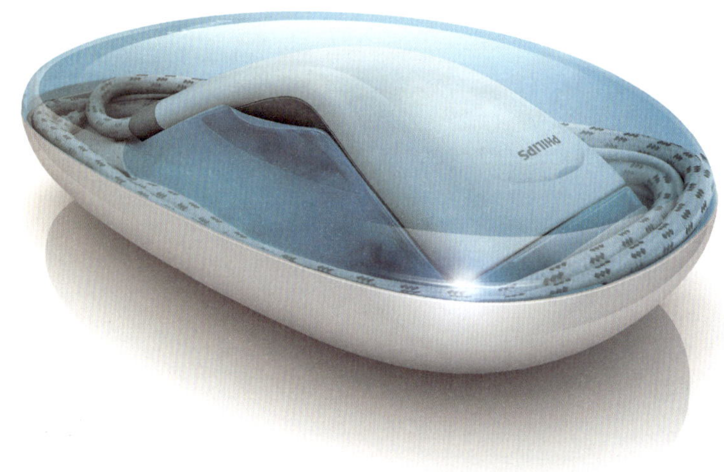

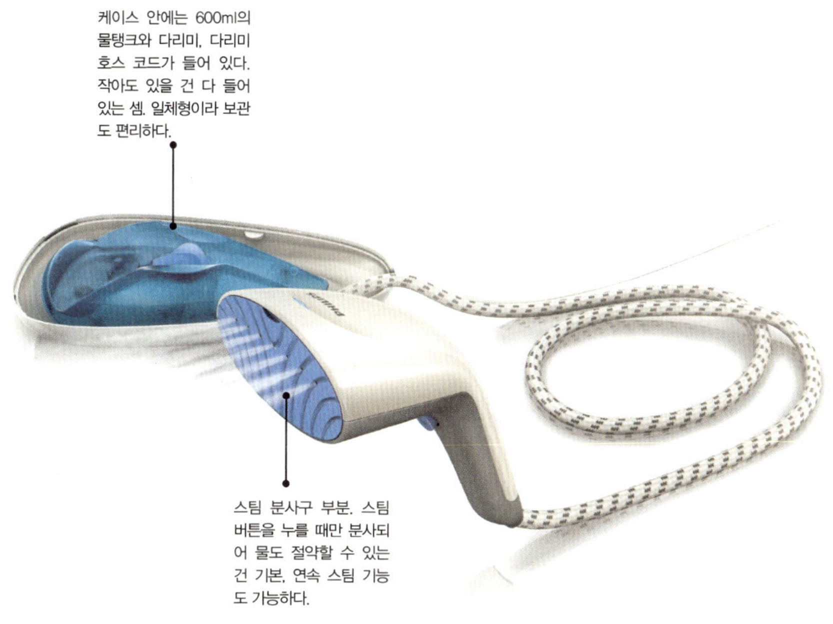

그렇다면 이 작은 케이스 안에 뭐가 들어 있을까? 우선, 600㎖의 물탱크와 다리미, 다리미 호스 코드가 들어 있으니, 있을 건 다 있다고 보면 된다. 여기서 본체를 꺼낸 다음, 다림질 할 옷을 향해 가볍게 분사해주면 된다. 일체형 케이스 안에 상착된 600㎖의 물탱크로 최대 30분까지 다림질이 가능하며, 40초의 짧은 예열 시간으로 급할 때 빨리 다려입고 나가기 좋다. 스팀 버튼을 누를 때만 분사되어 물도 절약할 수 있는 건 기본, 연속으로 스팀 분사 기능이 있어 몇 번의 동작만으로도 작업할 수 있다고도 한다. 특히 그동안 일반적으로 다리미는 애매한 부피에 정리하기도 마땅찮아 늘 베란다 한켠이나 옷장 속에 처박혀 있기 마련인데, 이 깜찍한 '컴팩트터치'는 집안 어디에 두어도 흐뭇한 만족감을 선사한다.

더 오래 사용할 수 있도록 석회질 방지 기능까지 탑재되어 있고, 1000W 강력한 연속 스팀 기능, 옷을 문에 걸어 바로 다림질 할 수 있는 옷걸이도 들어있으니, 이름만큼이나 알찬 장점들이 많은 제품이다. 행여 뜨거운 스팀에 데일까봐 손 보호 글로브까지 친절하게 들어 있다.

**판매 및 문의 필립스코리아** www.philips.co.kr

### Editor's Tip

❶ 1분 1초를 다투는 출근길, 바쁜 오피스 족들에게 아침 다림질은 실행 불가능한 미션일 수도 있다. 하지만 컴팩트 터치라면 문제 없다. 40초만 기다리면 뜨끈뜨끈한 스팀이 팍팍 뿜어져 나오므로 옷 입은 채로 쓱쓱 다려 입고 나가기 좋다. 단, 분사기를 너무 가까이 대면 데일 수도 있으니 옷과 어느 정도 안전거리를 두고 사용하도록 주의 한다.

❷ 문에 걸어 다림질할 수 있도록 도와주는 옷걸이가 포함되어 있어 방문이나 옷장 문에 걸어놓고, 한손으로 척척 다리기 편하다.

❸ 이왕이면 물탱크 관리도 깔끔하게! 한 번 사용했던 물은 그때마다 버려주고 틈틈이 건조도 시켜 주자.

# 22



# 캡슐이 된 쓰레기통!

가장 신경 쓰고 싶지 않지만, 반드시 신경 써야 하는 부분이 '쓰레기'이다. 혼자 사는 공간일수록 더욱 그렇다. 특히, 싱글에게 쓰레기란 처치 곤란이라기보다는 그냥 귀찮은 존재라고 해야 할까? 많은 양의 쓰레기가 나오는 건 아니지만 그렇다고 비닐봉지에 버리자니 허접한 느낌마저 든다. 쓰레기통인데 그냥 아무거나 쓰면 어떠냐고들 하겠지만, 혼자 살다보면 사소한 물건 하나에도 정을 주고 싶은 법이다. 휴지 하나 버리더라도 괜시리 눈길 한 번 더 가게 되는, 나만의 근사한(?) 쓰레기통을 갖고 싶은게 싱글들의 마음이다.

퀄리의 쓰레기통 삼총사, 캡슐 플립(flip), 캡슐 홀(hole), 캡슐 캔(can)이라면 이런 고민을 쉽게 해결해 줄 수 있지 않을까 싶다. 디자인을 보자면, 일자형 몸매지만 위를 바라보는 반전의 매력이 있다. 캔 뚜껑이거나, 흔히 보는 뚜껑이 휙휙 돌아가는 플립형이거나 아니면 구멍이 있는 자체로 오픈된 상태. 캡슐 캔(can)은 사진으로 보면 정말 음료수 캔이라고 말할 정도로 독특한

디자인 콘셉트를 갖고 있는데, 결국엔 구멍이 있는 디자인의 원리지만 그 원리를 위트 있게 표현했다.

하나를 사더라도 집 안의 디자인 감각을 상실하지 않으려는 싱글들에게 어울리는 제품이 아닐 수 없다. 컬러 또한 선명한 원색과 형광색, 베이직 블랙과 화이트 등 선택의 폭이 넓다. 쓰레기통이 필요한 곳마다 다양한 디자인과 컬러를 가진 캡슐 빈(bin)을 놓아두는 것도 기분을 '업' 시키는 방법이다.

높이는 내 무릎에 올라오는 정도로 크지도 작지도 않고, 속에 넣는 비닐을 단단히 고정할 수 있어 편리하다. 작은 소품에 불과하지만 숨기고 싶은 쓰레기통이 아니라 보여주고 싶은 쓰레기통으로 변신하는 퀄리의 캡슐 3총사, 플립(flip), 홀(hole), 그리고 캔(can). 소재 또한 자연을 생각한 퀄리만의 메시지가 들어 있어 안심하고 사용할 수 있다.

**판매 및 문의** ㈜필론파리스 www.pylones.kr

# 에어워셔 '롤리폴리'

눈이 뻑뻑하다, 목이 칼칼하다, 코도 갑갑하다… 의외로 '건조함'으로 고생하는 사람들이 많다. 겨울이나 황사, 환절기 등의 계절적 이유는 물론이고, 최첨단 실내 냉난방 시스템으로 무장한 채 살고 있는 현대인들에겐 어쩌면 피할 수 없는 숙명일 수도 있다. 때문에 집집마다 가습기 하나쯤은 필수적으로 들였던 시절이 있었다. 최근에는 손쉽게 갖고 다닐 수 있는 깜찍한 휴대 가습기까지 등장했지만, 문제는 '관리'. 일단 설치하면 방안에 적당한 습기를 제공하고 공기 청정 역할까지 도맡아 해주지만 정작 실상에서는 매번 수조의 물을 갈아줘야 하는 수고로움이 뒤따른다. 여러 사람 돌아가면서 한다면 한결 낫겠지만 혼자 사는 집에서 이 무슨 어항 청소하는 거냐며 투덜대는 귀차니즘 싱글들이라면, LG 에어워셔 '롤리폴리'를 추천한다. 에어워셔는 간단히 말해, 가습디스크에 물을 적신 후 팬으로 자연기화 시킴으로써 미세 수분을 공급하는 제품이다. 내부의 디스크에 바람을 가해 먼지를 제거하고, 깨끗한 수증기만 내보내는 원리다. 습도 조절은 기본, 활성 수소와 음이온을 배출함으로써 공기 청정 기능까지 함께 갖춘 물건이라 하겠다.

소형 아파트나 도로 주변 상가 오피스텔에 주로 거주하는 싱글족은 늘 창문을 열어 놓고 환기를 해주기란 쉽지 않다. 이런 이들에게 에어워셔는 실내 습도도 조절하고 소음에서도 벗어날 수 있는 환절기 필수품이 되지 않을까. 하지만 이 '롤리폴리'가 수많은 싱글의 러브콜을 받고 있는 중요한 이유 중의 하나는 '물 투입 방식' 때문이다. 기존 에어워셔 제품들은 급수를 위해 수고스럽게도 수조를 열어 물을 직접 채워야 했지만, '롤리폴리'는 따로 수조를 빼거나 제품을 분리할 필요 없이, 제품 윗부분에 위치한 접시 위에 물을 부으면 제품 내부의 수조에 물이 채워져 작동이 시작된다. 찻잔에 물 붓는 듯한 '고상한' 모습을 연상케 한다. 많이 건조하다싶을 때는 빠른 가습 효과를 낼 수 있는 쾌속가습을 사용하면 불과 20여 분만에 촉촉해진 느낌을 받을 수 있다고 한다. 감기나 비염이 심해졌을 때, 또는 늦은 밤 잠들기 전에 잠시 활용하면 좋을 듯하다.

**판매 및 문의 LG전자** www.lge.co.kr

**Editor's Tip**

청소가 걱정되는 이들을 위한 꿀팁 두 가지.
❶ 수조 청소는 일주일에 한 번 정도 해준다. 수조통 자체가 모서리 부분이 둥글기 때문에 청소하기도 편리하다.
❷ 수분디스크가 눅눅할까봐 걱정이라고? 전원을 끄고 나면 자동적으로 바람을 통해서 말려주기 때문에 위생적으로 관리할 수 있다. 처음 사용할 때 자동 건조 기능을 설정해본다. 에어워셔 정지 버튼을 눌러 끄면 그때부터 5분간 수분디스크 건조를 위해 팬이 회전을 하며, 알아서 건조까지 해준다.

## 23

물 주입구는 매번 뚜껑을 열거나
수조를 분리할 필요 없이
위에서 바로 붓는 방식으로
물 보충이 간편하다.

사용 가능한 버튼들로
가습량, 쾌속가습, 꺼짐예약
등을 선택할 수 있다.

모서리 라운드
디자인이라 부딪혀도 크게
다칠 위험이 없다.

# 만능 자석, '유어 마그넷(your magnet)'

**Editor's Tip**

'유어 마그넷'의 원리는 흡착판이다. 아무데나 필요한대로 붙여서 손잡이로 사용할 수 있다는 매력이 있지만 과신은 금물이다. 사진에서 보듯이 일회용 컵이나 아이폰 뒤에 손잡이로 사용할 수 있을 만큼은 될 것 같은데, 그 이상은 개개인의 상상에 맡겨야할 듯. 자석이 아니라는 사실만 명심하면 된다.

"모바일 액세서리에 자석을 갖다 붙인다고?" 놀라지 마시길, 얼핏 보면 말발굽 모양의 자석 같지만 진짜 자석은 아니다. 바보가 아닌 이상 누가 전자제품에 자석을 갖다 대겠는가. 특히 스마트폰과 같은 '개인 정보의 금고'에 자석을 갖다 대면 데이터는 공중분해 되어 모든 것이 사라질뿐더러 복구하기도 힘들기 때문에, 자석과 전자제품은 절대 가까이해서는 안 된다는 건 누구나 다 아는 사실이다.

러프디자인의 이런 깜찍한 '반전'이 돋보이는 이 주인공의 이름은 '유어 마그넷(your magnet)'. 사진에는 아이폰이나 아이패드의 지지대로 사용되고 있

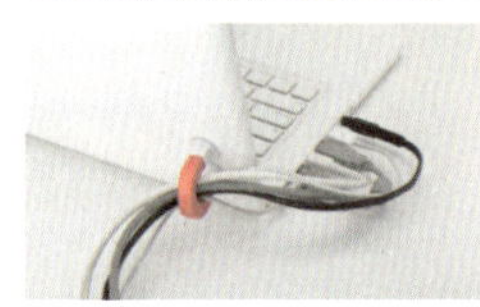

일상에 소소한 즐거움을 주는 디자인 마그넷. 분리가 쉬운 흡착 기능을 갖고 있어 유리나 금속, 플라스틱 재질을 가진 모든 생활 아이템에 붙여 사용할 수 있다. 스마트폰 거치대나 컵 홀더로 많이 사용한다.

는데, 그 디자인이 예상을 넘어 꽤 신선하고 어린 시절에 자석을 갖고 놀던 모습을 자극한다. 아직 이해가 되지 않는 사람을 위한 가장 심플한 답변은, 이 아이템은 '자석처럼 생긴' 모바일 지지대이다. 이름만 마그넷이지 실은 플라스틱 소재의 흡착판이다. 디자이너의 아련한 추억을 담아, 자석의 실질적 기능은 제거하고 대신 꾹 눌러 붙일 수 있는 밀착형 흡착기를 이용했다. 스마트폰에 밀착시키면 이동할 때 손가락을 넣어 잡기도 편리하고 굳이 손으로 들고 문자나 동영상을 확인하지 않아도 된다. 강한 흡착력으로 손에 걸어 놓고 다른 물건을 들어도 끄떡없다.

분리가 쉽고 흡착 기능을 갖고 있으니 내가 원하는 유리나 금속, 플라스틱 재질을 가진 모든 생활 아이템에 추가 기능으로 넣을 수도 있다. 예를 들면, 노트북에 연결된 수많은 선이 꼬이거나 엉킬 때는 이 마그넷을 노트북 위에 붙여서 정리 도구로 활용할 수도 있다. 욕실 거울에 걸어두고 면도기를 걸어 놓아도 되고 베란다의 유리벽에 걸어 말려 놓은 꽃들을 꽂을 수도 있다. 열쇠고리, 팔찌, 노끈 등을 걸어 정리·보관하는데도 아주 요긴하다. 감성에 따라 아이디어는 무궁무진. 이를 가능하게 만드는 건 'U'자형 자석의 '유'연성 덕분이 아닐까.

**판매 및 문의 러프 디자인** www.lufdesign.com

24

# 다재다능 파티션

말 그대로 파티션(partition)은 '나누다'는 뜻이다. 많아봐야 침대 하나에 책상, 서랍, 행거로 들어찬 방에 파티션이 웬 말이냐 싶겠지만 이건 하나만 알고 둘은 모르는 이야기. 좁은 공간의 활용을 돕는 것은 수납가구만이 아니다. 공간을 쪼개고 나눠 쓰는 것도 오히려 좁은 방을 넓게 활용할 수 있다. 원하는 만큼 나눌 수 있고 지저분한 부분까지 가려주며, 따로 방을 내지 않아도 파티션으로 없던 공간까지 생긴다면 그야말로 굿 아닌가. 침대 옆 어정쩡한 공간도 파티션을 설치하면 그 너머로 작은 알파 공간을 얻을 수 있고, 오픈형 책상 한 켠을 파티션으로 막아주면 산만한 주위로부터 적당히 차단됨으로써 집중도를 높일 수도 있다. 어딘가를 막으면 답답하지는 않을까 싶지만, 파티션을 이용해 두 공간을 적절히 가리면 오히려 공간이 깔끔하게 정돈되어 보이는 효과가 있다.

펀잇처스의 '스마트 파티션'은 바로 이런 다양한 레이아웃을 가능케 해주는 스마트한 아이다. 미니멀한 프레임에 패브릭 커버를 씌운 형태로, 12mm

라는 얇은 두께감은 공간을 더욱 컴팩트하게 만들어 준다. 그리고 가볍다. 여자 혼자 들고 설치할 수 있을 정도로 아주 가볍기 때문에 이사를 하거나 위치를 옮길 경우 이동과 재배치가 편리하다. 파우치 방식으로 커버 교체가 가능하다는 점도 신선하다. 분위기를 바꾸고 싶거나 파티션이 더러워졌을 때 손쉽게 교체도 가능하다. 공업용 자재 대신 스틸과 봉제된 패브릭 방식으로만 제작되기 때문에 인체에 무해할 뿐만 아니라 폐기 시 재활용도 가능하다. 철제 프레임에 패브릭을 씌우는 간단한 방법이라 별다른 공구 없이도 가능한 쉽게 설치할 수 있다고 알려져 있다. 또 클램프, 클립, 스탠딩 등 옵션 액세서리를 이용하면 책상에 가로로 붙일 수도 있고, 여러 개를 붙여서 접었다 폈다 할 수 있는 등 활용 범위가 넓다.

하지만 뭐니 뭐니 해도 스마트 파티션의 가장 큰 장점은 하나의 파티션을 다양한 방법으로 사용할 수 있다는 점이다. 책상에 부착해서 가림판처럼 사용하거나, 병풍처럼 세워서 사용하는 등 다양한 레이아웃이 가능하다. 때문에 좁은 싱글룸에 한번쯤 시도해 볼만한 아이템이 아닐까 싶다.

판매 및 문의 펀잇쳐스 www.funiturs.com

### Editor's Tip

❶ 사이즈는 800mm, 1200mm, 1400mm, 1600mm 네 가지로 선택 가능, 공간 특성이나 용도에 따라 높낮이는 결정하면 된다.

❷ 앙증맞은 미니 사이즈도 있다. 400mm 사이즈로, 주로 책상 위 공간을 나눠 쓰고 싶을 때 활용하면 좋다.

❸ 개인적으로, 드레스룸을 꾸밀 공간이 없다면 파티션을 적극 활용하라고 추천하고 싶다. 침대와 벽 사이 작은 공간만 있다면 'ㄱ자' 모양으로 파티션을 세우고, 그 안을 행거와 작은 서랍으로 채우면 드레스룸이라는 알파 공간이 완성된다.

원하는 용도에 맞게 가로나 세로로 이어 붙이면 나만의 새로운 공간을 만들 수 있다. 가볍기 때문에 이사를 하거나 위치를 옮길 경우 이동과 재배치가 편리하다.

# 26



**걸어두면 작품이 된다!**

# 감성 돋는 스토리지 보드



**Editor's Tip**
❶ 도대체 이 많은 칸들을 뭘로 채울지 고민이라면 걱정 않아도 된다. 가위, 돌돌이 테이프, 영수증, 손톱깍이, 헤어핀, 열쇠고리, 리모콘… 3일 정도면 다 채워질지도 모른다.
❷ 방마다 두어도 좋지만, 주의할 점은 벽걸이용이므로 바닥에 두지 않도록 하자. 잠결에 나와 발로 툭 치면 그야말로 대형사고가 발생할 수도 있다.

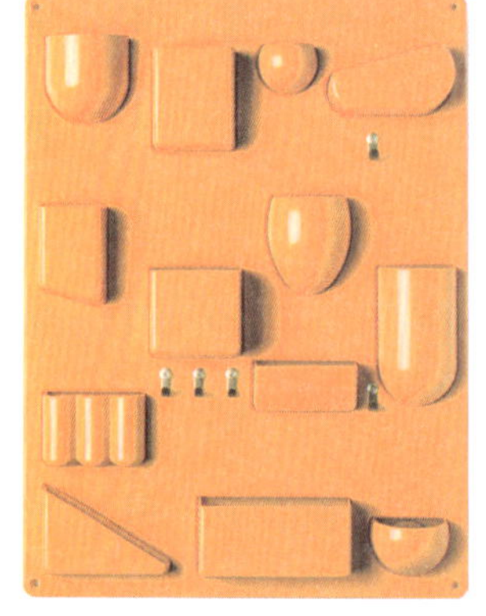

바야흐로, 디자인이 세상을 바꾸는 시대에 살고 있다. 에코백 하나를 들더라도 편집샵의 디자이너 리스트를 찾고, 같은 운동화라도 이왕이면 유명 디자이너와의 콜라보레이션 디자인에 손이 간다. 유명 커피샵의 텀블러는 연도별로 사 모으는 컬렉터들이 등장했을 정도. 이런 경향은 나홀로 사는 싱글족에서도 두드러지는데, 경제력을 갖춘 이들은 하나를 사더라도 실용성과 합리적인 가격, 그리고 스타일까지 모두 챙기기 때문이다. 수납 및 데코용으로도 유용한 '스토리지 보드(Storage Board)'는 평범함을 거부하는 싱글들의 사랑을 받고 있는 인테리어 아이템. 유니크한 감각의 이 수납 보드는, 밋밋한 공간이나 허전한 벽을 하나의 그림으로 만들어줄 만큼 놀라운 변환 능력이 잠재되어 있다.

일단, 선명한 컬러가 눈길을 끈다. 레드, 화이트, 옐로의 톡톡 튀는 컬러는 어떤 벽 어떤 장소에 걸어 놓아도 아티스트의 벽걸이로 만들 수 있는 신기함을 지녔다. 사이즈는 26cm×35cm. 그리 큰 편은 아니지만 수납력은 만만찮다. 아무리 혼자 살아도 자질구레한 소품들이 하나둘씩 늘어나기 마련인데 흔히들 어디에 두었는지 기억도 안 나는 박스나 플라스틱 봉지, 혹은 쇼핑백에 넣어두곤 하지 않는지. 하지만 이 스토리지 보드만 있으면 일목요연하게 정리할 수 있어 찾고 싶던 물건과의 숨박꼭질 또한 면할 수 있다. 고된 업무를 마치고 축 늘어진 어깨로 아무도 없는 자신의 공간에 들어서면 우울함부터 밀려오는 싱글은, 어쩌면 하나 이상의 반전 소품이 필요할 지도 모른다. 잔잔한 조명이 될 수도 있고, 카우치 위에 놓인 쿠션이나 창가에 놓은 식물이 될 수도 있다. 이럴 때 컬러풀한 스토리지 보드가 있다면 세련된 디자인은 물론, 튼튼함과 견고함으로 무장한 수납 효과까지 누릴 수 있다.

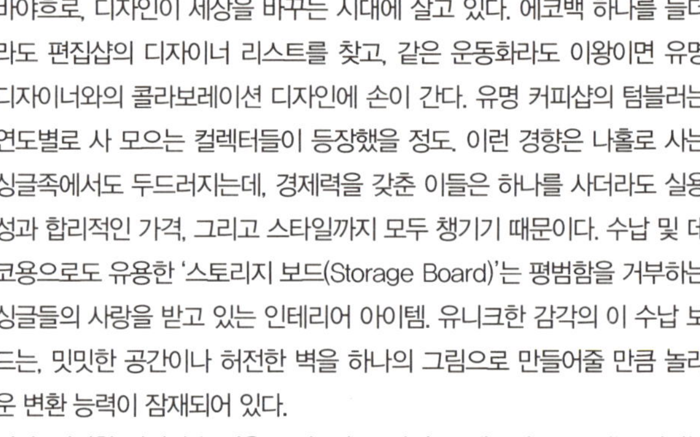

**판매 및 문의 루밍** www.rooming.co.kr

www.designstore-to
DESI
STC
TOK

# 변신9단 액션스투디오

누구나 '나만의 공간'에 대한 환상이 있다. 나만 추억할 수 있으며 내가 원하는 물건들로 채워진 공간, 시간가는 줄 모를 정도로 종일 꼼지락거릴 수 있는 그런 공간 말이다. 이 때문인지 어릴 때는 괜히 어두컴컴한 옷장 속에 숨어보거나, 소꿉친구와 동네에 비밀 장소(사실은 누구나 다 아는) 하나쯤은 꼭 만들어보곤 했다. 방문을 닫아걸고 온 벽에 포스터를 덕지덕지 붙여놓는다거나, 마음 가는 대로 침대와 책상들을 옮기면서 자신만의 세계를 창조하곤 했었다. 그런데 어른이 된 지금, 훨씬 더 재밌고 간단한 방법으로 나만의 공간을 창조할 방법이 생겼다. 아이디어 디자인 가구 브랜드 펀잇쳐스의 '액션스투디오(ACTION STUDIO)'.

어린 시절 열광했던 합체 로봇을 연상시키는 액션스투디오는 사용자의 필요에 따라 디자인을 바꾸어 나만의 공간을 창의적으로 활용할 수 있는 새로운 공간 창출 플랫폼이다. 책상, 침대, 책장, 파티션 등을 자유롭게 조합할 수 있다. 필요한 공간만 컴팩트하게 구성한 후, 레고 블럭처럼 한 칸씩 위로 쌓아올리는 것이 가능하다. '벙커 책상'이 그 대표적인 모델로, 특히 한정된 공간에서 효율적인 동선이 가능해야 하는 '나홀로 족'과는 그야말로 찰떡궁합인 제품 일 수도 있다.

액션스투디오의 인기 모델 중 하나인 '벙커 책상' 세트. 아래층은 책상으로, 윗층은 침실 공간으로 사용한다. 미니멀한 디자인과 세련된 블랙 컬러의 세련된 조합이 돋보이는 제품이다.

우선, 미니멀한 디자인과 모던한 블랙 컬러가 만났으니 혼자 사는 공간도 세련된 오피스 분위기로 변신 가능하다. 아래층(?)의 책상은 컴퓨터를 두고도 공부나 다른 업무를 볼 수 있게끔 넉넉한 공간을 자랑한다. 그 옆으로는 벙커 책상의 포인트라 할 수 있는 선반들. 책장 겸용으로 사용할 수 있는 선반이 양쪽으로 있어 수납력을 더욱 확장시켜주는 역할을 한다. 선반의 높이 및 수량은 선택 사항이다. 책장 대신 옵션으로 설치 가능한 파티션을 덧대서 독립된 공간을 강조해도 좋다. 일이나 컴퓨터를 하다가 잠깐 쉬고 싶을 때 다른 곳으로 이동할 필요가 없다. 사다리 타고 쪼르륵 위로 올라가면 그만이다. 액션스투디오는 단순하고 명료한 모듈 시스템을 기반으로 벙커 책상 외에도 2층 침대, 벙커 침대, 데크캐노피 침대, 데크 책상 외 수십 가지로 조합 가능하다. 앞으로 개발될 신제품도 연동되게끔 할 계획이라 변형 범위는 더 넓어질 전망이라고 한다. 싱글의 집이야말로 취향, 상황, 필요에 따라 집의 얼굴은 수차례 변한다. 그때마다 새로운 가구를 사들이는 것보다 조합과 스타일 변형이 가능한 모듈 가구를 이용하는 것이 훨씬 합리적인 선택이 아닐까.

**판매 및 문의 펀잇쳐스** www.funiturs.com



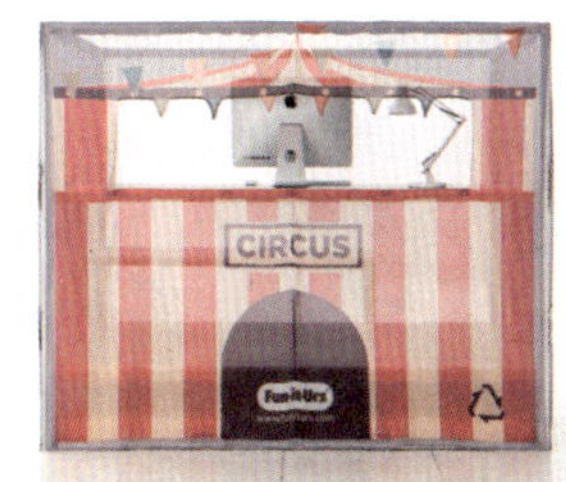

# 노트북 쿨링 스탠드

'노트북을 쓰다가, 마치 거북이처럼 목을 화면 쪽으로 쭈욱 내밀고 있는 나의 모습을 발견한다. 자세를 고쳐 앉아도 몇 분이 지나면 어쩔 수 없이 똑같은 자세를 연출하고 있는 것을 발견한다. 동시에 뒷목이 만만치 않게 땡기고 눈도 따끔따끔 아프다. 노트북 화면 각도를 아무리 조절해도 상황은 나아지지 않는다…' 이런 이유로 병원을 찾는다면? 아마도 의사로부터 다음과 같은 처방전을 받게 될 지도 모른다. "위와 같은 증상이라면 당신은 거북목 증후군이 강력하게 의심됩니다. 3일이 지나도 증상이 완화되지 않으면 '엑토 노트북 쿨링 스탠드'를 사용할 것을 처방합니다!".

## Editor's Tip

❶ 쿨링팬을 작동시키면서 시끄럽지는 않을까 적정했는데, 기우였다. 노트북 자판 두들기는 소리에 묻힐 정도다.

❷ 노트북의 턱 높이 조절도 가능하다. 시계 방향으로 돌리면 노트북 미끌림 방지턱의 높이가 올라간다. 단 적정 높이 이상으로 올라가면 빠질 수도 있으니 주의한다.

❸ 접을 수 있고 가벼워서 카페나 도서관에 가지고 다니기도 편하겠다.

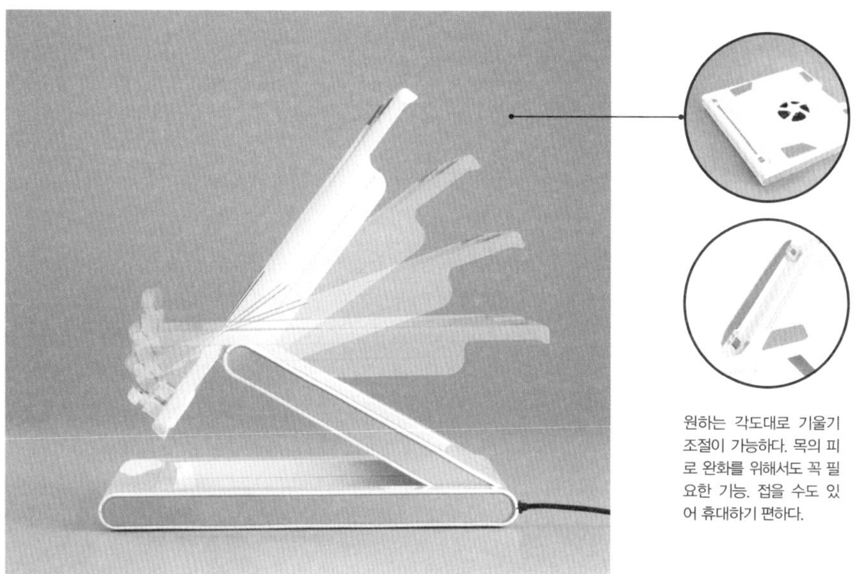

원하는 각도대로 기울기 조절이 가능하다. 목의 피로 완화를 위해서도 꼭 필요한 기능. 접을 수도 있어 휴대하기 편하다.

각종 과제, 작업, 업무들 덕에 그야말로 온 종일 노트북 앞에 묶여있는 요즘 사람들이라면 누구든 이 '거북목 증후군'을 피해가기는 어려울 것이다. 하루 종일 앉아서 노트북과 마주하면서 같은 자세를 유지하면 아무래도 몸에 부담이 된다. 몸을 움직이지 않는 건 스트레스로 이어지기도 한다. 이런 증상들이 걱정된나면 엑토(actto)의 '노트북 쿨링 스탠드'가 좋은 대안이 될 수 있다.

튼튼한 노트북 거치대인 셈인데, 자신에게 가장 편한 각도로 노트북을 올려놓을 수 있는 제품이다. 8cm 크기의 쿨링팬이 있어 장시간 사용 시 노트북의 열기를 식혀주기까지 한다. 작동시켜도 그닥 시끄럽지 않기 때문에 걱정할 염려 없고, 또 쿨링팬은 별도의 어뎁터 없이 USB 전원만으로 사용이 가능하다고 하는데, 복잡한 전선으로부터도 자유롭겠다. 특히 3중 접이식 구조라 접으면 납작하니 정리하기도 편리하고 휴대하기도 좋다. 본체 위쪽에는 미끄럼 방지 패드가 있어서 노트북이 밀리지 않게 해준다. 또한 4개의 허브 포트가 장착되어 있어 허브가 부족한 노트북 사용 시에 편리하도록 배려한 점도 돋보인다.

**판매 및 문의** ㈜엑토 www.actto.com

28

# 나만의 평생 달력 티모르(Timor)

## 29

연말연시가 되면 새해 인사만큼이나 중요한 물건이 바로 달력이다. 단골 은행이나 거래하는 카드회사 혹은 근무하는 회사에서 만든 달력을 선물 받기도 하지만, 1년이 지나면 그뿐. 심지어 요즘엔 이것마저도 구경하기 힘들어졌다. 한 장 한 장 달력을 넘길 때마다 지나간 시간들에 대한 아쉬움과 다가 올 시간에 대한 책임감으로 하루하루를 다잡던 시절도 있었다. 이처럼 우리에게 달력이란 의미는 늘 새로움과 기대감을 주는 물건임엔 분명하다.

요즘 같은 디지털 시대엔 달력을 쳐다보고 날짜를 확인하는 일은 점점 줄어들고 있다. 깨알 같은 메모들은 스마트폰의 노트 기능으로 대체된 지 오래고, 기념일이나 중요한 날은 자동 알람으로 해결하곤 한다. 하지만 심플

미니멀한 디자인의 '엣지있는' 탁상
달력 티모르(Timor)는 날짜, 요일을
나타내는 각각의 카드로 매일 매일
을 세팅하는 달력이다. 스탠드 형이
라 테이블 위에 놓으면 인테리어 오
브제로도 굿.

한 디자인에, 평생 쓸 수 있으며, 거기에 나만의 아날로그한 감성까지 담아
낼 수 있는 아이템이 있다면 문제는 달라진다. 이태리에서 날아온 달력 '티
모르(Timor)'가 그 주인공.
독특하고도 미니멀한 디자인으로 한 눈에 들어오는 이 달력은 이탈리아 생
활 디자이너인 엔조 마리(Enzo mari)가 철도 표지판에서 영감을 받아 디
자인했다고 한다. 날짜, 요일 별로 각각의 가드로 세딩하는 스타일인데 스
탠드 형이라 테이블 위에 놓으면 인테리어 오브제로도 손색이 없다. 비록
무슨 연도인지는 나타나지 않지만 영원한 시간의 나침반이란 점은 무한한
매력이 아닐 수 없다. 각각의 숫자와 요일은 수동으로 움직이며 하루를 인
지할 수 있고 오랫동안 쓰더라도 질리거나 싫증나지 않는 디자인이란 점에
서, 사려 깊은 디자이너의 배려심이 느껴진다.
어쩌면, '심플함'으로 대변되는 단순하고 군더더기 없는 스타일이야말로 싱
글이 선호하는 진정한 싱글라이프가 아닐까. 티모르라면 식탁 위나 책상
위, 집안 어디에 놓아두기만 해도 기분전환이 되는 뜻밖의 효과도 기대할
수 있다. 하루를 회상하며, 숫자와 요일만으로 과거와 미래를 동시에 들여
다 볼 수 있는 좋은 기회가 될 것이다.

**판매 및 문의 루밍** www.rooming.co.kr

### Editor's Tip

결코 가볍지 않은 가격에, 저렴한 종이
달력이나 스마트폰 달력 기능만으로도
충분한데, 왜 꼭 이 아이템이 눈에 들어
오냐고?
❶ 평생 쓸 수 있다는 점. 질리지 않는 디
자인이라 잃어버리시만 않으면 문제없다.
❷ 흔한 건 싫다. 왠지, 몇 안 되는 사용
자 중의 한 사람이 나일 수도 있겠다는
뿌듯함.
❸ 매일 요일과 날짜를 손으로 맞출 때
드는 묘한 설레임과 기대감도 누릴 수 있
다. '오늘도 잘 살아내야지…' 하는.

# 소파에 끼워놓고 쓰는 미니 테이블

## Editor's Tip

다음의 사례를 보고, 왠지 내 이야기 같다는 생각이 든다면 바로 '겟' 할 것.
❶ 눈을 뜨면 한 손에는 커피, 그리고 소파부터 찾는다.
❷ 소파에 앉아 하루 종일 모든 것이 가능하다. TV보기, 노트북 검색, 간간이 스마트폰 통화에, 밥까지…
❸ 혼자 살면서 밥상이며 책상까지 따로 사는 것도, 따로 사용하는 것도 귀찮다. 손바닥 만한 테이블이라도 그것 하나면 충분하다.

혼자 살수록 '보조' 도구가 필요한 경우가 아주 많다는 사실에 공감할 것이다. 침대 옆에 작은 테이블 하나 있다면 책을 읽다 잠들어도 다음 날이면 구깃구깃해진 책을 발견하는 참사가 일어나지 않을 테고, 욕실 옆에 수납장이나 선반 하나만 있어도 욕실 청소나 샤워가 편해질 테니까 특히 소파나 의자 옆의 미니 테이블은 TV 보는 동안 과자 봉지며 리모콘, 스마트폰 등을 무심하게 올려놓을 수 있도록 도와주는 기특한 보조 용품이다.

이런 싱글들의 바람을 담은 깜찍한 물건이 있으니, 바로 '소프시스 사이드 테이블'. 소파나 침대 옆에 끼워 넣고 사용할 수 있는 간편한 미니 테이블로 60cm 약간 넘는 높이에 노트북과 책 한 권, 거기에 머그컵 하나 딱 올려놓기 좋은 컴팩트한 사이즈가 일단 눈에 들어온다. 언젠가 '나 혼자 산다'라는 프로그램에서 한 남자 출연자가 하루 종일 소파에 앉아서 밥 먹고, 차 마시고, 대본 연습하고, 노트북하는 모습을 본 적이 있는데, 이 물건이야말로 몸 움직이기 싫어하는 그런 '싱글족'들을 위한 머스트 해브 아이템이 아닐까 싶다. 한 눈에 봐도 'TV보면서 캔맥주 올려놓기 딱이네', '소파에 아빠 다리 하고 앉아 노트북하기 좋겠는데?'하는 그림이 줄줄 나오니 말이다.

모서리가 둥글게 되어 있어서 부딪혀도 아프지 않고 보관할 때는 소파 쪽으로 쏙 밀어두면 되니 자리차지 할 염려도 없다. 예쁜 린넨 테이블보를 덮은 다음 꽃병이나 액자를 올려 두면 콘솔로 쓸 수도 있고, 거울 아래 두면 작은 이동식 화장대로도 변신한다. 침대 옆에 두고 늦은 아침이나 한밤중 책 보며 야식 먹기도 좋겠다.

나무의 결을 옮겨 놓은 티크 테이블은 모두 동일하나, 다리는 블랙과 화이트 중에서 선택할 수 있다. 무리 없이 간편하고 심플하며 캠핑이나 여행 갈 때 가져가면, 생각하지 못한 유용한 받침 도구로 활용할 수도 있다. 싱글들 중 실리와 재빠른 이동 그리고 편의를 추구하는 이들에게 추천하며, 싱글을 선언한 절친을 위한 부담없는 집들이 선물로도 환영받을 듯하다.

**판매 및 문의 소프시스** www.sofsys.co.kr

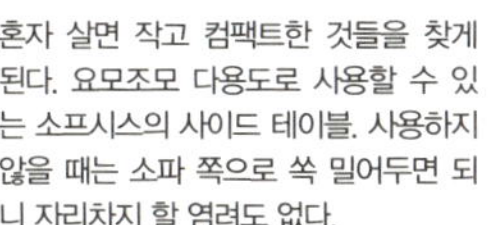

혼자 살면 작고 컴팩트한 것들을 찾게
된다. 요모조모 다용도로 사용할 수 있
는 소프시스의 사이드 테이블. 사용하지
않을 때는 소파 쪽으로 쏙 밀어두면 되
니 자리차지 할 염려도 없다.

# 자바라 스마트폰 거치대

나 홀로 오롯이 남겨진 공간, 세상에서 가장 편안한 자세로 누운 뒤 스마트폰 세상으로 빠져든다. 카*으로 밀린 수다를 마무리하고, 페**북에 들어가 동기들의 근황을 재빨리 스캔한 다음, 온라인샵 결제창으로 들어가 장바구니에 담아놓은 고양이 사료를 결제한다. 유명 블로거의 요리 팁도 얻어오고, 미리 다운받아 놓은 드라마의 플레이 버튼을 누른다… 다 좋은데, 문제는 스마트폰을 들고 있는 동안 팔이 '몹시' 아프다는 것. 영화 한 편을 보려면 자세를 수 십번이나 바꿔야 하고, 쿠션이나 테이블에 올려놓고 보더라도 여간 불편한 게 아니다. 누워서 볼 때는 더 심각하다. 천장을 향해 팔을 올리기도 힘들고, 옆으로 누워서 보자니 눈도 피로하고 접힌 얼굴살 때문에 주름마저 느는 기분이다. 가끔은 밀린 설거지하면서 동영상을 보거나 화상 통화도 하고 싶지만 어디 둘 데가 마땅찮다.

이럴 때 하나쯤 있으면 정말 요긴한 물건이 있으니, 바로 스마트폰 거치대. 보통 스마트폰 거치대 하면 차량용 거치대를 떠올리는데, 알고 보면 일상 생활에서도 꼭 필요하다는 걸 알 수 있다. 엑토의 '가제트 자바라 스마트폰 거치대'는 바로 이런 불편함을 도와주는 완소 아이템이다. 간단한 집게 고정 만으로 침대, 책상, 싱크대 등 어느 장소에서든지 편한 자세로 스마트폰을 볼 수 있도록 도와주기 때문이다. 70cm 길이의 자바라 와이어는 자유로운 변경이 가능해 사용자가 어떤 자세로 있든지 최적의 위치를 잡아준다. 고정 집게 부분은 최대 10cm까지 벌릴 수 있어 대부분의 스마트폰에서 사용이 가능하다고 알려져 있다. 집게 끝에 밀림 방지 고무패드가 달려 있어 보는 도중 미끄러지거나 떨어질 염려도 덜하다. 요모조모 살펴보니, 화질 좋은 스마트폰과 이 가제트 자바라 거치대만 있으면 굳이 TV가 필요없을 듯도 싶다. 소파든, 침대든 어디든 편하게 자리잡고 앉아 편한 위치대로 스마트폰만 고정시키면 그만이니 말이다.

**판매 및 문의** ㈜엑토 www.actto.com

자바라 스마트폰 거치대는 최대 10cm 까지 벌릴 수 있어 대부분의 스마트폰에서 사용이 가능하다. 집게 끝에 밀림 방지 고무패드가 달려 있어 보는 도중 미끄러지는 것도 막아 준다.

### Editor's Tip

하루를 스마트폰으로 시작해서 스마트폰으로 마치는 많은 사람들. 온종일 화면에 고개를 숙이고 있는 사람들을 두고 오죽하면 '수그리족'이라고까지 부른다는데. 문제는 이 구부정한 자세를 오래 유지하면 목과 어깨에 엄청 무리가 간다는 점이다. 실제로 고개를 숙이면 목뼈가 얼마나 히중을 받는지 측정해보니, 15도 굽혔더니 13kg, 30도 굽혔을 때는 20kg에 달한다는 뉴스 기사를 본 적이 있다. 무려 20킬로 쌀 한 포대를 머리에 이고 있는 거나 마찬가지. 평소 목이 뻐근하거나 콕콕 찌르는 듯한 통증이 느껴진다면 사용 시간을 줄이든지, 스마트폰을 보는 자세를 교정하는 것이 좋겠다.

# very good, 베리데스크!

### Editor's Tip
❶ 잘못된 자세는 수명까지 갉아먹는다고 한다. 건강하게 오래 살고 싶은 사람들을 위한 아이템 중 하나.
❷ 거의 하루 종일 컴퓨터 앞에서 시간 보내는 분들에게 강추한다. 업무상 뿐만 아니라 게임이나 웹서핑 등 고도의 집중력과 체력을 요하는 이들에게도 마찬가지다.
❸ 언젠가부터 목이 뻣뻣하고, 허리 펴고 앉는 게 불편해지고, 배까지 불러온다면 관심을 가져 보자. 늦었다고 생각할 때가 적기다.

부모님과 함께 살면 잔소리는 감내해야 하는 부분이지만 대신 많은 것들로 보상받을 수 있다. 알람이 없어도 되고, 밥걱정 덜 수 있고, 청소에 빨래까지 엄마가 해주시니까. 이렇게 자립정신 없이 해주는 것만 먹고 입고 지내다가 막상 독립을 하고 나면, 가장 걱정해야 하는 것은 아이러니하게도 '건강'이다. 때문에 내 건강을 위해 여러 가지 물건들을 의식적으로 보게 되고 찾게 되는데, '베리데스크' 역시 그 중의 하나. 베리데스크란 키나 컨디션, 업무에 따라 일어서거나 앉아서 일할 수 있도록 높낮이를 조절할 수 있는 책상을 말한다.

일반적으로 서 있든 앉아 있든 한 자세로 오래 있는 것은 해롭다. 특히 오랫동안 앉아서 일을 하게 되면 혈관 질환이나 비만, 당뇨 같은 병에 걸릴 가능성이 높다고도 알려져 있다. 베리데스크를 사용하면 간단한 조작만으로 높낮이 조절이 가능하기 때문에 장시간 업무로부터 허리의 부담을 줄여줄 수 있다. 조금은 눈치 보일 수도 있지만, 허리가 아프거나 남의 시선 따위는 상관없는 당당한(?) 싱글들이나 재택근무를 하는 이들에게 안성맞춤 아닐까. 덴마크의 경우 많은 직장인들이 이런 높낮이 조절 책상을 사용하고 있다고 하니, 선진국에서는 이미 상용화되고 있는 아이템임을 알 수 있다.

베리데스크의 기능과 디자인은 미국을 비롯한 영국과 캐나다, 호주 등에서 특허등록이 되어 있는 제품으로 한국 역시 베리데스크 본사에서 특허를 등록하여 관리하고 있다. 때문에 행여 발생할 수 있는 불편한 점들이 생겨도 보장 받을 수 있다.

베리데스크의 기능적인 면을 보면 더욱 믿음이 간다. 우선, 복잡한 걸 별로 좋아하지 않는 싱글들을 위해 간단한 조작만으로 11가지의 높낮이 조절이 가능하다. 은은한 광택과 나무촉감의 질감이 입혀진 표면은 매우 부드럽다. 하단의 키보드 트레이는 의자에 앉아서 사용해도 되고, 서서 일하고 싶을 때는 안으로 밀어 넣으면 된다.

본인이 일하는 공간과 필요성에 따라 테이블형과 키보드형 두 가지 중에서 선택할 수 있는데, 각각의 넓이와 무게가 다르다. 이는 노트북을 더 많이 쓰느냐와 데스크탑을 더 많이 쓰느냐를 구별하면 고르기 쉽다. 또한 자신의 키와는 상관없이 서서 일하는 습관이 허리뿐만 아니라 일의 집중력에도 커다란 효과가 있기 때문에, 이는 싱글만을 위한 아이템이라기 보다는 컴퓨터로 오래 일하는 직장인이라면 한번쯤 욕심내봐야 할 아이템이지 싶다.

**판매 및 문의 편샵** www.funshop.co.kr

높낮이 조절이 가능한 책상, 베리데스크. 자신의 키나 컨디션, 업무에 따라 일어서거나 앉아서 일할 수 있도록 도와 준다. 평소 업무 스타일이나 본인의 필요에 따라 테이블형과 키보드형 둘 중에서 선택 가능하다.

# 스트레스 먹는 제습기, 알버트(Albert)

창문 밖으로 비가 내린다. 음악이 흐르고, 따뜻한 조명이 방 안을 비추면,
갓 내린 커피를 뽑아 들고 소파 깊숙이 온 몸을 쑤셔 넣는다… 비오는 날,
이런 달달한 싱글라이프를 기대했다면 일찌감치 꿈을 깨는 게 좋을 지도
모른다. 현실은 어떠한가. 소파며 이부자리는 아무리 잘 말려도 눅눅하며
건조대의 빨래는 이틀째 그대로다. 그나마 드라이어로 말려 입고 나가도
시큼한 냄새는 쉽게 없어지지 않는다. 본격적인 장마철이 시작되면 상황은
더 심각해진다. 퇴근하고 돌아오면 온 방바닥이 풀 발라놓은 것처럼 끈적
거리고, 신발장에는 젖은 신발들로 퀴퀴한 냄새가 진동한다. 햇빛이 잘 안
드는  1층이나 반지하 원룸족이라면 집안 곳곳 곰팡이나 악취와도 싸워야
한다. 이런 이유에서일까. 생각보다 많은 싱글들이 독립과 함께 꼭 장만했
으면 하는 물건으로 '제습기'를 꼽는다. 물론 에어컨에도 어느 정도 제습 기

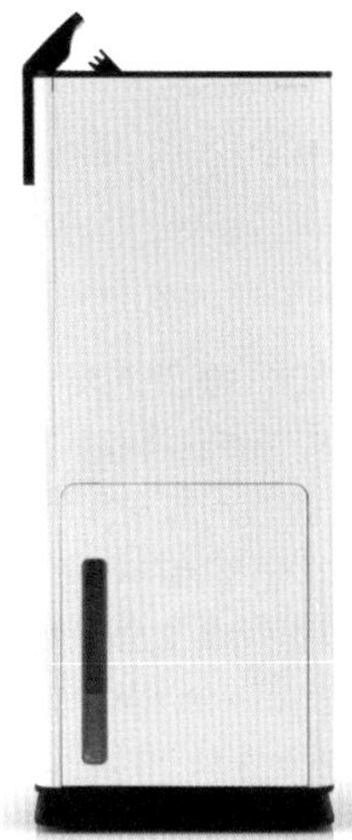  

능이 있긴 하지만, 전기료 부담을 덜 수 있고 이동이 간편하다는 점 등에서 여러모로 제습 '본연의' 기능에 충실한 제습기를 선호한다.

하지만 경험으로 미루어 볼 때 성능도 성능이지만 디자인이 맘에 들어야 두고두고 쓰는데 만족감이 높은 건 사실이다. 스테들러 폼(Stadler Form)의 '알버트(Albert)'는 이런 두 가지 기능을 모두 만족시켜 준다.

제일 먼저, 군더더기 하나 없는 심플한 디자인이 한 눈에 들어온다. 세계 3대 디자인 상 중 하나인 '레드닷 디자인 어워드' 수상 제품답게 집안 어디에 두어도 세련된 분위기를 연출해준다. 건조한 공기의 순환을 돕는 회전 모드는 물론, 본체 디스플레이·LED 불빛·팬 스피드를 조절해 편안한 수면을 돕는다. 탈부착이 가능하고 손잡이가 달려있어 사용이 간편한 분리식 물받이 등 실용성도 놓치지 않았다. 제습기의 단점으로 꼽히는 소음 문제도 스킵할 정도로 조용하다. 한편, 제습기를 여름용으로만 생각하는 경우가 많은데, 겨울철 온도차로 인해 생기는 결로현상도 막아줘 곰팡이 제거에도 유용하게 사용할 수 있다. 선풍기와 함께 틀어주면 에어컨의 효과도 볼 수 있다고 하니 여러모로 경제적이다.

**판매 및 문의** ㈜마호 www.mymach.kr




**Editor's Tip**
혼자 살면서 제습기를 선뜻 장만하기란 쉽지 않다. 그럼에도 불구하고 반드시 제습기가 필요할 때.
❶ 첫째도 빨래, 둘째도 빨래. 눅눅한 건 못 참는 스타일이라면 다른 데 아끼더라도 제습기 정도는 꼭 마련하자.
❷ 아무리 섬유유연제에 담갔다 빼도 없어지지 않는 장마 빨래의 퀴퀴한 냄새만은 피하고 싶다.
❸ 선풍기의 미지근한 바람은 싫지만 에어컨의 바람은 더 싫다는 사람들에게 추천한다. 제습기와 선풍기의 조합이 굿. 하루종일 에어컨 트는 것보다 전기료도 아낄 수 있다.

# 34



## 케이블 정리함 하나쯤은

한번쯤 맘먹고 노려보라. 집안에 널려있는 온갖 전선들. 색깔도 시커먼 것이 어찌 보면 뱀 같기도 하다. 이리저리 또아리를 틀고 있는 뱀도 있고, 컴퓨터 밑에서 허연 먼지를 덮어쓴 실뱀도 보인다. 여러 선이 이리 꼬이고 저리 꼬여 어린 아나콘다만한 전선뭉치도 보인다… 가만히 보면 집안 전체가 전선으로 연결되어 있음을 알 수 있다. 전자레인지, 밥솥, 냉장고, 김치냉장고, 토스터기, 커피포트, 믹서기, 커피머신. 이뿐이랴. 컴퓨터 책상으로 넘어오면 더 가관이다. 컴퓨터, 프린터, 공유기, 스피커, 인터넷 관련 여러 부품, 스탠드, 스마트폰 충전기, 청소기, 안마기, 가습기, 선풍기 등등 수도 없이 많은 전선들이 어댑터에 방치된 채 아무렇게나 널부러져 있지는 않은지.

혼자 살다보면 시간이 갈수록 늘어나는 것이 몇 개 있다. 바로 집 안의 플러그와 전선들. 아무리 단촐한 싱글라이프를 부르짖다가도 어쩔 수 없이 필요에 의해 하나둘씩 사 모으는 살림살이가 만만찮기 때문이다. 이렇게

**Editor's Tip**

❶ 일단 먼지 털 염려가 없으니 안심이다. 특히 고양이나 강아지를 키우는 싱글룸에는 털과 생활 먼지까지 뒤엉켜 항상 지저분한 상태로 있기 마련인데, 콘센트 및 케이블들을 박스 안에 쏙 집어넣으면 되니 청소하기도 간편하다.
❷ 박스 위의 널찍한 거치대(?)는 보너스 공간. 스마트폰 충전할 때마다 바닥 같은 애매한 공간에 놔둘 수밖에 없었는데, 충전하는 동안 위에 올려놓으니 한결 편리하다.

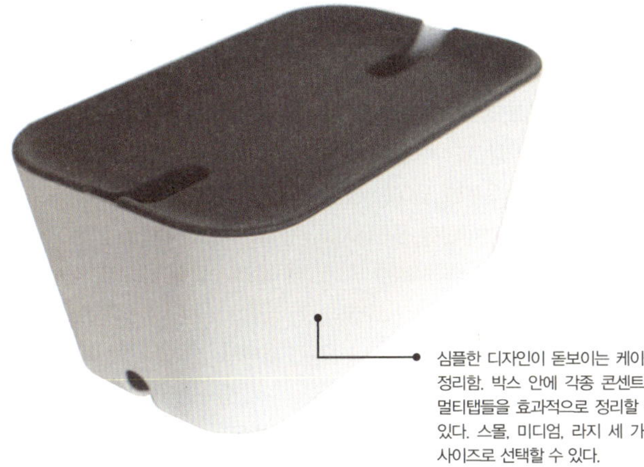

심플한 디자인이 돋보이는 케이블 정리함. 박스 안에 각종 콘센트나 멀티탭들을 효과적으로 정리할 수 있다. 스몰, 미디엄, 라지 세 가지 사이즈로 선택할 수 있다.

계속해서 플러그가 늘어나다 보면 멀티탭을 이용하게 되고, 그것도 넘쳐나면 멀티탭끼리의 위험한 연결을 시도한 채, 책상 바닥이나 컴퓨터 아래에 방치되곤 한다. 문제는 이럴 경우 먼지가 쌓여 청소도 힘들 뿐만 아니라 화재의 위험도 있다는 사실이다. 보사인(bosign)의 케이블 정리함은 이렇게 넘쳐나는 플러그와 콘센트들을 깔끔하게 정리해준다.

우선, 사이즈별 박스 안에 멀티탭들을 효과적으로 정리할 수 있다. 스몰, 미디엄, 라지 세 가지 사이즈로 선택할 수 있으며, 박스 안에 멀티탭을 넣고 뚜껑을 닫으면 지저분한 것들이 감쪽같이 정리된다. 상단의 슬립 커버에는 핸드폰이나 밧데리 등 충전 제품을 안전하게 보관할 수도 있다. 어댑터들과 케이블들을 좁은 공간에 넣어 두다 보면 발열로 인해 문제가 발생할 수도 있는데, 보사인의 케이블 정리함은 상단 부분 양쪽으로 긴 구멍이 나 있어서 열이 발생해도 내부 온도가 높아지는 것을 막아준다.

어떤 공간과도 잘 어울리는 디자인도 눈여겨 볼 점이다. 화이트 & 라이트 그레이의 세련된 컬러와 곡선 모서리 처리의 심플한 디자인은 거실 테이블이나 화장대, 책상 위 어디라도 무난하게 어울리기 때문에 배선 정리 겸 인테리어 소품으로도 부족함이 없다.

**판매 및 문의 티엠앤코** http://blog.naver.com/tmncostory

# 북랙 티테이블(Bookrack T-Table)

**Editor's Tip**

사실 미니 테이블은 싱글들을 위한 가구 리스트 중에서도 기본 중의 기본이다. 그럼에도 불구하고 '굳이' 이 북랙테이블을 꼽는 데는 몇 가지 특별한 이유가 있다.
❶ 사다리 모양의 받침대를 간이 건조대로 사용할 수 있다. 매일 빨아 입는 속옷이나 양말 등을 간편하게 널기에 적당하다.
❷ 보던 책 일일이 책장에 꽂을 필요 없이 다리 부분에 쓱 걸쳐 놓으면 그만이다. 무엇보다 좁은 싱글룸에서 불필요한 동선 줄이기에 좋지 않을까.

공간이 협소하거나 넉넉하지 않은 예산으로 싱글룸을 꾸며야 하는 경우라면 선택 조건은 하나로 좁혀진다. 적어도 두 가지 기능 이상의 용도로 사용할 수 있는 '멀티' 제품이어야 한다는 점. 때문에 낮에는 소파로, 밤에는 침대로 사용할 수 있는 소파 베드나 조립과 해체가 손쉬운 모듈형 수납박스 등이 싱글룸의 워너비 아이템으로 손꼽히곤 한다. 가구회사 가구니의 '북랙 티테이블(Bookrack T-Table)' 또한 이런 콘셉트에 충실한 멀티 테이블.

생긴 건 동그란 테이블 모양인데, 아래 지지대 부분을 들여다보면 의외의 소소한 기능이 숨어 있음을 발견할 수 있다. 일단, 책이나 잡지 등을 꽂을 수 있는 '책꽂이' 기능. 보던 잡지 따로 정리할 필요도 없이 읽던 부분 그대로 접어서 쓱 걸치기만 하면 정리까지 해결된다. 잡지 몇 권 무심하게 꽂아두면 왠지 지적인 분위기의 인테리어 효과도 기대할 수 있다. 읽던 책을 다리에 걸쳐놓고 테이블 위에서 간단한 작업을 해도, 또 리모콘들 주루룩 줄 세워 놓고 팝콘 그릇 하나 놓고 영화를 보기에도 안성맞춤이니, 혼자 사는 귀차니스트들에겐 여간 재간둥이가 아닐 수 없다.

또 양말이나 속옷처럼 부피가 작은 빨래들을 널 수 있는 건조대로도 활용할 수 있다. 혼자 사는 살림이라 매일 나오는 빨래감이래봤자 매일 갈아입는 속옷이나 수건 등이 전부일텐데, 그때마다 덩치 큰 건조대를 펴고 접는 것도 여간 귀찮은 일이 아닐 수 없다. 이럴 경우 북랙 티테이블 밑에 가지런히 걸어 두면 미니 빨래 건조대로도 사용할 수 있다. 자기 전 젖은 수건이나 행주를 걸어 두면 가습기 대용으로도 쓸 수 있다.

# 35

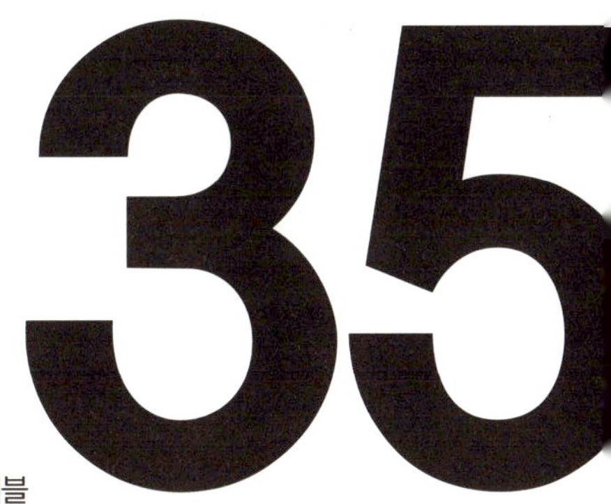

높이 조절은 되지 않지만 낮은 테이블(60cm)과 그 보다 조금 높은 테이블(69cm) 중에서 선택이 가능하다. 색상은 밝은 내추럴 화이트와 월넛과 블랙이 결합된 두 종류. 경험상 가장 싫증이 나지 않는 내추럴 화이트를 추천한다. 철제 소재의 사다리 랙만 화이트 또는 블랙으로 선택하면 된다. 합리적인 가격과 실용성을 고려하는 싱글이라면 북랙 티테이블을 쇼핑 리스트에 올리자.

**판매 및 문의 가구니** www.gaguni.com

두가지 컬러와 2가지 사이즈의 테이블

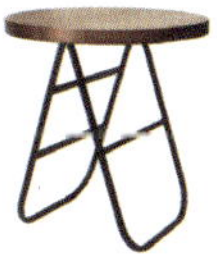
Walnut+Black(H600)

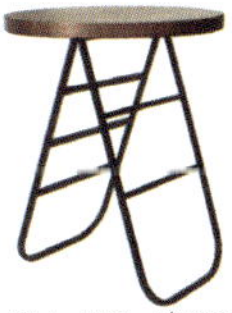
Walnut+Black(H690)

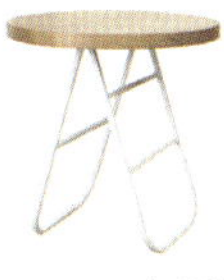
Natural+White(H600)

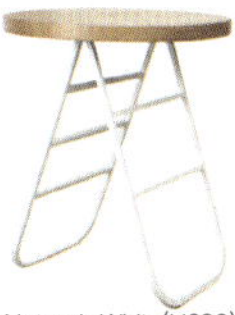
Natural+White(H690)

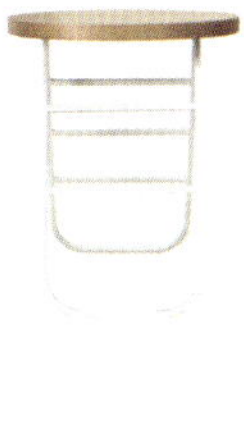

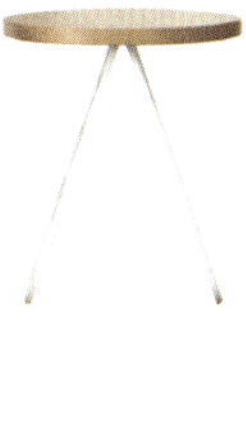

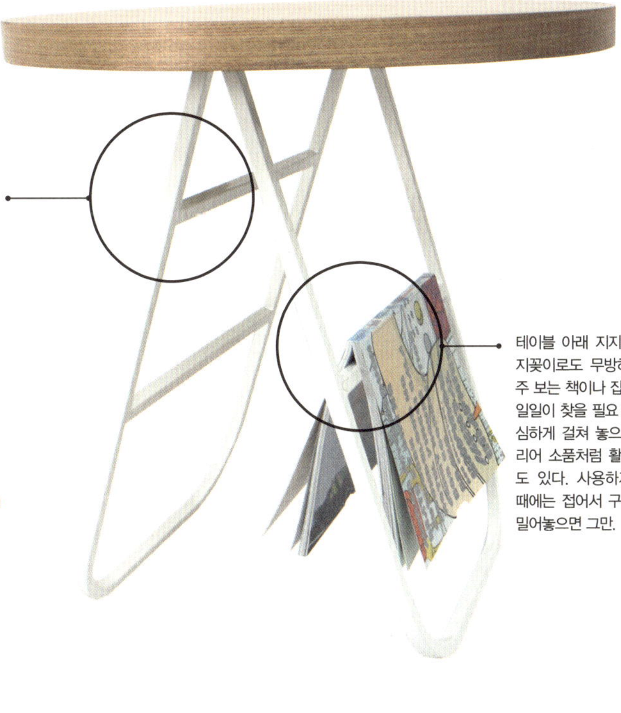

테이블 아래 지지대는 잡지꽂이로도 무방하다. 자주 보는 책이나 잡지 등은 일일이 찾을 필요 없이 무심하게 걸쳐 놓으면 인테리어 소품처럼 활용할 수도 있다. 사용하지 않을 때에는 접어서 구석에 쓱 밀어놓으면 그만.

다양한 변신이 가능한 메탈 박스

# 공간 활용의 큐브, 큐보(Qbo)

### Editor's Tip
범상치 않은 이 디자인은 오스트리아 태생으로 프랑스에서 주로 활동한 마크 새들러(Marc Sadler)의 '작품'이다. 마크 새들러는 세계적 산업 디자이너 중의 한 사람으로 그의 시크한 유러피언 감성 하나 정도는 소유하고 싶다면 합리적인 가격의 '큐보(Qbo)'가 여러모로 실용적이다.

메탈 소재가 튼튼하고 위생적이며 고급스럽다는 느낌은 누구나 한번쯤 느껴봤을 것이다. 혼자 지내는 썰렁한 방구석에 차가운 금속 제품이 어울리지 않는다고 생각했다면, 이제는 편견을 깨도 좋겠다. 실용성과 합리주의적인 디자인으로 탄생한 시크한 수납 박스, 큐보(Qbo)를 만난다면 말이다. 다양한 변신이 가능하고, 시크한 매력을 지녔으며, 때로는 패브릭 못지않은 따뜻한 온기를 전해주는 큐보(Qbo).

한마디로, 메탈 소재의 수납 박스라 보면 된다. 탑처럼 위로 쌓아도 되고, 옆으로 길게 이어붙여 테이블로 써도 된다. 침대 옆 콘솔이나 아일랜드 테이블로도, 서재 방 책장 등 활용 범위는 무궁무진하다. 일반적인 플라스틱 소재에서는 볼 수 없는 시크한 매력이 있어 가능한 조합이 아닐까. 레드,

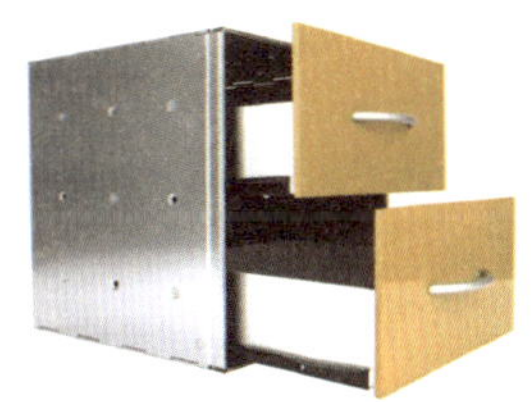

화이트, 오렌지, 그레이, 블랙, 심지어 옐로까지 한 눈에 들어오는 컬러풀한 비주얼은 얼핏보면 철제인지 플라스틱인지 구분을 못할 정도이다. 또 많은 DIY 제품이 그렇듯 큐보 스틸 박스 역시 조립하기 간단하며 분해하기도 쉽기 때문에 선반으로도 수납장으로도, 장식장으로도 쓸 수 있다. 좀 더 상세히 들여다보면 가로세로 35cm인 정사각형임을 알 수 있는데, 각각의 면을 조립설명서대로 끼우고 맞추면 된다. 심지어 5면을 모두 다른 컬러로 맞춰 자기만의 개성을 표현할 수도 있다. 같은 메탈이라도 광택에 따라 다른 메탈을 선택할 수 있는데, 고급스러운 분위기를 선호한다면 은은한 골드빛이 살짝 들어간 티타늄 소재를 강추한다. 거울 대신 사용할 수 있을 정도로 반사율이 높은 스테인레스 스틸도 있다.
큐보 도어라든가 큐보를 자유롭게 움직일 수 있는 바퀴와 바닥에 단단히 고정시킬 수 있는 다리 등 큐보와 함께 할 수 있는 부속 제품들도 선택할 수 있다. 무엇보다 기본적인 세팅만 갖추면 언제라도 새로운 변신이 가능하다는 점이 큐보(Qbo)만의 가장 큰 매력 아닐까.

**판매 및 문의 펀샵** www.funshop.co.kr

옵션으로 선택 가능한 서랍형 큐보. 2단으로 구성되어 있으며 소재는 기본 큐보와 동일한 메탈 소재다.

## 보이는 수납, 스마트 스토리지!

# 월랙(wall rack)

'드디어' 독립을 하게 되면 꿈꿔왔던 나만의 러브 하우스를 위해 '로망'을 현실화시키기 시작한다. 인테리어라는 명목으로 여기저기 숍이나 인테리어 사이트를 기웃거리며 하나 둘씩 물건들을 사 모으기도 한다. 중요한 것은, 제아무리 스타일리시한 물건들도 정리되지 않은 집에서는 무용지물이되고 만다는 점이다. 공간 활용도 높이고, 인테리어 센스도 챙길 수 있는 그런 멀티 아이템이 있으면 좋겠는데… 어디부터 시작해야 할지 막막하게 느껴지는 싱글들을 위해 Duende사의 월랙(wall rack)을 추천한다.

최근 세계적으로 흐름을 타고 있는 인테리어 트렌드 중 하나는 '보이는 수납'이다. 벽에 거는 스토리지 보드나 행거 뿐만 아니라 코지 코너와 벽 등 숨은 공간을 활용할 수 있는 사이드 보드와 월 스토리지가 그것이다. 컬러와 디자인 또한 한층 더 미니멀해졌다. Duende는 심플과 미니멀을 베이스로 일본 특유의 악센트가 가미된 디자인을 선보이는 디자인 그룹으로, Duende의 'Wall Series'는 가볍고 견고한 스틸 파이프를 사용하여 실용성을 더했고, 공간에 크게 구애 받지 않으면서도 설치와 수납이 편리하다는 점이 특징이다. 월랙(wall rack)에서 엿볼 수 있는 심플하고 균형 잡힌 프레임은 벽 한 면에 무심히 기대어있는 듯 하지만 무거운 수납물을 올려놓아도 휨 없이 충분히 무게를 지탱해 준다. 라이트한 컬러, 부드러운 곡선 라인은 공간에 모던함을 더한다.

컬러는 블랙과 화이트 두 가지로, 집안 분위기를 환히 만들고 싶다면 화이트를, 무게감과 집안의 중심지에 두고 싶다면 블랙을 추천한다. 그 다음 선택할 것은 빨래걸이처럼 되어 있는 선반을 평평히 만들어 줄 보드를 따로 구입하느냐에 달렸는데, 참고할 만한 팁이라면 작은 열쇠고리나 나만의 작은 컬렉션을 만들고 싶다면 2개가 들어 있는 월 트레이(wall tray)를 구입하는 게 좋다. 조립법은 그냥 기존의 선반 위에 올려놓기만 하면 된다. 소재도 같은 스틸. 한편, 이 과학적인 물건은 직선형이 아니라 휘어진 모양으로 벽에 밀착되어 무거운 물건을 놓아두어도 넘어질 위험이 전혀 없으며, 무겁지 않으니 놓고 싶은 곳에다가 언제든지 이동시켜 사용하면 된다.

활용도 또한 참으로 다양하다. 옷 방에 두고 다양한 패션 소품을 놓아두면 서랍을 열고 뒤적뒤적 찾을 필요가 없다. 거실에 두면 작은 화분이나 책들, 액자 장식 등으로, 침대 옆에 두고 사이드 테이블로 활용해도 좋겠다. 부엌에 두고, 그릇이나 테이블 웨어, 쿠키박스, 양념통들을 정리하는 선반으로 써도 좋겠다.

**판매 및 문의 챕터원** www.chapterone.kr

**Editor's Tip**
싱글들의 수납공간을 세로형으로 확장시켜주는 기특한 아이템, 월랙.
사다리처럼 생겼다고 해서 올라가도 괜찮을 거라고는 생각하면 큰일난다. 내 몸 무게를 지탱할 수 없다는 점만 상기할 것. 소소하고 옆에 두고 싶은 물건들을 위한 스토리지 계단으로 생각하면 '딱'이다.

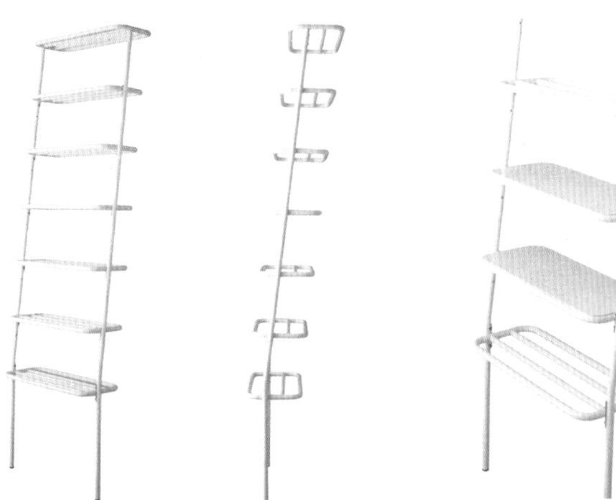

# 코드리스 청소기

혼자 살다 보면 가장 하기 싫은 3가지가 있다. 청소, 빨래, 그리고 밥. 어찌 보면 모두 의식주에 관련된 것들인데, 청소만큼은 도우미를 쓰지 않는 한 해결이 어렵다는 점이다. 밥이야 나가서 사 먹으면 되고, 빨래는 동네에 넘쳐나는 게 세탁소니 맘먹기 나름이지만, 유독 청소만큼은 소소한 나의 '손품'을 필요로 한다는 사실이다. 때문에 독립을 시작하면서 의무적으로 청소기를 구입하곤 하는데, 효율적인 싱글라이프를 위해서는 필요 없는 짐부터 없애야 한다. 무선 청소기가 그 해답이다. 일단, 본체가 작고 스탠드 형태라 공간을 적게 차지한다. 번거롭게 코드를 꽂았다 뺐다 할 필요가 없기 때문에 이리저리 옮겨다니며 청소하기도 편하다. 오죽 귀찮았으면 차량용 핸디 청소기로 지저분한 곳만 골라서 치우는 이들도 있을 정도니 말이다. 이런 싱글들을 위해 디자인과 성능이 업그레이드된 코드리스 청소기 두 모델을 소개한다.

스칸디나비안 디자인으로 강해진 일렉트로룩스의 2 in 1 무선청소기 '에르고라피도(Ergorapido)'. 무선 청소기에 관심 있는 사람이라면 익히 들어봤을 정도로 인기있는 모델로, 겉으로 보면 서서 작동하는 스틱 청소기로 보이지만 본체의 탈착 버튼을 누르면 핸디형으로 분리도 된다는 점이 특징이다. 좁은 공간을 청소하기에도 알맞다. 표면적이 넓은 필터는 뛰어난 공기 여과 성능을 구현하고, 강력한 흡입력도 제공한다. 노즐 뒷면의 큰

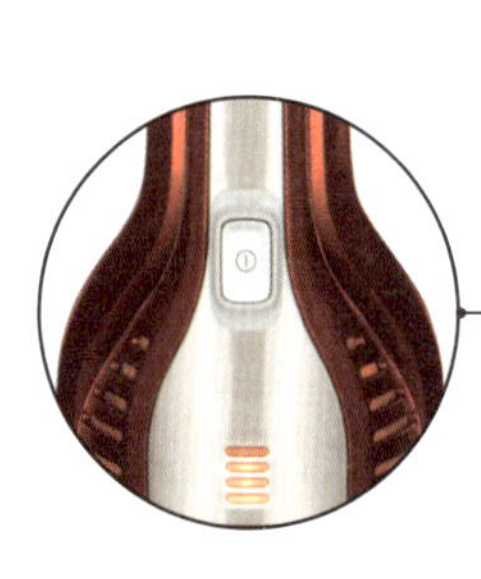

**일렉트로룩스의 '에르고라피도'**
본체의 탈착 버튼을 누르면 핸디형 청소기로 변신. 좁은 공간을 청소할 때 편리하다는 장점이 있다.

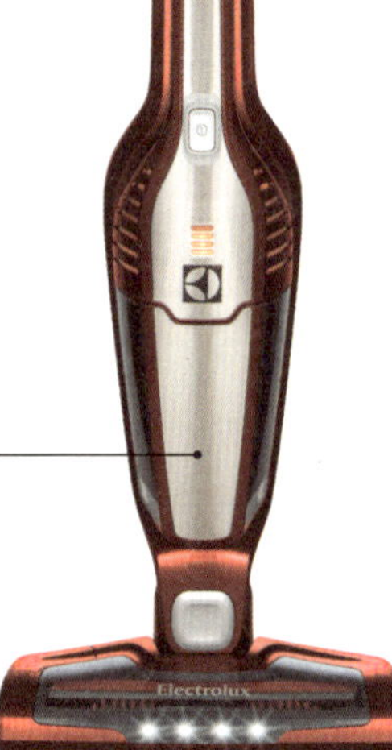

바퀴는 부드러운 180도 핸들링을 제공하며, 노즐 전면에 LED 라이팅이 장착되어 소파나 침대 밑도 환하게 청소할 수 있다. 게다가 세련된 디자인으로 옷을 입은 듯한 우월한 비주얼은 바라만 봐도 흐뭇하다. 컬러는 워터멜론 레드 메탈릭과 텅스텐 메탈릭 중 선택할 수 있다.

필립스의 '파워프로 듀오' 역시 2 in 1 제품으로, 강력하고 먼지날림이 없는 싸이클론 무선 청소기 모델이다. 무엇보다 이 제품에서 가장 눈길을 끄는 건 흡입력. 2000W급으로 셀프 스탠딩(Self-standing)이 가능해 청소 도중에도 손쉽게 세워둘 수 있어 보다 즉각적인 청소를 가능하도록 도와준다. 원스텝(One-step) 먼지통 디자인을 적용한 점도 눈에 띈다. 먼지통을 비울 때에도 먼지 날림 없이 손쉽고 깨끗하게 비워낼 수 있어 사계절 이슈가 되는 미세먼지로부터 해방될 뿐만 아니라 언제나 쾌적한 실내공기를 유지할 수 있다는 장점이 있다.

청소기 헤드와 스틱을 잇는 연결 부위는 협소한 공간에서도 좌우로 유연하게 움직일 수 있도록 제작되어, 소파 밑이나 침대, 책상 아래 등 구석의 먼지도 부드러운 핸들링으로 쉽게 제거할 수 있다.

**판매 및 문의**
**필립스코리아** www.philips.co.kr
**일렉트로룩스** www.electrolux.co.kr

**필립스 '파워프로 듀오'**
원스텝(One-step) 먼지통 디자인을 적용해 먼지통을 비울 때에도 먼지 날림 없이 손쉽고 깨끗하게 비워낼 수 있다.

## 39

**뭘 걸어도 센스만점**

## 우산걸이가 이토록
## 스타일 나는 물건이었나?

참 이상한 노릇이다. 혼자 살면 늘 우산이 부족하다. 편의점 우산, 결혼식 하객 답례품 우산, 회사 창립기념일 기념 우산… 발에 체이는 게 우산인데, 꼭 필요한 날에는 우산이 없다는 것이다. 누가 그랬던가. 지하철이나 버스 안에 내리는 물건 1위가 우산이라고. 독립 전에야 집에 굴러다니는 아무 우산이나 쓰고 나서면 되지만, 팍팍한 싱글라이프에는 그런 여유를 기대하기란 어렵다. 투명 비닐우산 하나도 비올 땐 얼마나 아쉬운 지. 때문에 싱글에겐 늘 구비되어야 하는 상비 아이템이 다름아닌 우산이다. 우산이 해결되면 이제 우산걸이로 넘어가야 하는데, 문제는 우산걸이에 대한 필요성을 알면서도 선뜻 구입이 쉽지 않다는 점이다. 가뜩이나 어지러운 공간에 우산걸이까지 왠 말이냐 싶을 듯. 하지만 '굳이' 우산걸이의 필요성을 역설하자면, 바닥에 뒹굴고 있는 우산을 집는 느낌과 우산걸이에 정갈하게 놓인 우산을 들고 오는 느낌은 180도 다르다는 것이다. 이왕 밀도 높은 싱글룸의 한 켠을 자리할 이상, 실용성은 물론이고 공간을 빛내 줄 '스타일'이 무엇보다 중요하기 때문이다.

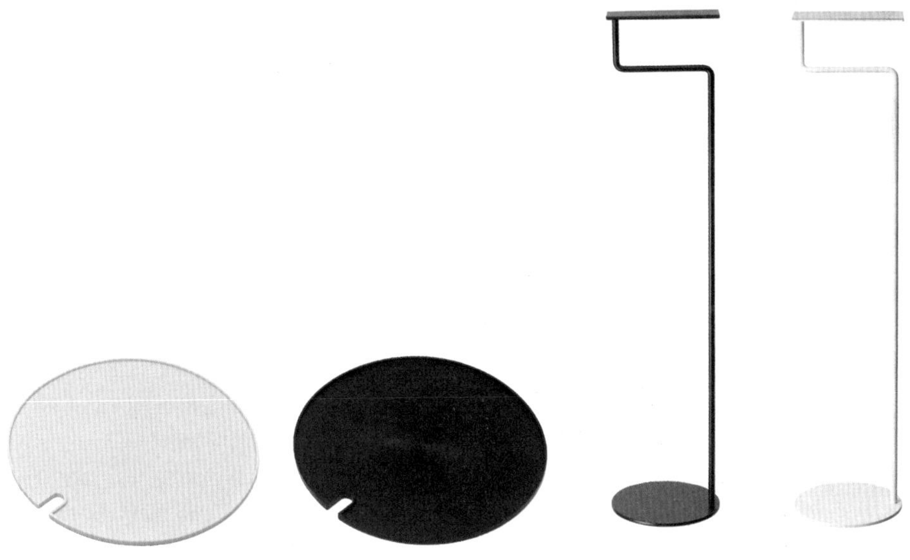

리빙 편집샵 챕터원에서 발견한 이 우산걸이(TILL umberllar stand)는 일단 그 모양이 매우 심플하고 객관적이라 군더더기를 싫어하는 싱글들이 환호할 만한 디자인이다. 컬러도 블랙과 화이트로 대조가 확실하다. 직선 하나를 세 빈 구부려서 만든 듯한 '도' 보양의 우산설이는, 손샵이가 있는 우산만이 아니라 손잡이가 달린 소소한 물건들을 걸 수 있어 실용적이다. 공간을 많이 차지하지도 않아 어디에 두어도 상관없다. 혹시 물이라도 뚝뚝 떨어지면 어떻게 하냐고? 물받이가 옵션으로 나와 있어 실내 어디에 놓아도 상관없다. 혼자 살면서 기대하지 않은 즐거움은 바로 이런 작은 소품이 주는 소소한 힘이 아닐까. 집에 들어서자 마자 우산을 비롯한 열쇠고리, 슈즈혼(horn)이 걸려 있는 이미지를 만나면 나도 모르게 미소가 흘러 나올 지도 모른다. 질리지 않는 디자인과 견고한 메탈 제품으로 쉽게 변형되지 않는다는 점이 큰 특징이며, 커다란 우산도 걸어 놓을 수 있도록 넉넉한 높이까지 제공한다. 무게는 4kg 미만으로 가볍다.

**판매 및 문의 챕터원** www.chapterone.kr



### Editor's Tip

비오는 저녁, 은근히 친구들을 초대하는 것이다. 간단한 와인 파티 정도? 비를 뚫고 단걸음에 달려 온 친구들이 집에 들어서자마자 찾는 것은 바로 우산꽂이. 그리곤 그들이 우산을 걸 때마다 한마디씩 탄성을 지르거나 질문을 하리라. 어디서 샀냐고, 어디가면 구할 수 있냐고. 솔직히 그리 착하지 않은(?) 가격 때문에 일주일을 삼각김밥과 컵라면으로 때울 각오를 해야 하지만, 싱글들은 때론 이런 호사도 부려보고 싶다.

# 스마트한 싱글들을 위한
# 필수 앱 가이드

막상 싱글라이프를 시작했지만 하나부터 열까지 막막하다고? 자신 있는
요리 레시피 하나 없고 살림에는 문외한이며, 방 구하는 일부터 아플 때는
어떡해야 할 지 신경써야할 게 한두 가지가 아니다. 하지만 미리 걱정할 필
요 없다. 요즘이 어떤 세상인가. 스마트폰만 있으면 무궁무진한 어플리케
이션의 도움을 받을 수 있다. 어떻게 먹고, 입고, 쉬고, 쇼핑할지 알짜 정보
만 알려주는, 싱글들을 위한 필수 앱(App)을 한데 모았다.

## 병원나와라 굿닥

혼자 살면서 가장 서러운 순간은 바로 몸이 아플 때 '혼자'라는 사실이다. 아무
도 없는 집에 들어가 혼자 웅크리고 앓는 생각을 해보라. 그때처럼 집이 그리
울 때도 없을 것이다. 특히 늦은 밤 갑자기 아프거나 다칠 경우엔 돌봐줄 사람
도 없어 큰 낭패를 볼 수도 있다. 가까운 병원을 찾아주는 어플리케이션 '병원
나와라 굿닥'이 있다. 누구 의지할 데 없이 스스로 건강까지 챙겨야하는 싱글에
겐 더없이 유용한 어플이다. 전국적으로 6만여 개의 병원의 정보를 검색할 수
있으며 GPS를 기반으로 원하는 지역이나 집 근처 작은 병원도 간편하게 찾을
수 있다. '내 주변 병원 찾기'가 대표적인 기능. 몸이 안 좋거나 응급한 상황이
발생했을 때 헤매지 않고 원하는 병원을 찾을 수 있도록 도와준다. 검색된 병
원들의 진료 시간과 주소도 확인할 수 있고 바로 전화 연결이 가능하도록 어플
안에 기능이 제공 되어 있어 손쉽게 연락 및 예약이 가능하다. 1:1 상담 기능도
이용할 수 있다. 진료 과목을 고른 뒤 '의사랑 상담하기'를 클릭하면 상담 가능
한 의사들 리스트가 뜨고, 1:1 상담으로 글을 올리면 전문의가 글을 올려주는
방식이다. 이밖에도 주말에 급하게 감기약이라도 사 먹어야할 경우엔 '내 주변
약국 찾기' 기능도 아주 요긴하다.

### 원플러스원

혼자 사는 이들에게 편의점은 참으로 고맙고도 만만한 곳이다. 일단, 1년 365일 언제든지 문이 열려 있으며 컵라면, 삼각 김밥과 같이 간단히 요기할 수 있는 한 끼 음식은 물론, 두부나 햄, 계란 간단한 반찬용 재료들을 간편하게 구입할 수 있다. 가끔은 운 좋게도 걸리는 1+1 행사 제품을 만나면 왠지 횡재한 기분마저 들기도 한다. 문제는 미리 1+1 행사를 알 수가 없다는 점인데, 이런 필요에 의해 나온 유용한 앱이 있으니 바로 '원플러스원'이 그것이다. 편의점의 1+1, 2+1 행사 제품을 바로바로 확인할 수 있는 서비스다. 매달 업데이트를 일일이 확인해야하는 번거로움이 따르긴 하지만, 음료, 간식, 생필품 등으로 나눠볼 수도 있어 편의점을 자주 이용하는 싱글들에게 유용한 서비스라 할 수 있다.

### 생활의 지혜 – 리앤 생활백서, 살림노하우

막상 혼자 살기로 작정하면 막막함이 먼저 밀려온다. 밥 해먹는 건 물론 화장실 청소는 어떻게 해야 하는지, 또 빨래는 어떻게 해야 할지 생각보다 스스로 해결해야 할 일이 많기 때문이다. 이처럼 집안일이 익숙하지 않은 싱글들에게 '생활의 지혜 – 리앤'을 추천한다. 살림에 관한 소소한 정보가 생각보다 넘쳐난다. 화장실 청소나 조리법, 세탁기 돌리기 등 생활에 꼭 필요한 노하우는 물론 쓰레기통 악취 제거하는 법, 고기 냄새 제거하는 법 등 알아두면 유용한 생활팁도 함께 제공된다.

### 자취의 정석

이름 그대로 혼자 사는 이들을 위한 전용 앱이다. 알찬 정보와 유용한 기능으로 이제 막 혼자 살기로 결심한 이들이라면 일단 다운받기를 추천한다. 자취방 구하는 노하우부터 근처 편의점에서 사용할 수 있는 카드 할인정보, 혼자 살 때 필요한 용품 리스트 등도 자세히 보여준다. 간단히 해먹을 수 있는 조리법 소개는 기본이고 '사용량'을 클릭하면 전기 사용량을 측정해 공과금이 얼마나 나올지 미리 준비할 수도 있다. 이밖에도 혼자 살면서 챙기기 힘든 공과금 내는 날짜라든지 납부 내역을 체크하는 기능이 있어 합리적인 싱글 살림을 도와준다.

## 생활백서 - 세탁편

빨래가 쉽다고? 세탁을 만만하게 봤다간 큰 코 다친다. '나 혼자 산다' 방송을 보면 재간둥이 방송인 전현무도 세탁기를 사용할 줄 몰라서 쩔쩔매던 모습을 볼 수 있으니 말이다. 난생 처음 세탁기와 마주하면 그 많은 선택 버튼이며 매뉴얼에 적잖이 당황하기 마련이다. 또 세제는 어느 정도 넣어야 하는지, 섬유별로 물 온도는 어떻게 맞춰야 하는지 생각보다 힘든 일이 세탁기 돌리기란 사실을 알게 된다. '생활백서 - 세탁편'은, 한마디로 초보 세탁기 사용자를 위한 전용 앱이다. 빨래감별로 어떻게 세탁을 해야 하는지, 또 '옷감의 특징', '세탁기호', '오염 세탁법' 등 세탁과 관련된 모든 지식을 쉽게 정리해 보여준다. 이 앱만 따라하면 웬만한 빨래는 혼자서도 척척 해결할 수 있을 것이다.

## 생활백서 - 청소편

혼자 살기로, 그것도 제대로 깔끔하게 살기로 마음먹은 이상 청소는 '일상'으로 받아들여야 한다. 하루만 방치해도 금방 티가 나는 게 싱글룸이다. 번거로운 청소에는 '생활백서 - 청소편'의 도움을 받자. 주부9단도 몰랐던 다양한 청소 팁을 쉽게 알려주는 앱이다. 인터넷 검색을 하면 수두룩하게 뜨는 게 청소법이지만 컴퓨터 키고 찾는 것조차 힘들다면 이 앱 하나면 굿이다. 방이나 욕실, 부엌 등 공간별 청소 노하우를 알려 준다. '생활 게시판' 기능을 이용하면 이리저리 떠도는 청소 달인들의 알찬 청소 팁도 전수받을 수 있다.

## 쇼핑파이

홈쇼핑에서 마음에 드는 물건을 발견했지만, 대량 세트 구성이라 망설여지는 경우가 많다. BB크림을 하나 사더라도 '엄청난 혜택'이라는 미명 하에 세트로 구입해야 하는 방식이다. 하지만 혼자 살면서 언제 다 쓸 지도 모르는 물건을 몇 개씩 쟁여두는 것은 낭비일 뿐이다. 그렇다고 일단 구입한 뒤 친구들이랑 나누기도 번거롭고 애매하다. 이럴 때는 1인 가구를 위한 쇼핑어플 '쇼핑파이'를 이용해 보자. 홈쇼핑에서 대량 구성으로 판매하는 화장품을 낱개로 구매할 수 있는 홈쇼핑 공동구매 서비스이다. 홈쇼핑 구성 중 원하는 상품만 골라서 선택한 상품들을 결제히면, 공동구매가 완료된 후에 각 상품을 개별 배송해 준다. 필요한 것만 주문할 수 있어 편리하다. 구글 플레이스에서 다운받으면 된다.

## 모바일 핫딜 쇼핑 포털 – 쿠차

소셜커머스를 통한 쇼핑은 이미 일반화된 지 오래다. 하지만 몇 푼 아끼자고 이 많은 곳들을 다 뒤진다는 것은 시간 낭비일 수도 있다. 소셜커머스모음 '쿠차'는 다양한 소셜커머스의 할인 정보를 모아서 보여주는 쇼핑 정보 서비스다. 상품들을 한 곳에 모아 볼 수 있어 최근 큰 인기를 끌고 있다. 티켓몬스터, 위메프, G마켓, 쇼킹딜, CJ오클락 등과 같은 많은 소셜커머스뿐만 아니라 오픈 마켓, 종합몰의 상품들도 별도로 분류해 보여주기 때문에 원하는 상품을 찾기 위해 이리저리 헤맬 필요가 없다. 지역과 카테고리별로 분류가 가능하며 인기순, 업체별로 모아보는 것도 가능하다.

## 문열기전

최근 택배기사를 사칭한 범죄가 늘고 있다고 한다. 혼자 사는 1인 가구, 특히 여성 혼자 사는 경우엔 불안하고 걱정된다. 하지만 고맙게도 '문열기전'이라는 간단한 앱 하나만 있으면 위급상황에 신속하게 대처할 수 있다. '문열기전'은 일정 시간을 설정해 실행한 후, 제 시간에 돌아와 종료하지 않으면 자동으로 위험 경보음이 울리는 비상 알림 서비스. 특히 가족, 경찰 등 사용자가 지정한 전화번호로 긴급 구조요청 메시지가 전송되기 때문에 택배나 음식배달, 우편 혹은 검침원 등을 사칭한 괴한이 침입할 경우에 효과적으로 대처할 수 있을 것이다.

## 직방

방 구할 때마다 일일이 발품을 팔아야 하는 이들에게 반가운 소식 하나. 바로 중개업소 대신 스마트폰으로 전·월세 정보를 제공하는 '직방' 앱이 그것이다. 2014 대한민국 모바일 앱 어워드 수상 경력이 증명하듯, 높은 검색 수를 국내 최초 전월세 부동산 전문 앱으로, 원하는 조건의 매물을 쉽게 검색하고 비교해 발품 파는 수고를 줄일 수 있고, 직거래 매물은 중개 비용도 줄일 수 있도록 도와준다. 특히 시간이 없고 요것조것 따져볼 게 많은 싱글들이라면 '직방'을 추천한다. 주로 싱글들을 위한 오피스텔, 원룸, 투룸 등 전월세 임대매물을 전문으로 취급하며 100% 내부 실사 사진 제공을 원칙으로 등록하고 있기 때문에 허위매물에 속을 염려도 적다. 지도에서 방 찾기, 단지별 찾기, 지하철역으로 찾기 등 사용자 편의대로 검색하기도 편리하다. 전화, 문자, 이메일 보내기 기능도 있어 매물을 바로바로 확인할 수도 있다.

## 이밥차 – 2000원으로 밥상 차리기

시켜먹는 데도 한계가 있다. 건강을 생각해서라도 하루 한 끼 정도는 직접 해 먹는 건 어떨까. 몸 생각, 주머니 사정까지 살뜰하게 챙겨야하는 싱글들을 위한 요긴한 앱 '이밥차 – 2000원으로 밥상 차리기'를 활용해 보자. '2,000원으로 밥상 차리기 책'에 수록된 메뉴를 바탕으로 요리 초보가 따라 해도 실패하지 않는 간편한 조리법을 소개해준다. 요리 과정을 한 눈에 볼 수 있고 요리하는 동안 휴대폰 화면이 꺼지지 않게 하는 화면 ON 기능이 있어 사용자가 요리에 집중할 수 있도록 도와준다. 무엇보다 누구나 쉽게 따라 할 수 있는 간편한 메뉴들이 가득하다는 점이 가장 큰 특징이다. 오늘의 추천 메뉴를 골라 주는 '이밥차 레시피', 요리 지식을 나눌 수 있는 '이밥차 수다', 1인 가구를 위한 '테마 레시피' 등도 활용하면 유용하다.

## Noom 코치 – 눔 다이어트

혼자 살기로 결심하면서 제일 먼저 작심하는 것 중 하나가 바로 '다이어트' 아닐까. 매번 작심하고 실패하기를 반복하지만, 다이어트는 싱글이든, 싱글이 아니든 평생 피할 수 없는 숙제임에는 틀림없다. 요요없는 건강한 다이어트를 원한다면, 무작정 굶을 작정이 아니라면 많은 효과를 인정받고 있는 'Noom 코치 – 눔 다이어트'를 이용해 보자. 사용자를 위한 맞춤 기능을 제공하는 이 다이어트 앱은, 무엇보다 지속적인 동기부여를 통해 사용자가 도중에 포기하지 않고 꾸준히 건강관리를 할 수 있도록 도와준다. 자신이 먹은 음식과 운동을 기록하는 방식으로 아침 점심 저녁 그리고 간식에 무엇을 먹었는지를 기록한다. 이렇게 기록하다보면 스스로 하루에 무엇을 얼마나 먹었는지 체크가 가능하기 때문에 자발적인 감식 의지가 생기지 않을까. 운동량도 체크할 수 있다. 운동 종류를 선택한 뒤 재생을 눌러두면 운동한 시간만큼 칼로리 소모량을 기록해 준다. 또 감량하고 싶은 목표 체중을 설정하면 새로 추가된 체중 그래프 기능을 통해 현재 체중에서 목표 체중을 달성할 때까지 기간마다 몇 kg을 감량해야 하는 지 알려준다. 아이폰 이용자는 앱스토어에서, 안드로이드폰 이용자는 구글스토어에서 다운로드하여 이용 가능하며, 유료 기능을 선택할 수도 있다.

우리나라만큼 배달 문화가 발달한 곳이 또 있을까. 특히 요즘은 '배달앱'이 대세이다. 구차스럽게 전단지 뒤질 필요도 없고 터치 몇 번이면 온갖 산해진미를 내 집 식탁으로 옮겨올 수 있으니, '삼시 세끼' 온전히 스스로 해결해야 하는 싱글들에겐 이보다 더 매력적일 수 없다. 물론 매 끼 배달 음식에 기대는 건 바람직하지 않지만, 요리할 여유가 없거나 바쁠 때는 굶는 것보단 합리적인 해결책이 될 수 있다. 메뉴 또한 치킨이나 중국 음식만 떠올린다면 큰 오산이다. 옛날 같으면 직접 가서 먹어야만 했던 소문난 맛집 메뉴나 디저트, 커피까지 배달 어플리케이션으로 집에서도 손쉽게 즐길 수 있다. 이럴 때 알아두면 너무나 유용한 배달앱 세 가지를 소개한다.

## ① 배달의민족

단단한 고객층을 형성하고 있는 대표 배달 앱이다. 뭐니 뭐니 해도 오랫동안 쌓아온 방대한 DB를 바탕으로 광범위한 배달 정보를 보유하고 있다는 점이 가장 큰 특징이다. 업소에 직접 전화하지 않고도 주문부터 결제까지 한 번에 완료되는 '전화 없이 바로결제', 주문한 사람이 직접 찍어 올린 생생한 리뷰를 볼 수 있는 '믿고 보는 사진 리뷰' 기능 등으로 누구나 실패 없는 주문을 도와준다. 업소 사장님이 직접 달아주는 '사장님 리뷰'를 확인하는 재미도 쏠쏠하다.

## ② 요기요

'배달의 민족', '배달통'과 함께 3대 배달앱 중의 하나로 꼽히는 '요기요'. 시장기를 겨우 면할 정도로 간단히 먹는 '요기'와, 식당에서 주문할 때 '여기요!'라고 종업원을 부르는 말의 합성인 '요기요'를 위드있게 네이밍 헷다. 도식 일림 기능, 악성 냇글을 방지하기 위해 실 주문자만 리뷰를 올릴 수 있는 클린 리뷰 시스템을 선보이고 있다. 차액의 300%의 금액을 쿠폰으로 보상해 주는 '최저가 보상제'도 실시하고 있어 믿음이 간다.

## ③ 배달통

'배달통'은 높은 재방문율을 자랑한다. 주문 시 쌓이는 각종 혜택은 물론 음식 도착 예정 시간을 미리 알려 주고, 리얼한 생생후기 참고하기 등으로 주문의 선택을 한층 더 편리하게 도와준다. 회원 가입을 하면 기프티콩 1,000원이 적립되고 주문 시 다양한 OK캐쉬백 혜택을 받을 수 있다는 점이 특징이다. 결제 수단도 다양한 편이다.

PART
02

# KITCHEN

혼자 살기로 결심한 이상, 삼시세끼 챙겨 먹어야하는 '식(食)' 문제는 오롯이 본인의 몫이다. 시켜먹고 사먹는 것도 한계가 있다. 온전히 자신의 의지로 끼니 정도는 해결할 수 있을 때 비로소 진정한 홀로서기가 가능하다. 이런 점에서 부엌이야말로 싱글라이프의 '질'을 결정짓는 중요한 공간이 아닐까. '시간이 없어서', '방법을 몰라서' 등의 핑계는 궁색한 변명이다. 힘든 건 최신 가전의 힘을 빌리고, 맘먹고 조금만 부지런을 떨면 싱글들의 부엌도 즐거운 공간이 될 수 있다. 소형 가전, 싱글 디자인 가전 등 싱글 전용 아이템에 눈을 돌려 보는 것도 현명한 방법이다.

# 싱글들의 즐거운 놀이터, 부엌

#1. 문을 열고 들어가면 잔소리하는 엄마도, 시끌벅적 수다를 떨며 저녁을 먹는 가족들도 없다. 나를 반기는 것은 오로지 각종 조리 도구들— 1인용 밥솥, 멀티 포트, 커피 머신, 죽기계, 솔로 오븐, 전기포트… 싱글 2년차까지는 주로 사먹었는데, 그것도 힘들더라. 혼자 살수록 잘 먹어야 된다는 생각이 간절하다. 그런 마음으로 하나씩 사 모은 조리 기계들이 선반 한 가득. 싱글 살림에 너무 많은가도 싶었지만, 요리 솜씨 없어도 몇 가지 기계의 힘만 빌리면 한 끼 식사가 거뜬히 해결되기 때문에 가성비 훌륭한 선택이라 생각한다. 며칠 전엔 고기가 너무 먹고 싶어 미니 그릴까지 주문했다. 다른 건 몰라도 고기만큼은 식당서 혼자 먹을 용기가 나지 않는다. 다른 사람 눈치 안보고 집에서 여유있게 구워 먹을 생각하니 벌써부터 입안에 침이 고인다. 참, 내일 아침 휴롬에 내릴 과일을 미리 씻어놓고 자야겠다. 갓 내린 주스 한 컵과 토스트 한 쪽이 나의 아침 메뉴. 아침에 먹는 유산균이 좋다니, 요구르트 기계도 구입할까 고민 중이다.

#2. 어제 주문한 반조리 반찬 꾸러미가 도착했다. 1주일간 내가 먹을 피 같은 양식들이다. 번거롭게 재료 손질할 필요도 없고 딱 먹을 만큼만 알아서 보내주니 직접 장봐서 요리할 때보다 훨씬 득이 많다. 보내준 레시피대로 따라 하기만 해도 웬만한 집밥 퀄리티가

나오니 얼마나 편리한가. 야채는 야채끼리, 국물은 국물끼리 냉장고에 잘 쟁여 놓고, 각종 소스들은 헷갈리지 않게 스티커 붙은 채로 한군데 모아 둔다. 3일 후에 먹을 제육볶음용 돼지고기는 냉동칸으로 직행이다. 그러고 보니 지난번 먹다 남은 오징어볶음이 반쯤 남은 채 있다. 두 가지를 섞어서 오징어 돼지고기 두루치기를 해먹어도 맛있겠다. 얼른 간편 요리 앱으로 들어가 필요한 레시피를 클릭한다. 남은 와인 한잔 곁들이면 딱이다.

#3. 고민 끝에 캡슐 커피 머신을 주문했다. 사먹는 커피 값을 줄여볼까 했던 건 핑계이고, 사실은 '예뻐서'다. 둥그스름한 레트로 디자인에 정감 돋는 파스텔톤 컬러. 기능이고 뭐고 보자마자 그냥 '질렀다'. 테이블 위에 올려놓았더니 인테리어 소품 마냥 주위가 화사해지는 것 같다. 아침마다 눈을 뜨면 이 아이에게 모닝커피를 한 잔 주문해서 마신다. 혼자라서 행복하다는 생각이 처음으로 들었다. 요즘은 스메그 냉장고에 꽂혀 있다. 나에겐 스메그는 싱글라이프의 '아이덴티티'와도 같다. 몇 년전 TV드라마에서 본 이후 스메그가 있는 싱글룸을 꿈꾸며 독립을 준비하기 시작했으니까. 아직은 싱글 1년 차. 혼자 사는 삶이 녹록치 않다는 건 알고 있다. 하지만 누구 눈치 없이 혼자 벌어 갖고 싶은 것 하나씩 정도는 사면서 살고 싶다. 나에겐 그 대상이 스타일리시한 가전제품일 뿐이다.

　최근 싱글족이 소비의 '큰 손'으로 떠오르고 있다. 혼자서도 부담없이 갈 수 있는 1인식당이 눈에 띄게 늘었고, 대형마트에 가면 1인 가구를 겨냥한 간편 조리 식품이나 소포장 제품 코너가 따로 마련되어 있을 정도다. 가전 업계에서도 잇따라 소형가전을 출시하면서 힘든 부엌일을 많이 덜 수 있게 되었다. 1인 전용 맞춤 가전부터 인테리어 효과까지 지닌 디자인 가전, 건강을 고려한 각종 조리 아이템 등 선택의 폭도 넓어졌다. 혼자라고 대충 끼니를 해결하다가는 먹는 재미를 놓칠 뿐만 아니라 건강까지 해칠 수 있다. 불편한 건 최신 가전의 힘을 바로바로 빌리자. 맘먹고 조금만 부지런을 떨면 싱글들의 부엌도 즐거운 공간이 될 수 있다.

### ● 하나씩 사 모으는 즐거움

쓰면 쓸수록, 사면 살수록 욕심나는 게 주방 살림이다. 전기포트 끓인 물로 커피를 마시다가 커피 머신에 욕심을 내고, 맛있는 커피가 필요하니 원두 가는 바인더를 구입하고, 커피 머신을 확보했으니 이번에는 디저트용 와플 기계까지 들여 놓는 식이다. 이 뿐이랴. 컬러풀한 접시부터 유니크한 디자인의 주방 액세서리, 앙증맞은 후라이팬, 디자이너의 손길로 탄생한 와인 오프너, 대를 물려 쓸 수 있다는 주물 냄비, 딱 한잔용으로 나온 솔로 커피 머신이며 팝콘 기계, 다용도 믹서기, 블렌더, 미니 오븐 등의 가전제품까지… 맘먹고 구입하려면 끝이 보이지 않는 게 부엌살림이다. 이제 막 독립한 싱글이라면 성급하게 구입하는 것보다 살면서 하나씩 사모으라고 권한다. 처음부터 모든 걸 갖추고 살 수는 없다. 다 필요하지도 않다. 살다 보면 진짜 필요한 물건 리스트들이 나오게 되어있다. 본인에게 어떤 주방 기구가 필요한지, 꼭 필요한 용품은 무엇인지 살면서 체득하고 구입하는 게 낭비도 줄이고 하나씩 사 모으는 즐거움도 누릴 수 있다.


### ● 본인의 라이프스타일을 고려해 머스트 해브 아이템을 결정한다

본인의 취향이나 라이프스타일 등을 고려해 볼 때 무리하지 않는 선에서 꼭 필요한 아이템이 있다면, 다른 데 아끼더라도 이런 건 사야한다. 가령 커피애호가라면 원두 분쇄기나 커피 머신에 대한 투자가 아깝지 않을 것이며, 매일 샐러드를 먹는 식단을 고수하고 있다면 샐러드 서버나 샐러드 볼, 드레싱 용기 몇 개쯤은 좋은 걸로 구입해도 무방하다. 음식 쓰레기 냄새가 질색이라면 음식쓰레기 건조기가, 와인 없이 못 사는 와인마니아라면 와인 전용 냉장고 등이 여기에 해당한다. 이건 사치라기보다 만족스러운 싱글라이프를 '도와주는' 서브 아이템이라고 생각하면 맘 편하다.

● **먹고 사는 물건에는 아까지마라**

혼자 살면 엄마가 해주는 음식이 정말 사무치게 그리워진다. 조미료로는 흉내 내지 못할 손맛이 담긴 반찬들, 갓 지은 따끈한 밥, 뜨끈한 찌개까지, 혼자 살면서 가장 중요한 건 '잘 챙겨 먹는'게 아닐까 싶다. 하루 한 끼만이라도 집에서 챙겨먹겠다는 각오라면 이 세 가지는 꼭 챙기자. 전자레인지, 멀티 쿠커, 전기포트. 물론 개인적으로 우선 순위가 다르겠지만, 줄이고 줄이더라도 이 세 가지는 싱글 살림의 기본 중 기본이 아닐까 싶다. 멀티 쿠커는 일반적으로 라면 끓여먹는 용도로만 생각하기 쉽지만, 밥 짓기도 가능하고, 출출할 때 만두 몇 개쯤은 간단히 찔 수 있다. 전자레인지는 뭐든지 데워 먹기나 해동시킬 때 없어서는 안 되는 조리 도구. 한 끼 식사용으로 제일 만만한 햇반이나 찌개나 국 데워 먹으려면 전자레인지는 필수다. 전기포트야 말할 것도 없다. 차 마시거나 컵라면 먹을 때, 1회용 수프나 죽을 먹기 위해서 끓는 물은 늘 필요한 법이다. 이처럼 간단한 요리 정도는 해결할 수 있는 몇가지 기본 도구들은 꼭 챙기라는 것이 많은 싱글 선배들의 조언이다. 건강을 잃고 나면 화려한 싱글라이프도 일순간 지옥이 될 수 있기 때문이다.

● **다용도로 쓰는 식탁 겸 테이블**

'주방'이라는 단어는 매우 다양한 공간을 아우른다. 옛날엔 음식을 준비하고, 조리하고, 식사 준비만을 위한 공간이었지만, 요즘은 먹고 정리하는 일상뿐만 아니라 세탁과 다림질 그리고 취미 활동까지 할 수 있는 다목적 공간으로 탈바꿈했다. 이 중에서 식탁은 주방의 중심이자 많은 것이 이 위에서 이루어지기도 한다. 밥도 먹고, 요리 재료도 준비하고, 자잘한 부엌살림까지 올려놓을 수 있어 수납공간 확보에도 도움을 준다. 컴퓨터 책상이나 스터디 책상으로도 사용할 수 있다. 하지만 식탁은 공간을 많이 차지하기 때문에 특히 공간이 협소한 싱글룸에는 허락되지 않는 아이템이다. 혼자 사는 집에 책상과 식탁을 모두 둘 필요는 없으니 두 가지 기능을 모두 할 수 있는 큰 테이블 하나면 충분하다. 공간 활용도가 높은 접이식 테이블을 구입하는 것도 현명한 방법이다. 쓰지 않을 때는 접어둘 수 있어 실용적이다.

● **싱글 전용 소형가전으로 눈을 돌리자**

혼자 살다 보면 덩치만 크고 사용하기 복잡한 것보다는 작고 간편한 제품이 사용하기 좋다. 다행히도 미니 믹서나 싱글 밥솥 등 1인 가구에 적합한 작은 크기에 실용성을 갖춘 가전제품이 다양하게 출시되고 있다. 김용섭 작가의 「완벽한 싱글」이란 책에 의하면 싱글들의 합리적인 물건 선택을 도와주는 '3S'의 원칙이 있다고 한다. 익숙지 않은 집안일을 똑똑하게(Smart) 할 수 있도록 도와주는 기능을 갖추거나, 좁은 공간을 최대한 활용할 수 있는 작은(Small) 크기, 혼자서 모든 생활비를 해결해야 하는 싱글족의 특징에 맞게 전기세를 절약(Save)할 수 있는 제품을 선택하는 것이다. 이 세 가지 기준 선에서 고르고 따진다면, 크게 실패할 염려는 없다.

● **디자인 가전시대**

요즘 가전은 성능은 기본이고 자신만의 개성과 취향을 드러낸 '디자인' 가전이 트렌드이다. 스타일리시한 안목에 경제력까지 겸비한 요즘의 싱글들은 하나를 사더라도 디자인이 우선이다. 블랙과 화이트가 다수였던 예전 가전제품에 비해 최근에는 소비자의 니즈를 반영한 여러 가지 스타일의 가전제품이 출시되고 있다. 커피 머신이나 토스터기 같은

소형 가전은 물론, 냉장고나 세탁기 같은 대형 가전에도 예외는 아니다. 이태리산 스메그 냉장고의 경우 인기 모델은 웨이팅 리스트에 올려야 살 수 있을 정도이고, 캔우드는 전기 포트 라인 중에 컬러풀한 'kMix SJM' 시리즈를 내놓자 판매량이 눈에 띄게 증가했다고 한다. 드롱기의 '아이코나 빈티지 시리즈'도 마찬가지. 이들 제품의 공통점은 파스텔 컬러와 레트로 디자인 등 기존의 모델에 비해 세련된 감성을 느낄 수 있는 것이 큰 장점이다. 자신의 개성에 맞게 선택할 수 있는 폭이 넓을 뿐만 아니라 적은 비용으로 쉽게 분위기를 바꿀 수 있다는 점에서도 사랑받고 있다.

● 고르기 힘들 때 컬렉션 가전이 답이다

싱글 초급 단계이거나 이것저것 고르는 게 딱 질색인 타입이라면 아예 컬렉션 가전으로 눈을 돌려보는 것도 좋다. 컬렉션 가전은 세탁기부터 냉장고, 청소기, 전자레인지, 정수기까지 타깃에 맞게 세트로 구성해놓은 상품이다. 매장에 들어가 원스톱 쇼핑이 가능하기 때문에 일일이 발품팔아야 하는 번거로움도 줄여 준다. 각 제품의 기능은 다르지만 한 데 모아 놓으면 어딘가 조화를 이루기 때문에 통일된 스타일의 생활공간을 연출할 수 있다. LG의 '꼬망스 컬렉션'의 경우 미니 세탁기와 미니 냉장고부터 간편한 가사를 돕는 로봇청소기, 무선 핸드스틱 청소기, 침구청소기 등으로 구성되어 있다. 정수기, 전자레인지도 포함돼 실생활에서 간편하게 이용할 수 있다. 단, 구입하기 전에 본인의 라이프스타일을 고려한 뒤 결정하는 것이 좋다.

# 차 한 잔 하실래요?



토요일 오전 10시. 늦은 잠에서 일어나 전기포트에 물을 끓인다. 민트티로 덜 깬 잠을 쫓아볼까, 아니면 케이크 한 조각에 애플 시나몬티로 이른 브런치나 즐겨볼까. 아직은 제법 쌀쌀하니 따끈한 오렌지티가 제격이겠지…

커피와는 또 다른 '차'의 매력에 빠져드는 사람들이 많아졌다. 국내에서도 최근 티 하우스가 주목받고 있고 특급 호텔들도 애프터눈 티세트를 강화하는 등, '차'에 열광하는 이들이 늘고 있다. 커피가 분주함의 상징이라면, 어쩌면 '차' 한잔이 가져다주는 여유로움에 그 이유가 있지 않을까. 분주한 일상 속의 차 한 모금은, 팍팍한 일상에 잠깐 쉬어갈 수 있는 여유를 선물해 주기도 한다.

차 마시기를 시작한 이들이 가장 먼저 구매하는 것은 티백에 담긴 1회용 티(tea)이다. 일단 저렴하고 뜨거운 물만 있으면 언제 어디서나 마실 수 있는 대중적인 방법이다. 좀 더 내공이 붙었다 싶으면 티스푼을 비롯해 갓 덖은 찻잎을 직접 구매하고 티 전용 주전자에 멋진 찻잔까지 사들인다. 인퓨저도 바로 그 중의 하나. 머그컵만 있으면 간편하게 우려낼 수 있고, 어디서든 즐기기 위해 휴대용으로 많이 준비한다.

인퓨저(Infuser)란 말린 찻잎을 간편하게 우려 낼 수 있는 거름망을 일컫는다. 인체에 무해한 스테인리스나 은으로 개발되었으나 최근에는 기발하고 유쾌한 디자인의 제품도 많이 나오고 있다. 킨토(kinto)의 루프티 인퓨저는 가볍고 편안한 사이즈에 실용적인 디자인으로 1인용 티를 쉽게 계량해서 마실 수 있도록 도와준다. 밀어서 통을 오픈하고 차를 넣어준 다음 가볍게 닫아 따뜻한 물에 우려내주기만 하면 된다. 미세한 구멍이 많아 작은 찻잎을 넣어도 괜찮을 뿐만 아니라, 옆으로 밀어 원하는 양만큼 넣을 수 있어 농도 조절이 용이하다. 뜨거운 물에 오래 두어도 무방한 소재라 안심이며 세척도 간단하다. 손잡이가 달려 있어 벽에 걸어 놓아도 되고, 너무 진하게 우려낸다 싶으면 전용 인퓨저 스탠드에 올려놓을 수도 있다. 컬러는 블랙과 화이트의 두 가지 중에서 선택할 수 있다.

**판매 및 문의 카모메키친** www.kamomekitchen.kr

언제 어디서든 마실 컵만 있으면 간단하게 차를 우려낼 수 있는 루프티 인퓨저. 옆으로 여닫는 방식이라 찻잎을 넣기도 편리하고, 손잡이가 달려 있어 사용하지 않을 때는 걸어둘 수 있어 위생적이다. 무엇보다 얇고 가벼워 휴대하기에도 굿.

40

## 41

밋밋한 식탁의 큐티한 감성 코드

# 애니멀 퍼레이드 시즈닝 쉐이커
# (Animal Parade Seasoning Shakers)

### Editor's Tip

아무리 예뻐도 관리가 힘들면 무용지물이 되고 만다. 근데 생각보다 이 아이는 청소도 간단하다. 세척 시에는 용기의 윗부분과 아랫 부분, 뚜껑 부분까지 돌려서 분리한 뒤 닦아준다. 내부 중앙의 동물 장식물도 살짝 돌리면 빠지는데, 이것 역시 세제로 씻은 다음 흐르는 물로 헹궈주면 OK

혼자 살다보면, 소소한 물건들로 인해 즐거워지는 경우가 있다. 꽃을 좋아하는 이들이라면 화분이나 꽃병이 그것이 될 수 있고, 커피 애호가라면 다양한 머그컵이나 텀블러를 모으는 것만으로도 큰 기쁨을 얻을 수 있다. 요리나 부엌살림에 관심이 많은 경우라면 당연 예쁜 그릇이나 아기자기한 주방 소품들에게 자연스레 눈이 가기 마련인데, 퀄리의 양념통 세트 '애니멀 퍼레이드 시즈닝 쉐이커(Animal Parade Seasoning Shakers)'도 그 중의 하나. 토끼, 낙타, 사슴, 곰 등 4마리의 앙증맞은 동물들과 트레이가 한 팩으로 구성되어 있는 이 앙증맞은 양념통들은 바라보기만 해도 새록새록 감성이 샘솟는 듯하다. 소금, 후추, 고춧가루나 그밖의 양념 등 동물 모양에 맞추어 다양한 양념을 보관할 수 있는 디자인 상품으로, 동물 친구들과 함께 테이블에 즐거움을 전해준다.

퀄리의 애니멀 퍼레이드 시즈닝 쉐이커(Animal Parade Seasoning Shakers)는 토끼, 낙타, 사슴, 곰 등 4마리의 앙증맞은 동물들과 트레이가 한 팩으로 구성되어 있다. 소금, 후추, 고춧가루나 그 밖의 양념 등 동물 모양에 맞추어 다양한 양념을 보관할 수 있다.

이 깜찍하고 귀여운 양념통을 식탁 위에 놓았을 뿐인데, 식탁의 분위기는 물론이고 식사하는 기분까지 좋아지는 것 같다. 사실, 싱글의 식탁은 참으로 다목적 아닌가.

혼자만을 위한 소소한 밥상으로, 때로는 물건을 놓아두는 테이블이 되었다가, 온전히 식탁만의 용도로 한껏 분위기를 내고 싶기도 한데, 이때 퀄리의 깜찍한 시즈닝 쉐이커를 조르륵 올려놓으면 한결 더 아기자기하고 감성 돋는 식탁 분위기를 연출할 수 있지 않을까. 원하는 양념을 원하는 동물 모양에 담아 놓고 사용하면 되고, 사이즈도 작지도 크지도 않은 싱글을 위한 최적의 볼륨. 간 맞추기의 기본이 되는 소금과 설탕, 후추, 그리고 나머지 하나는 원하는 양념을 넣으면 되겠다.

**판매 및 문의** ㈜필론파리스 www.pylones.kr

# 접었다 폈다, 내 맘대로!

주변의 많은 싱글 고수들이 이야기하는 싱글룸 꾸미기 원칙은 몇 가지로 압축된다. '정말' 필요한 것만 우선적으로 구입하라는 것과, 한 가지로 두 가지 기능 이상으로 쓸 수 있거나, 손쉽게 접었다 펼 수 있는 것처럼 정리까지 간편해야 한다는 등등.

이런 기준에서 볼 때 식탁은 공간을 많이 차지하기 때문에 특히 공간이 협소한 싱글 룸에는 허락되지 않는 아이템이다. 그렇다고 끼니때마다 신문지를 펴고 먹을 순 없는 노릇. 이 때, 추천할 수 있는 방법은 접고 펴는 게 자유로운 테이블을 구입해 필요할 때만 쓰는 것이다. 이런 용도에 더할 나위없이 딱 들어맞는 물건이 있으니, 바로 소프시스의 트윈테이블. 말그대로 양 쪽으로 펼칠 수 있는 테이블인데, 사용하지 않을 땐 접어서 보관 가능하다는 게 큰 장점이다.

**Editor's Tip**

❶ 소프시스 트윈테이블의 진가는 집들 이때 발휘된다. 양쪽 날개를 펴면 무려 80cm×140cm라는 사이즈가 나온다. 6명까지는 거뜬히 앉을 수 있다.

❷ 당연히 사용하지 않을 때는 반만 펴서 사용하겠지만, 이때도 지혜롭게 사용하자. 너무 한쪽만 사용하는 것보다 좌우 날개 번갈아가며 사용하면 더 오래도록 사용할 수 있다.


자세히 살펴보면, 양쪽으로 두개의 접이식 날개(테이블 상판)가 있고 한쪽만 펼쳤을 때는 80cm×60cm 사이즈로 약 2~3인까지 사용 가능한 식탁으로 사용할 수 있다. 테이블 아래에는 별도의 수납 공간이 있어 간단한 물건을 정리할 수도 있다. 식사는 물론이고 간단한 작업을 하거나 독서, 찾아온 손님에게 차 한 잔 대접할 수 있는 용도로 딱 좋다. 손쉬운 조립 방법도 맘에 든다. 상판을 들어 올리면 고정할 수 있는 지지대가 보이는데, 이를 버튼식으로 홈에 맞춰 끼워 넣어주면 끝. 바퀴가 한 쪽에 달려 있어서 이리저리 옮기기도 쉽다.

반면, 양쪽 날개를 다 접은 뒤 한쪽 벽에 세워 놓으면 또 다른 용도로 변신한다. 워낙 슬림한 부피라 자리 차지할 염려도 없고, 그 위에 화분이나 액자 등을 올려놓으면 인테리어 소품으로도 활용할 수 있다. 이리저리 옮겨가며 사용할 수 있고, 평소엔 접어 벽에 붙여놓고, 밥 먹을 때는 한쪽만 펴면 되고, 안쪽엔 수납 공간까지 해결되니 좁은 싱글룸 꾸미기를 계획하고 있다면 한번쯤 고려해볼 만한 아이템이다.

**판매 및 문의 소프시스 www.sofsys.co.kr**

42

# 헬리오스 보온병



외국인들에게 보온병은 단순한 보온병이 아니다. '써모(thermo)'라고 불리는 이 오래된 도구는 시간이 지나도 합리적이고 실용적인 멋을 추구하는 그들에게 없어서는 안 될 존재이다. 심지어 자신만의 보온병은 마치 자신의 캐릭터를 나타내는 것과 같아서 외국인들이 보온병을 고르는 일은 여간 신중한 게 아니다.

우리나라에도 보온병이 대중화된 지 오래다. 어릴적, 도시락과 함께 엄마가 넣어주시던 보온병의 따뜻한 온기를 추억하는 이들도 많을 것이다. 최근에는 커피와 차를 즐기는 문화가 일반화되면서 텀블러와는 또다른 매력으로 보온병을 사용하는 이들이 많아졌다. 온도가 더 오래 유지될 뿐만 아니라 혼자 사는 이들에겐 일일이 전기포트에 의지하지 않아도 되기 때문에 요긴하다. 그 중에서도 헬리오스 보온병은 빈티지하면서도 앤틱한 디자인으로 그 존재감을 드러내고 있다. 대부분 온라인을 통해 주문하는 편이고, 독일에 다녀오는 친구나 지인을 통해 부탁해서 구매하는 경우가 많다. 이처럼 '헬리오스 마니아'가 있을 정도로 많은 사랑을 받고 있는 그 특별함의 비결은 뭘까.

탁월한 보온력을 인정받고 있는 헬리오스 보온병. 따뜻하거나 시원한 커피나 차를 마시고 싶을 때, 시간이 지나도 온도가 오래도록 유지된다. 가벼워서 백 팩이나 손가방에 넣고 다니기도 편하다. 뚜껑을 컵으로도 사용할 수 있어 실용적이다.

그건 바로, 두툼한 진공 유리에 의한 탁월한 보온력! 그것도 핸드메이드로 제작된다는 점이다. 때문에 따뜻하거나 시원한 커피나 차를 담았을 때, 시간이 지나도 온도가 오래도록 유지된다. 가볍고, 부피도 작아 백 팩이나 손가방에 쏙 들어가서 휴대가 간편하다. 용량이 큰 사이즈에는 직접 내린 커피나 우엉차를 담아두고 오랜시간 따뜻하게 마실 수 있다. 손잡이가 달린 뚜껑은 컵으로도 사용할 수 있어 실용적이다.

볕 좋은 날, 돗자리 하나와 간단한 도시락, 물병, 그리고 커피를 담을 수 있는 작은 보온병을 들고 작은 공원이나 인적이 드문 벤치에 앉아 혼자만의 시간을 조용하게 보내는 건 어떨까. 반드시 봄이나 여름, 가을이 아니어도 괜찮다. 눈이 펑펑 오는 겨울, 가끔은 보온병에서 따뜻한 김이 모락모락 나오는 차 한 잔을 바라보는 것만으로도 마음이 훈훈해질 것같다. 헬리오스 보온병에 담아온 한 잔의 커피가 꽁꽁 얼었던 마음을 사르르 녹여줄 것이다.

**판매 및 문의 카모메키친** www.kamomekitchen.kr

# 북극곰을 부탁해~

겨우 제 한 몸 가눈 채 덩그러니 앉아 있는 북극곰 한 마리. 고개를 숙이고 있는 모습이 왠지 슬퍼 보인다. 그 밑으로는 빙산을 형상화한 마개부분이 아래로 뻗어 있다. 마치 북극곰이 살 수 있는 얼음이 점점 줄어들고 있다는 걸 온 몸으로 표현하듯… 무슨 물건일까 하고 요모조모 뜯어보니, 병마개다. 멸종위기의 북극곰을 보호하자는 취지로 러프디자인이 디자인한 감각적인 와인키퍼, 베어스토퍼(Bear Stopper).

언젠가 한 다큐멘터리 프로그램에서 자신의 몸보다 작은 얼음에 의지해 바다 한 가운데를 동동 떠다니는 북극곰을 본 적이 있는데, 베어스토퍼를 보니 그때의 안타까움이 다시 전해져 온다. 기후급변과 지구온난화로 인해 북극의 빙하 면적은 매년 급격히 줄어들고 있고 이는 북극의 빙하 위가 집인 북극곰들에게 심각한 위협이 되고 있다고 한다.

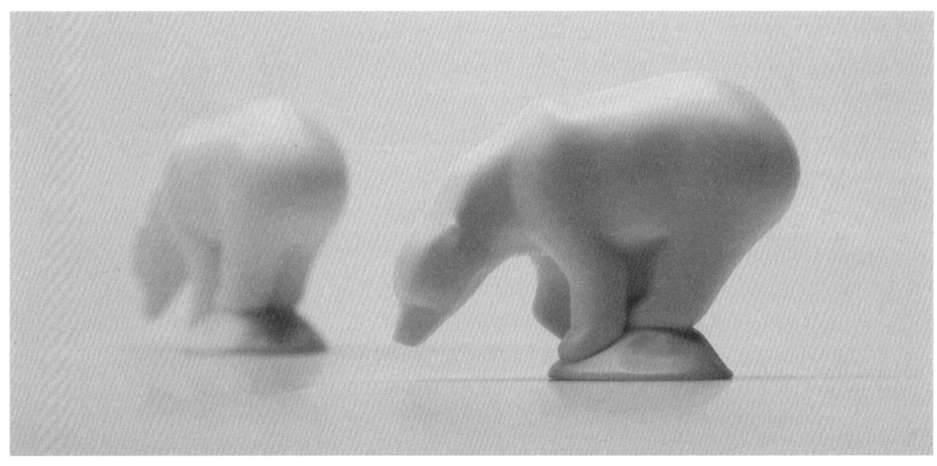

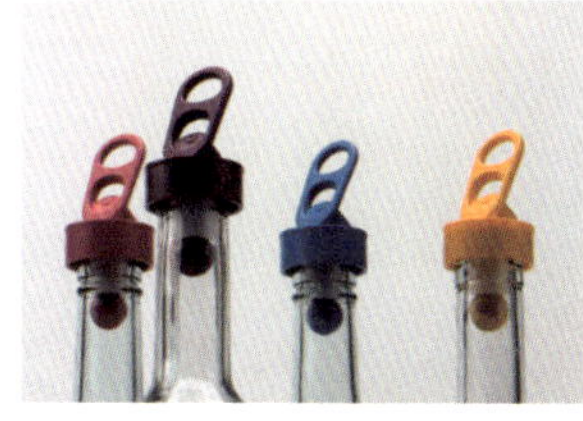

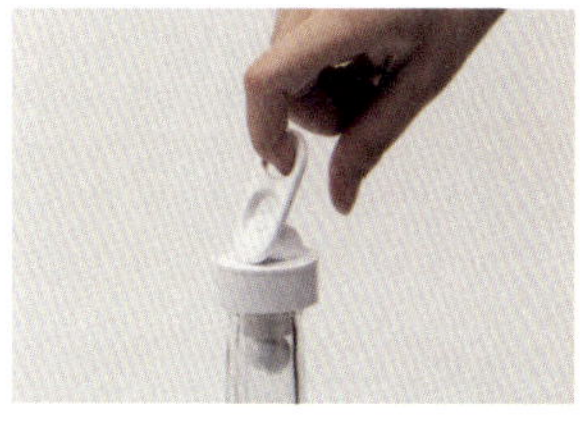

이런 친환경적인 메시지를 닦고 있는 베어스토퍼는 유리병 마개로도 가능
하며, 마시고 남은 와인을 꽉 막아 보관하기에 안성맞춤이다. 보통 와인을
마시고 나서 코르크로 다시 막아두는 경우가 많은데, 코르크 찌꺼기가 와
인으로 들어가 버려서 다시 마실 때 불편했던 경험이 한 두 번씩은 있을
것이다. 이럴때 베어스토퍼를 사용하면 그런 걱정 없이 깨끗한 와인을 다
시 마실 수 있다. 공기를 완벽하게 차단하는 압착 기능으로 산화를 막아
보다 신선한 상태의 와인을 즐길 수도 있다. 마개 부분은 인체에 무해한
실리콘 소재라 안심해도 되며, 보관과 관리도 편리하다. 와인 애호가라면
반드시 개비해야할 와인스토퍼. 이제는 북극곰의 현실을 안 이상, 베어스
토퍼를 통해 주위에서 쉽게 실천할 수 있는 작은 환경문제부터 시작해보
는 건 어떨지.

**판매 및 문의 러프 디자인** www.lufdesign.com

# 인테리어 소품이야? 그릇이야?



탑처럼 쌓아 두었다가 필요할 땐 완전 해체해서 쓰윽. 영화 〈트랜스포머〉의 살림 버전도 아니고… 알고 보니 '일체형' 그릇이란다. 밥공기 한 개에 대접 한 개, 찬기 두 개, 게다가 머그컵까지. 야무지게도 있을 건 다 있는 이 진화한 식기의 이름은 행남자기 '올인원(All-in-One)'. 타이틀에서 짐작할 수 있듯이 밥 먹을 때 필요한 것들이 하나로 해결되는, 오롯이 '나 혼자만'을 위한 1인용 맞춤 그릇이다.

혼자 살면서 잡다한 물건들은 그야말로 낭비다. 부엌살림도 마찬가지다. 소박한 밥 한 끼 차려먹을 수 있을 정도의 식기만 준비하면, 나머지는 살면서 필요한 그때그때 구입하면 비용도 줄이고 불필요한 지출도 막을 수 있다.

행남자기의 올인원은 이 그릇 저 그릇 일일이 찾아서 꺼낼 필요 없고, 웬만한 음식들은 이 세트 하나면 무난히 담아낼 수 있어 편하다. 씻어서 착착 싱글들을 위한 일체형 1인 식기 세트, 올인원 (All-in-One). 이 그릇 저 그릇 일일이 찾아서 꺼낼 필요가 없고, 웬만한 음식들은 이 세트하나면 무난히 담아낼 수 있어 편하다. 씻어서 착착 쌓아두면 되기 때문에 정리 및 보관도 쉽다. '코지룸'과 '버블팝' 두 가지로 출시되고 있다.

쌓아두기만 하면 자리 차지할 필요 없으니 수납력 또한 두말하면 잔소리. 사용할 때마다 해체하고 쌓는 재미도 쏠쏠할 듯하다. 디자인은 '코지룸', '버블팝' 두 가지 패턴으로 나와 '굳이' 선택의 즐거움을 선사한다. '코지룸'은 반복적인 디지털 패턴으로 세련된 멋과 함께 브라운과 카키톤의 컬러로 차분하고 세련된 느낌을 준다. 발랄하고 퓨어한 느낌을 좋아한다면 선명한 캔디 컬러의 '버블팝'을 권한다.

이처럼 쉽게 질리지 않는 무난한 디자인이라 한식 상차림은 물론 간단한 브런치 식기로도 손색이 없겠다. 소재는 행남자기 71년 전통 도자 기술을 현대적으로 실현한 '뉴 세비앙 본' 소재를 사용, 마모성 및 내구성이 탁월해서 전자레인지와 식기세척기에 사용해도 무방하다.

**45**

판매 및 문의 행남자기 www.haengnam.co.kr

# 46



# 한 잔 커피, 카페프레스

**Editor's Tip**

❶ 완전히 밀폐는 아니므로 뚜껑을 닫았더라도 넘어지면 내용물이 쏟아질 수 있으니 주의한다.

❷ 커피프레스를 이용할 경우, 너무 고운 커피 가루는 미분이 걸러지지 않아 커피와 함께 이물감이 느껴질 수도 있기 때문에 보통보다 조금은 굵게 간 원두 가루를 사용하는 것이 좋다.

가끔은 아날로그적인 것들이 그리울 때가 있다. 손으로 눌러 쓴 편지, 블로그가 아닌 일기장 속의 수줍은 고백들, 기타줄이 선사하는 어쿠어스틱한 멜로디… 디지털 세상으로 변해가는 사회, 일회용에 익숙한 우리의 문화 속에서, 킨토(kinto)의 '카페프레스'를 보면 왠지 아날로그한 감성을 엿보는 것 같아 마음이 따뜻해진다.

한 집 건너 한 집 꼴로 테이크아웃 커피집이 줄을 잇고 있는 요즘, 손쉽게 커피를 사 마실 수 있는 환경에서 번거롭게 왜 커피프레스 타령이냐며 의아해할 수도 있다. 하지만 사무실이나 집, 야외 등 어디서든 플런저를 눌러주

**카페프레스로 커피 내리기**

는 간단한 동작만으로 컵 안에 완벽한 한 잔의 커피가 채워지니 이 얼마나 경제적인가. 커피 가루를 담고 물을 부은 다음 3~4분 뒤에 커피 가루를 걸러서 따라내는 동작만으로도 훌륭한 커피가 완성된다. 물줄기의 강약, 붓는 속도와 같은 손기술이나 비싼 커피머신들의 정밀한 추출력은 필요하지 않다. 순수하게 커피 가루와 물이 있는 그대로 만나 커피를 추출하면서, 커피의 모든 것을 담아낸다.

킨토(kinto)의 '카페프레스'는 뚜껑과 플런저(커피프레스), 컵이 함께 들어있는 일체형 머그. 티포트 없이도 커피나 차를 우려마실 수 있는 제품으로, 뜨거운 물을 부어 몇 분간 우려낸 다음 플런저를 압축하여 필터링한 후 마실 수 있다. 킨토 '카페프레스'는 휴대성과 간편성이라는 콘셉트에 충실하게 디자인되어 실용적이다. 가벼우면서도 튼튼한 소재에 투톤의 컬러 매치로 세련된 멋을 살렸다. 열에 강한 ABS수지 재질에 이중 구조로 되어있어 따뜻함을 오랫동안 유지하며 마실 수 있다. 또 가벼운 데다 손잡이가 있어 휴대하기도 편해서 집에 두거나 사무실에서 사용해도 좋을 것 같다. 운전할 때 차 안에서 컵홀더에 걸어두고 마실 수도 있다.

**판매 및 문의 왓커피** www.whatcoffee.co.kr

❶ 플런저를 분리시킨 컵에 찻잎이나 곱게 간 커피 가루를 넣는다.
❷ 뜨거운 물을 붓고 약 4분 여간 우려낸다. 뚜껑을 덮고 기다린다. 차는 약 3분 정도.
이 때, 차의 종류에 따라, 혹은 개인의 기호에 따라 시간을 조절해준다.
❸ 뚜껑을 분리하고, 플런저를 컵 본체 손잡이쪽 홈에 맞춘다.
❹ 플런저를 수평으로 유지하면서 천천히 밀어준다. 필터가 내려가면서 커피 가루와 커피물을 분리시켜 준다.

# 락앤락 햇쌀밥용기

**Editor's Tip**

❶ 크기별로 모델이 나누어져 있어 유용하다. 큰밥 용기와 작은밥 용기로 선택이 가능하다. 크기에 따라 데우는 시간도 다르니 체크할 것.

❷ 찬밥 또는 보온 상태의 밥은 이미 수분이 빠져나가 냉동실에서 보관할 경우 딱딱해지므로, 갓 지은 상태로 보관해야 더욱 맛있는 밥을 먹을 수 있다.

❸ 밥을 꾹꾹 눌러 담으면 밥알 사이의 수분을 잡아주어, 깊은 속까지 촉촉한 밥맛이 유지된다.

갓 지은 밥, 고소한 냄새 폴폴 나는 밥이 사무치게 그리울 때가 있다. 어렸을 때는 귀한 자식 대접 받으며 매끼 뜨신 밥을 먹었지만, 혼자 살 때 '언감생심' 아닐까. 밥솥을 열 때마다 며칠 된 쿰쿰한 밥 냄새에 코를 싸쥐는 것이 지금의 서러운 현실이다. 하지만 여기, 혼자 사는 집에서도 언제나 어릴적 그 따뜻한 밥맛을 맛보도록 해주는 신통방통한 용기가 있다. 바로 락앤락의 '햇쌀밥용기'. 흔하디흔한 유리 용기라 생각하면 섭하다. 이 '햇쌀밥용기'에 밥을 담아 냉장고에 넣어두었다가 전자레인지에 돌리면 언제 그랬냐는 듯 촉촉한 밥, 그야말로 '햇'밥을 맛볼 수 있기 때문이다.

비결은 바로 용기 뚜껑에 달려있는 작은 스팀배출구 덕분이다. 이 귀여운 모양의 스팀배출구를 연 채로 전자레인지에서 밥을 해동하면, 스팀배출구를 통해 김이 빠져나가며 밥의 습기가 자연스럽게 유지된다. 흔히 전자레인지에 음식을 한번 돌리면 맛이 폭삭 없어지거나 급격히 건조해지는 현상이 일어나곤 하는데, 이 '햇쌀밥용기' 덕분에 금방 지은 밥처럼 맛있는 밥을 먹을 수 있다. 또한 밥을 지은 뒤 뜨거울 때 여러 개에 나누어 담아놓고, 필요할 때마다 꺼내 데워 먹으면 밥솥에서 오래된 밥 냄새가 날 걱정, 양 조절을 못해 '밥 폭식'을 할 걱정도 안녕이다.

열에 강한 튼튼한 내열 유리와 말랑말랑한 실리콘 뚜껑 역시 햇쌀밥용기의 매력 포인트 중 하나. 부드러운 실리콘 재질의 뚜껑이니 얼마든지 편하게 열고닫을 수 있고 밥뿐만 아니라 계란찜, 리조또 등 전자레인지를 활용한 각종 요리에도 유용하게 써먹을 수 있다. 단, 이것만은 주의하자. 용기 내부에 밥을 너무 꽉 채우면, 부피가 팽창해서 전자레인지 안에서 유리가 깨질 수도 있다. 적정량의 밥을 넣고, 상하좌우로 흔들어 주면서 용기의 유리벽에 밥이 닿지 않도록 골고루 퍼지게 하여 데워먹으면 안전도 맛도 책임져준다.

**판매 및 문의 락앤락몰** www.locknlockmall.com

# 48

## 퀄리의
## 샐러드 볼

### Editor's Tip
뭔가 더 유니크하고 색다른 샐러드 서버
가 필요하다면 필론의 샐러드 서버를 강
추한다. 쳐다보기만 해도 웃음이 나오는
유쾌한 디자인이 특징. 식탁 분위기를 저
절로 업 시켜주는 재간둥이 소품이다. 평
소에 즐겨먹지 않던 이들도, 이들의 앙
증맞은 두 팔 벌림에(?) 물
리도록 샐러드만 먹을
지도 모를 일.

오늘은 뭐 먹지? 삼시세끼 온전히 본인의 의지로 끼니를 해결해야 하는
싱글들에겐 늘 붙어 다니는 고민거리 중의 하나일 것이다. 가장 손쉬운 방
법으로 인스턴트 음식에 기대거나 배달 음식으로 해결하기 등등이 있겠지
만, 최소한의 수고로도 건강한 식탁을 차릴 수 있는 방법은 많다. 최근에
는 간소한 음식들 위주로 차리는 소소한 식탁 또한 중요한 트렌드로 자리
잡고 있다. 이럴 땐 몸은 가볍고 속은 든든해지는 한 접시 '샐러드'가 답이
다. 특히 혼자 사는 이들에게 있어서는 무난한 한 끼 요기로도 가능하니,
가벼운 에피타이저로만 여기기에는 샐러드의 스펙트럼은 생각보다 넓다.
냉장고 남은 야채에 드레싱만 뿌려도 근사한 그린샐러드가 완성되고, 좀
허하다 싶으면 슬라이스 치즈 몇 조각에 유통기한 임박한 베이컨 바삭하
게 구워 얹어내면 메인 요리로도 손색없다. 또 이런저런 친구들과의 모임
에서도 샐러드만큼 투자 대비 풍성한 메뉴도 없을 듯하다.

퀄리의 '스패로우 샐러드 볼 세트(Sparrow Salad Bowl Set)'는 샐러드를 더욱 더 스타일리시하게 세팅해주는 주방 아이템. 비주얼 자체가 깔끔히고 사랑스럽다. 눈부신 하얀색 샐러드 볼 위에 두 마리의 새가 사뿐이 내려 앉아있다. 일단 하얀색 그릇이라 어떤 종류의 재료를 담아도 먹음직스러워 보이게끔 해준다. 그리고 심플하다. 샐러드 볼과 스푼, 포크가 한 세트로 이루어진 구성이라 따로 서버를 준비해야 하는 수고도 덜어준다. 큼지막한 포크와 스푼은 샐러드 재료와 드레싱을 섞어 주거나 덜어 먹을 때 편리하고, 머리 부분에 작은 홈이 있어서 사용하지 않을 때는 볼에 끼우듯이 새를 앉혀주면 깔끔하게 정리된다. 혼자 살수록 자칫 기름진 음식과 달콤한 음식들만 가까이 두기 쉬운데, 가끔은 그릇 가득 가벼운 샐러드로 건강한 식탁을 꾸며보라. 이왕이면 먹음직스러운 스패로우 샐러드 볼과 함께 말이다.

**판매 및 문의** ㈜필론파리스 www.pylones.kr

친환경 재생용지를 사용한 포장 케이스. 제품마다 친환경적인 메시지를 담고 있는 퀄리의 건강한 마인드를 읽을 수 있다.

# 유니크한 주방 아이템

하나를 해먹더라도 즐겁게, 밥그릇, 숟가락 하나에도 톡톡 튀는 유니크한 즐거움이 가득했으면 하는 싱글들 이라면 부엌 살림을 위해 필론(PYLONES) & 퀄리(QUALY)의 주방 아이템에 눈을 돌려보자. 도도한 자태의 레이디 모양 강판, 날렵한 자태를 자랑하는 젓가락 세트, 동화 속에서 나올 법한 에그컵 등 무료한 일상생활에 웃음을 주는 다양한 캐릭터 주방 소품들이 가득하다. 퀄리는 생활용품을 기반으로 우화적이고 독창적인 아이디어가 돋보이는 제품을 선보이고 있는 글로벌 브랜드. 그린 컨셉(green concept)을 슬로건으로 심플하고 불필요한 장식을 생략한 디자인을 추구하며, 제품 하나하나에 자연과 환경의 이야기를 담아낸 점이 특징이다. 프랑스 브랜드 필론은 강렬한 비비드한 컬러와 유쾌한 디자인을 담았다. 키친, 키즈, 생활용품 등 다양한 제품 라인을 선보이며 전 세계적으로 많은 팬을 확보하고 있는 브랜드로, 이들이 선보이는 주방 용품들을 보고 있노라면 일상적인 부엌 살림도 놀이하듯 즐거울 것만 같다. 어떤 음식을 해먹어야 하나, 행복한 고민만이 남았다.

**판매 및 문의** ㈜필론파리스 www.pylones.kr

**도도한 강판 노나앤나나(NONNA & NANA) _ 필론**
당당한 모습에 반해서 많이들 구입한다. 그녀의 정체는 다름아닌 '강판'. 팔짱끼고 당당하게 서있는 모습이 너무 매력적이지 않은가. 치즈나 작은 야채 등을 갈 때 편리하게 사용할 수 있다. 사이즈는 두 가지. 치마에 수놓인 세 가지 크기의 강판을 활용해 즐겁게 요리할 수 있다. 너무 예뻐서 쓰기 아까울 듯. 싱글들 집들이 선물로도 좋다.

**연꽃 이쑤시개 케이스(LOTUS TOOTHPICK HOLDER) _ 퀄리**

집안 곳곳에 돌아다니는 이쑤시개들을 깔끔하게 정리할 수 있는 연꽃 모양의 감각적인 소품. 연꽃 이쑤시개 케이스와 함께라면 이쑤시개도 훌륭한 인테리어 소품이 된다. 제품에 사용된 소재는 음식 등급(Food Grade)을 받은 플라스틱이라 인체에 무해하므로 안심하고 사용해도 좋다.

**꼬꼬뜨(COCOTTE) 에그컵 _ 필론**

삶은 계란이나 반숙을 더욱 즐겁게 먹는 방법은? 바로 사랑스런 꼬꼬뜨 에그컵을 사용하는 것이다. 스푼 끝에 달린 망치로 계란 껍질을 깬 다음 한 입에 쏙 넣으면 그만이다. 아이스크림을 먹을 때도, 아니면 다이어트 할 때 밥공기로도 유용하게 쓸 수 있다. 6종류.

**마스터 크레인(Master Crane) 젓가락 & 받침대 _ 퀄리**

두루미 모양의 감각적인 젓가락과 젓가락 받침대. 보는 순간, 늘씬한 두루미 다리 라인에 넋을 잃을 지도 모른다. 살포시 올려진 젓가락이 옆으로 두루미의 표정 또한 수줍고 사랑스럽다. 거치대로 쓰는 두루미는 고무 재질이라 식탁에서 소리도 안 나서 좋다. 핑크, 그린, 블랙, 화이트 4가지 색상으로, 휴대 시 사용할 수 있는 패브릭 케이스까지 포함되어 있다.

**스패로우 키친 툴 세트(SPARROW SERVING SET) _ 퀄리**

우리 주변에서 흔히 볼 수 있는 참새를 모티브로 만든 젓가락 & 젓가락 받침대. 사랑스러운 4마리의 작은 새들의 꼬리 부분이 주방 도구로 변신한다. 거치대, 스파게티 서버, 슬로티드 스푼, 레이들 스푼 등 4가지가 한 세트. 내열 온도 최대 200도까지 사용 가능한 소재라 뜨거운 국물이나 후라이팬 요리에도 걱정없다. 결혼선물, 집들이 선물로도 사랑받는 아이템이다.

# 50

## 필론 브러쉬(brush)

### Editor's Tip

❶ 뭔가 남다른 집들이 선물을 고민하고 있는 분들이라면 주목할 것. 아기자기한 취향을 좋아하는 친구라면 딱 일 듯싶다.

❷ 싱글들의 청소 본능을 자극하는 제품으로도 강추한다. 이를 테면, 브러시의 형클어진 머리(?)를 제거할 때는 뜨뜻한 물에 세제를 풀고 흔들어 주면 된다. 놀랄 것 없다. 브러시를 세척하는 위트있는 방법일 뿐.

❸ 밋밋한 주방에 활기를 주고 싶을 때 유용하다. 스탠딩 인형으로 놓고 싶을 만큼 톡톡 튀는 색감과 존재감을 부여해주므로, 싱크대에 세워놓으면 설거지 솔인 줄 아무도 모를 것이다.

싱크대 선반에 쪼르륵 올려져 있는 '이것'을 보고, 보는 사람마다 이게 뭐냐고 물어 본다. 인형같은 외모에 개성 강한 헤어스타일을 지닌 이것의 정체는 다름 아닌 설거지 솔. 개성 넘치고 유니크한 디자인으로 전 세계 필론 열풍을 이어나가고 있는 필론의 시그니처 상품이기도 하다. 필론의 독특한 아이디어가 반짝이는 이 브러시는 뻣뻣한 머리 결을 가진 여인을 모티브로 하고 있다. 얼핏 보면 아프리칸 여인들 같지만 실제로 그들의 머리는 매우 가늘고 힘이 없다. 하지만 아프로(afro) 스타일의 머리에 브러시 기능을 합하니 놀라운 기능성 인형이 되었다.

아무리 설거지 솔이라지만, 이렇게 예쁜 아이들을 어떻게 물에 넣어서 막 쓸 수 있을까 하는 고민도 잠시, 세제를 묻혀 풍부한 거품을 만든 뒤 깊은 병은 물론이고 접시며, 밥그릇, 볼을 문지르다 보면 쌓인 스트레스마저 확 달아나는 느낌이다.

사실, 싱글이 가장 미루고 미루는 것들 중 하나를 꼽으라면 '설거지'다. 빨래야 세탁기에 맡기면 되고 청소는 눈에 보이는 곳만이라도 작은 청소기를 돌려도 되지만, 설거지는 한 번만 걸러도 온 싱크대 가득 탑처럼 쌓이는 일

이 일상다반사 중 하나다. 하지만 사다 놓은 주방용 세제가 말라가고 행주가 어디에 있는지 몰라도 어느 순간, 해야겠다 싶으면 '신공'을 발휘하는 것이 설거지이기도 한데. 이 어쩔 수 없는 설거지도 이렇게 깜찍한 도구가 있다면 한결 더 신나게 할 수 있지 않을까.

인형이라 해야 할지 그릇 닦는 브러시라고 해야 할지는 쓰기에 따라 다르겠지만, 아무리 인형처럼 생겼다고 해도 강렬한 검정 브러시의 뛰어난 세척력을 간과해서는 안 된다. 인형의 머리로 세척하지 못할 그릇은 없지만 길다란 손잡이가 있으니 속 깊은 그릇을 닦는데 무척이나 편리하다. 손잡이를 잡고 쓱쓱 문질러주면 생각보다 편하다. 프라이팬의 가장자리를 닦는데도 유용하다. 설거지가 끝나면 물기를 빼고 하단의 흡착기를 사용해 세워둘 수도 있어 편하기까지 하다. 또 한 가지, 운명을 다한 인형의 머리로 운동화를 빨 때 사용하면 본전의 본전을 뽑고도 남음이 있겠다. 필론 브러시 하나로 싱글의 주방이 이렇게 달라질 수 있다니, 디자인 시대에 살고 있긴 한가 싶다.

**판매 및 문의** ㈜필론파리스 www.pylones.kr

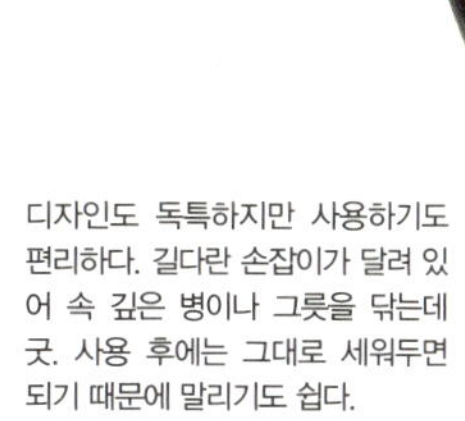

디자인도 독특하지만 사용하기도 편리하다. 길다란 손잡이가 달려 있어 속 깊은 병이나 그릇을 닦는데 굿. 사용 후에는 그대로 세워두면 되기 때문에 말리기도 쉽다.

# 홈바형 냉장고 SMEG500

싱글의 부엌은 심플하기 그지없다. 요리를 좋아하지 않는다면 준비할 것은 훨씬 가벼워지게 마련인데, 그래도 그릇 몇 가지에 밥솥과 전기포트 같은 살림살이들은 기본이다. 냉장고 또한 두말하면 잔소리. 대접할 것이 없어도 누가 오지도 않고, 보지도 않으니 편안한 마음으로 무시하면 그만이지만, 밥은 안 먹더라도 냉장고는 반드시 필요한 생활가전이다. 기본적으로 물 한 병과 맥주캔 몇 개, 엄마가 가져다 놓은 김치 한통은 기본적으로 있을 것이 아닌가. 문제는 냉장고에 고작 물과 술과 음료, 먹다 남은 음식만이 전부라면, 효율성을 따져 볼 때 커다란 대형 냉장고는 자리만 차지하는 무거운 물건으로 전락하고 만다는 점이다.

스메그(SMEG)의 'SMEG500'은 소형 냉장고 중에서도 디자인과 기능, 효

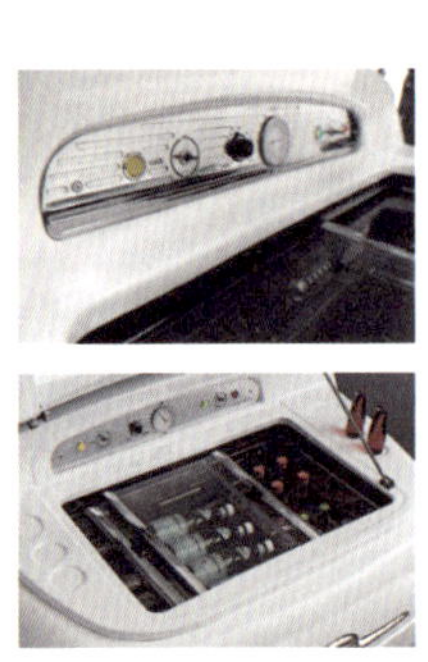

율을 모두 갖춘 '엣지있는' 홈바형 냉장고로 손꼽힌다. 이태리 수입 자동차 피아트 500과 스메그의 콜라보레이션으로 유명한 모델로, 자동차 본넷 디자인이지만 실제로는 냉장고의 기능을 할 수 있도록 설계되었다. 100L 용량을 자랑하며, 자동차의 본넷 후드를 열면 냉장고의 문이 열리고 2개의 슬라이딩 도어와 3개의 탈착가능한 병 받침대, 캔 전용 선반, 온도 조절 장치 등으로 구성되어 있다.

때문에 냉장고에 둘 음식이나 재료가 별로 없는 대신, 칵테일과 차가운 음료 저장고가 필요한 싱글들에게는 멋스러움과 보면 볼수록 흐뭇한 만족감을 선사한다. 한편, 싱글의 여유는 친한 친구 몇명 불러서 조용한 테이블에 앉아 서로의 사회생활을 들어주고 조언해주며 술잔을 기울여야 제맛이 아닐까. 여기에 맛있는 음식이 있다면 금상첨화. 혹시라도 친구들을 초대해 작은 칵테일 파티를 열었을 때 친구들이 탐낼 만한 물건이기도 하고 자랑하고 싶은 물건이 될 듯도하다.

**판매 및 문의 스메그코리아** www.smegkorea.com

## 세우지 말고 눕혀 보관하세요!

# 와인셀(Wine Cell)

이런저런 이유로 와인 보급률이 급속히 빨라졌다. 대형마트에 와인 코너가 따로 있을 정도가 되었고 백화점에 가면 유명 브랜드의 와인 리스트도 심심찮게 만날 수 있다. 해외여행 선물로 일반적인 아이템이 된 지 오래고, 와이너리 투어가 버킷 리스트에 있을 만큼 와인을 좋아하고 찾는 이들이 많아졌다. 무엇보다 부담스러웠던 가격이 조금은 내려간 덕분이 아닐까. 필자의 경우엔, 입맛에 맞고 가격까지 착한 와인을 발견하면 대 여섯 병씩 사다가 집에 쟁여두는 편이다. 좋아하는 와인이 백화점 특가 세일로 나올 때면 아예 박스 채로 사다 나르기도 한다.

문제는 집에 도착한 다음이다. 왕창 구입한 와인을 어디에 둘 것인가? 와인 냉장고를 따로 둘만큼 대단한 와인애호가가 아닌 다음에는 '보관'이라는 난감한 문제가 뒤따른다. 소주나 맥주처럼 베란다나 냉장고에 대충 보관할 수도 없는 노릇이고, 장식장에 두자니 깨질까봐 걱정. 이래저래 와인 보관이 고민인 사람들에게 필론의 '퀄리(QUALY) 와인셀'은 더할나위없이 반가

운 물건이다. 9병까지 눕혀서 보관이 가능하며 주방 한 켠에 놓아두면 마치 현대미술 작품을 보는 듯 감각적인 자태를 자랑한다. 개봉하지 않은 와인은 마개가 마르면 공기가 병 안으로 유입되어 산화되기 쉽기 때문에 코르크 마개를 항상 젖은 채로 유지하기 위해 눕혀 보관해야 하는 건 이미 알려진 상식이다.

보관해야할 와인이 점점 늘어나도 문제없다. 하나, 하나의 조각으로 짜 맞춰진 이 와인랙은 추가 조립도 가능하다. 컬러 또한 블랙과 화이트의 심플한 컬러 중에서 선택이 가능하다. 인테리어 소품으로도 손색이 없으니 식탁 위, 거실 바닥 위, 그리고 다용도실에 소품처럼 장식해도 좋다. 한가지 더, 와인 보관이 주된 용도이긴 하나 다양한 수납용으로 사용해도 무방하다. 현관 옆에 두고 접이식 우산을 꽂아 두거나 구두 주걱, 줄넘기 등 보관하기 애매한 물건들을 정리해보는 건 어떨까.

**판매 및 문의** ㈜**필론파리스** www.pylones.kr

**Editor's Tip**

다른 술과는 달리 와인은 잘 알고 마셔야 한다는 부담이 있다. 와인 전용 냉장고가 없더라도 몇 가지만 지킨다면 보통 이상의 맛은 즐길 수 있다.

❶ 햇빛이 드는 곳은 피하고 서늘한 곳에 보관한다.

❷ 개봉하지 않은 상태의 와인은 옆으로 뉘여 보관한다.

❸ 먹다 남은 와인은 가능한 한 2~3일 안에 다 마셔버리자.

❹ 오래 저장하는 건 힘들지만, 한 달 이내에 마실 와인이라면 냉장고에 넣어두어도 무방하다. 레드 와인은 꺼낸 후 온도가 좀 오르기를 기다렸다 마시면 좋다.

# 53



## 다용도 건강식 메이커

요즘 건강식이 대세다. 밀크쉐이크도 반드시 '오곡을 다 갈아 넣은' 것이어야 하며, 죽도 그냥 죽이 아니요 우리 바다와 산천에서 갓 잡아 올린 싱싱한 재료만 골라 담은 영양죽이어야 한다. 과일주스도 가공된 맛보다는 큼직한 과일을 통째로 갈아 넣은 생과일주스가 사랑받는다. 깐깐한 싱글족에게도 이 바람은 예외는 아니다. 건강도 챙기고 싶지만, 바쁘기도 둘째가라면 서러워할 이들을 위해 건강과 시간, 모두 해결해 줄 편리한 제품이 등장했다. 필립스의 '건강식 메이커'가 바로 그것이다.

필립스 건강식 메이커의 사용법은 너무나 간단해서 사용법이라 부르기도 뭐하다. 맨 윗부분에 있는 '두유, 오곡두유, 영양죽, 야채/과일주스, 스프' 매뉴얼 중에서 하나를 선택해 만들고자 하는 건강식 메뉴를 정하고, 그에 필요한 재료를 표시된 양까지 채워넣은 후 해당 버튼을 누르면 자동으로 요리가 시작된다. 예를 들어 검은콩 두유를 만들고 싶다면, 불린 검은콩을 건강식 메이커 안의 용기에 넣고 뚜껑을 닫은 후 '두유' 버튼을 눌러주면 끝. 약 30분 후, 따끈따끈한 검은콩 두유가 완성되어 있을 것이다.

이 기특한 물건을 조금 더 살짝 들여다보자. 음식재료를 분쇄하는 동시에 가열하기 때문에 요리 초짜인 싱글족도 간편하고 빠르게 요리할 수 있다. 이뿐인가. 이중 스테인리스 구조로 되어 있어 내부의 음식은 따뜻하게 유지되고, 바깥에서 만져도 뜨겁지 않아 안전하기까지 하다. 뚜껑을 돌려 여는 구조라 음식물이 샐 염려도 없고, 소음도 적다. 또한 계량컵과 '스마트 레시피' 책도 덤으로 들어있어 다양한 건강식도 손쉽게 만들 수 있다. 가능한 한 짧은 시간 안에 건강도 챙기고 싶은 생각이라면, 망설임 없이 이 '건강식 메이커'를 집에 들여 보자.

판매 및 문의 필립스코리아 www.philips.co.kr

간편한 버튼 작동으로 요리가 시작된다. 두유, 오곡두유, 영양죽, 야채/과일주스, 스프 등 5가지 선택이 가능.

편안한 안정감을 주는 손잡이 부분

이중 스테인리스 구조로 되어 있어 내부의 음식은 따뜻하게 유지되고, 바깥에서 만져도 뜨겁지 않다.

---

**Editor's Tip 건강식 메이커를 즐기는 깨알 레시피**

### 탈모 및 노화방지에 좋은 검은콩 두유
**재료** 검은콩 80g, 물 750ml
**만드는 법**
❶ 콩은 잘 씻어 물에 불려둔다.
❷ 용기에 불린 콩과 물을 담아준다(계량컵이 없을 때는 물을 MAX와 MINI 사이까지 부어준다.).
❸ 뚜껑을 닫고 '두유' 버튼을 눌러준다.
❹ 완료 신호음이 들리면 뚜껑을 열어 잘 저어준 후 그릇에 담고, 기호에 맞게 소금과 꿀을 넣는다.

### 영양 가득 쇠고기 채소죽
**재료** 쌀 140g, 다진 쇠고기 40g, 브로콜리 30g, 당근 20g, 물 700ml, 참기름 약간
**만드는 법**
❶ 쌀을 잘 씻어서 불리고 쇠고기는 키친타월로 핏물을 제거하여 준비한다.
❷ 브로콜리, 당근은 2cm 크기로 잘라준다.
❸ 참기름을 제외한 모든 재료를 용기에 담고 '영양죽' 버튼을 눌러준다.
❹ 완료 신호음이 들리면 뚜껑을 열어 참기름 향이 날 정도만 넣고 잘 저어 준 후 그릇에 담는다.

### 한 컵의 행복, 단팥라떼
**재료** 팥 1컵(80g), 설탕 30g, 우유 500ml, 물 300ml
**만드는 법**
❶ 재료를 용기에 모두 담은 뒤, 뚜껑을 닫고 '오곡두유' 버튼을 눌러준다.
❷ 완료 신호음이 들리면 뚜껑을 열어 컵에 담는다.

# 미니 블렌더



혼자 살면서 아침밥을 제대로 챙겨 먹기란 생각보다 쉽지 않다. 김 모락모락 나는 뜨신 밥까지는 바라지 않더라도, 든든한 한 끼 요기는 혼자 사는 싱글족들에게는 선택 아닌 필수사항이다. 이럴 때 정말 요긴한 물건이 있으니, 바로 '블렌더'란 이름의 만능 요리기. 가장 간단한 레시피로는 우유와 함께 '갈아먹는' 방법이다. 각종 과일이나 견과류 등을 우유나 요구르트에 넣고 쓱 갈아버리면, 한 끼 식사로도 손색없는 영양식이 된다. 요즘 유행하고 있는 해독주스에 도전하고 싶다면, 익힌 토마토나 양배추, 브로콜리 등을 함께 넣고 갈아도 좋다. 개인적으로는, 푹 삶은 서리태를 우유과 함께 갈아 마시는 걸 좋아하는데, 영양뿐만 아니라 톡톡 씹히는 콩의 식감은 사먹는 두유에 비할 바가 아니다. 이처럼 싱글만이 아니라 가정생활에서 빠질 수 없는 필수 아이템 중 하나가 바로 블렌더인데, 최근 출시되는 제품들은 좀 더 컴팩트하고 스마트한 기능까지 갖추고 있어 반갑다. 테팔의 유리 블렌더 '클릭앤테이스트(Click & Taste)'와 휴대용 텀블러 기구까지 들어 있는 필립스의 '블렌드앤고(Blend N Go)'.

우선, 테팔의 '클릭앤테이스트'는 유리 소재의 장점을 살렸다. 장기간 사용 후에도 냄새와 변색의 걱정이 없으며 내열유리라 뜨거운 국물이나 재료에도 안전하다. 유리 소재라 작동시 단단한 재료를 사용해도 긁힐 걱정도 없

테팔의 '클릭앤테이스트(Click & Taste)', 유리
소재라 긁힐 걱정이 덜하다. 여름이면 시원한
스무디를 만들 수 있도록 얼음 분쇄 기능까지
갖췄다.

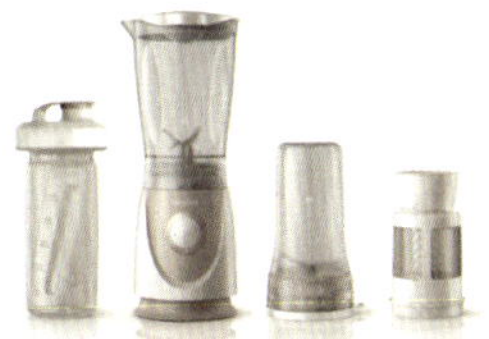

필립스코리아의 '블렌드 앤 고(Blend N Go)'는
말 그대로 휴대가 가능해서 인기다. 사용한 후
그대로 돌려 뺀 뒤 가방에 넣거나 들고 가기만
하면 된다. 색상은 화이트와 블랙, 레드 세 가지.

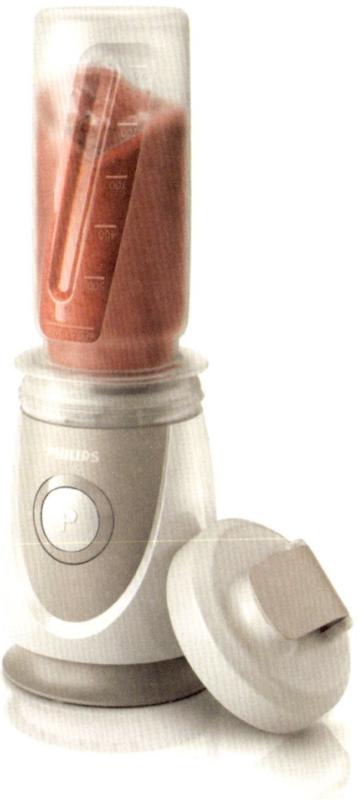

다. 단단한 내구력으로 300W의 파워에 어떤 재료든지 쉽고 빠르게 준비
할 수 있으며, 여름이면 시원한 스무디를 만들 수 있도록 얼음 분쇄 기능
까지 갖췄다. 칼날이 붙어 있었던 기존의 장착 시스템과 달리 원클릭으로
분리되어 세척 또한 간단하게 할 수 있는 스마트한 제품이자 오래도록 쓸
수 있는 유용한 필수품이다

필립스코리아의 '블렌드 앤 고'는 말 그대로 휴대가 가능한 블렌더. 대부분
의 제품들은 블렌딩 한 다음 액체를 넣을 수 있는 보틀을 따로 사야 하고,
다시 부어서 이동해야 하는 번거로움이 있었는데, 블렌드 앤 고는 버튼 누
르고 철컥 빼서 뚜껑을 닫아 가방에 넣거나 들고 가기만 하면 된다. 바쁜
아침, 1분 1초가 아쉬운 싱글족들에게 참 유용할 듯하다. 색상은 화이트와
블랙으로 기호에 따라 옵션 선택이 가능하고 다양한 부속 기기들이 있어
상황에 따라 적절하게 사용할 수 있다. 또한, 기존 미니 블렌더 대비 40%
나 더 강력해진 350W의 파워로 과일은 기본, 딱딱한 견과류 등의 식재료
분쇄도 가능해졌다.

**판매 및 문의**
**테팔** www.tefal.co.kr
**필립스코리아** www.philips.co.kr

밥 한 공기에 '최적화된' 1인용 디즈니 미니 밥솥. 167mm×155mm×176mm 크기로 어른 손으로 한 손에 감싸 쥘 수 있을 정도의 앙증맞은 사이즈를 자랑한다. 15분이면 밥이 완성되기 때문에 바쁜 싱글들에겐 안성맞춤.



## 싱글이라면 미니 밥솥

# '맛있는' 밥 드세요!

냉동밥 데워 먹기도 슬슬 질릴 즈음, 간만에 뜨신 밥 해먹을 요량으로 부엌으로 향한다. 다닥다닥 놓여있는 밥솥, 냉장고, 전자레인지가 차례로 눈에 들어온다. 모두 제 역할을 나름대로 잘해내고 있지만, 어쩜 저렇게도 약속이라도 한 듯 칙칙한 걸까? 어디 상큼한 디즈니 스티커라도 붙여봐야 화사해지려나. 이 한숨 섞인 상상이 어느 날 현실이 된다면? 정겨운 미키, 미니 캐릭터가 밥솥 위에 떡하니 등장한 것이다. 신기한 것은 결코 어색하지 않다는 사실. 마치 '디즈니는 어색한 듯 어디에도 잘 어울린다'는 불가분의 공식을 몸소 증명이라도 하듯, 컴팩트한 미니 밥솥 위에 큐트하게 프린팅된 디즈니 캐릭터들을 보면 꿀꿀하던 부엌도 다시 살아나는 것만 같다. 괜히 밥도 맛있을 것 같은 기분은 누구나 느껴 봤음직한 '디즈니의 마법'인 걸까.

비케이더블유(BKW)의 '디즈니 미니 밥솥'은 오로지 '싱글만을' 위한 소형 밥솥이다. 167mm×155mm×176mm 크기. 어른 손으로 한 손에 감싸 쥘 수 있을 정도의 앙증맞은 사이즈로, 혼자 사는 싱글을 위한 밥 '한 그릇' 분

# 55

량에 최적화되어 있다고 보면 된다. 한 공기 분량은 물론 최대 3인분까지는 밥 짓기가 가능하다. 사실, 아무리 보관 기술이 발달했다 치더라도 김모락모락 나는 갓 지은 밥맛을 따라올 수는 없다. 제때에 필요한 양만큼 바로바로 지어먹을 수 있는 것은 미니 밥솥만의 장점이기도 하다. 때문에 싱글족 뿐만 아니라 사무실 또는 해외 배낭여행 갈 때도 가져가면 여러모로 요긴하게 사용할 수 있겠다.

양이 적으니 시간도 절약 된다. 씻어 놓은 쌀을 붓고 15분이면 완성 되니, 버튼 누르고 반찬 챙기다 보면 어느새 고슬고슬하게 지어진 밥을 먹을 수 있다. 자그마한 체구에 비해 기능도 제법 다양한 편. 쌀밥은 물론, 오곡밥, 미역국, 된장국은 물론 각종 찌개 요리도 가능하다. 사이즈가 워낙 작고 가벼워 최근에는 캠핑용 밥솥으로도 애용되며, 휴대용 도시락으로도 가능할 듯 하다. 본체와 내솥, 뚜껑이 각각 분리 가능하기 때문에 설거지도 편리하다.

**판매 및 문의 비케이더블유(BKW)** www.bkw.kr

**미키마우스의 친구, '푸우 라이스 쿠커'**
디즈니 푸우 라이스 쿠커는 미니 사이즈에 보온 기능까지 겸비한 1인용 미니 밥솥. 취사 버튼 한 번만 누르면 취사 완료와 함께 자동으로 보온 기능으로 돌아간다. 조리 과정을 한 눈에 볼 수 있는 투명 유리 뚜껑이라 밥 이외에 찜이나 국 같은 국물 요리할 때도 요긴하다.

# 보만 커피메이커 & 오븐

인간은 뭐가 부족하다 싶으면 고민하고 진보하기 위해 이런저런 방법으로 뜯어 고치거나 새로운 것을 만들게 되어 있나 보다. 필요하면 누군가가 반드시 만들어내주는 고마운 세상이니 말이다. 참으로 편리한 현대 사회의 경쟁 구도와 아이디어 전쟁에서 간혹 쓸데없는 물건을 전시용으로 만들어내기도 하지만 그건 다만 조크일 뿐. 그런 아이디어는 종종 친구들과의 농담이나 생활의 발견에서 나오는데, 보만 커피메이커 & 오븐을 보는 순간, 무릎을 치는 싱글들이 얼마나 많을 지는 두말 하면 입 아프다.

일석이조보다 단계가 높은 일석삼조! 그러니까, 커피 물 올리고, 프라이팬 올리고, 토스터 돌릴 필요가 없이 그냥 이거 하나면 해결된다. 보만 커피메이커 & 오븐 하나로 계란 후라이는 물론, 반영구 필터에 그라인딩한 커피를 넣고 물을 부은 뒤 버튼만 누르면 커피가 완성되며, 마지막으로 오븐을 돌리면 스콘이나 베이글, 식빵이나 치아바타와 같은 빵을 간편하게 데울 수 있다. 작동도 쉽고 간단해서 조작법을 꼼꼼히 봐야 할 필요도 없이 그냥 보면 답이 나오는, 완전 스마트한 올인원(all-in-one) 제품!

선물 같은 박스 하나를 열면 오븐 본체와 작은 사각팬, 커피메이커 주전자와 영구 필터, 계란 프라이를 할 수 있는 동그란 접시 등이 나온다. 따로 조립할 필요도 없이 각각 제 자리에 넣은 다음 코드 하나 꼽고 쓰고 싶을 때 쓰면 된다. 자세히 보면 두개의 다이얼이 있는데, 위의 다이얼은 계란 프라이용, 아래쪽 다이얼은 오븐을 사용할 때 쓰는 것으로 최대 15분까지 사용 가능하다. 커피메이커는 맨 아래에 있는 버튼을 이용하면 된다.

3가지를 함께 사용해도 좋지만, 커피메이커로 쓰고 싶을 땐 커피 동작 버튼만 누르면 되고, 빵만 데우고자 할 때는 오븐만 작동시키는 등 개별로도 사용 가능하다. 단, 계란 프라이를 하고자 할 때는 오븐의 열기로 계란이 조리되는 원리이므로 바싹바싹한 식감은 기대하기 어렵다는 점은 알아둘 것. 아침밥 안 먹고 다녀서 걱정하는 싱글들의 부모님들을 안심시켜 드릴

수 있는 방법이면서 동선을 짧게 만들어주는 이 스마트한 오븐 겸 커피메이커는 작은 테이블 위에 놓고 쓰면 딱일 듯싶다. 특히 정신없이 바쁜 아침, 밥보다 빵과 커피로 아침을 대신하는 싱글들이라면 데일리 아이템으로 요긴하게 사용할 수 있다.

**판매 및 문의 정신전자** www.bomann.co.kr

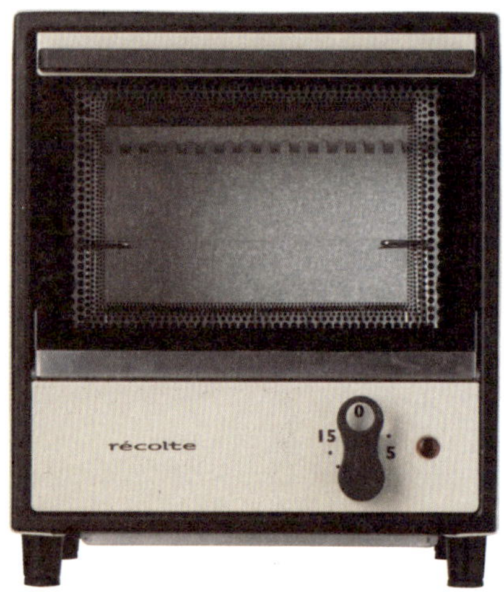



**딱 1인분을 위하여!**

# 레꼴뜨 솔로 오븐(solo oven)

싱글 인구가 가장 많다는 일본은 혼자 살기 참 편한 나라다. 싱글 전용 아파트를 비롯해 그들이 필요로 하는 생활의 모든 제품이 있고 전문회사들도 즐비하다. 그 중에서 '레꼴뜨'는 불어로 '수확', '수집하다', '모으다'라는 의미를 가진, 일본의 소형 가전제품 브랜드다. 이들의 생각은 싱글의 모든 주방 라이프와 연결돼 있는데, 그 중에서 가장 독특하고 마음에 드는 물건은 다름 아닌 '솔로 오븐'. 1인을 위한 전용 오븐이란 콘셉트처럼 혼자 쓰기 딱 좋은 컴팩트한 사이즈의 작고 귀여운 오븐이다. 사실, 혼자 살면서 빵 한 쪽 데우고, 먹다 남은 치킨 몇 덩이 데워 먹자고 일반 오븐을 돌리기란 참으로 비효율적인 일 아닌가. 이런 점에서 레꼴뜨 솔로 오븐은 싱글 주방에 더할나위 없이 잘 어울리는 아이템이라 할 수 있다.

무엇보다 작지만 있을 기능 다 있고, 웬만한 요리는 대형 오븐 못지않게 척척 해낸다는 점이 특징이다. 토스트나 소시지 구이는 물론이고, 식빵 한 장만 있으면 수 십 가지 다양한 초간편 솔로 요리로 재탄생된다. 남아 있는 식빵과 냉장고에서 굴러다니는 자질구레한 재료들을 위에 넣고 치즈만 뿌려주면 간단히 피자 토스트가 완성되니 이 얼마나 편리한 일인가. 실제로, 레꼴드 솔로 오븐을 구입하면 레시피북이 따라 오는데, 거기에는 주로 식빵과 과일, 머핀, 치즈 등을 이용한 엄청난 요리 아이디어가 가득하다.

# 57

혼자 사용하기 딱 좋은 컴팩트한 사이즈의 솔로 전용 오븐. 소시지나 베이컨 구이는 물론 식빵 한 장만 있으면 수십 가지의 다양한 요리를 만들 수 있다. 앙증맞은 사이즈에 깜찍한 디자인으로 여러모로 싱글 살림에 어울린다.

레시피가 무색할 정도로 초간단한 사용법 또한 솔로 오븐만의 장점이다. 전원코드를 꼽고 타이머만 돌려주면 끝. 타이머를 돌리면 빨간색 불이 켜지면서 요리가 시작된다. 내부 온도는 스스로 조절하고 과열방지 서모스타트가 장착되어 있어서 더욱 안전하게 사용할 수 있다.

구성은 오븐 본체와 트레이, 그리고 그릴 플레이트가 전부. 조리할 때 자유롭게 이용하면 된다. 솔로 오븐이지만 2단이라서 트레이와 플레이트를 이용하면 두 가지의 요리도 한꺼번에 할 수 있다. 90도로 열리는 편리한 도어로 음식 놓고 꺼낼 때 편리하며, 손잡이가 있어서 조리가 끝나고 뜨거울 때 잡아도 안전하다. 트레이 받침은 스테인리스 소재라 녹이 슬지 않으며 사용 후 트레이만 빼서 씻어주면 세척도 편리하다.

전기료의 부담도 크지 않아, 수시로 빵과 간단 요리를 즐겨도 무방하다. 바쁜 아침, 오븐에 식빵 한 조각 넣어 두고 갈색 빛이 되었을 때, 잼을 발라 우유나 커피 한잔과 함께 하면 든든한 아침 한 끼로도 모자람이 없다. 아쉽게도 온도조절 타이머는 없지만 아날로그적인 감성과 예쁜 주방소품 하나 가져보고 싶은 싱글이라면, 또한 전자레인지를 살까 망설이는 싱글이라면 적극 추천한다.

**판매 및 문의 레꼴뜨** www.recolte.co.kr

### Editor's Tip

❶ 식빵 한 장이 여유 있게 들어가는, 딱 그 사이즈다. 비쁜 아침이나 출출한 저녁, 식빵으로 이것저것 만들어 먹고 싶을 때 유용하다.

❷ 참고로, 제빵이나 제과를 위한 '전문' 오븐은 아니다.

❸ 간단히 데워 먹는 기능으로 사용한다면 전자레인지 겸용으로 사용해도 무방하다.

# 58

**이것이 디자인의 힘!**

# 스메그 토스터기



**Editor's Tip**

많은 싱글들의 로망인 스메그 냉장고. 하지만 '착하지 않은' 가격이 흠이라면 흠이다. 아무리 스타일에 죽고 산다지만 웬만한 작심을 하지 않고서는 쉽게 '지를' 수 없는 일이다. 이럴 땐 소형 가전으로 눈을 돌려보는 것도 좋은 방법이다. 스메그 라인업을 살펴 보면 은근 소형가전 라인이 탄탄하다는 사실을 알 수 있다. 토스터기도 그 중의 하나. 토스트로서의 기능 외에도 스메그의 아이덴티티를 공유할 수 있지 않은가. 게다가 다양한 성능까지 겸비했으니, 이 정도면 만족할 만한 아이템이다.

합리적인 소비를 하는 이들에게 있어 충동구매란 남의 세상 이야기일 것 같지만, 예외는 있다. 지인의 경험담을 빌리자면, 우연히 본 옷이 일주일이 지나도 머릿속에 남아 있다면 그냥 '겟'하는 편이라고. 개인적으로는 모니터에서 3분 이상 나를 잡아둔다면 일단 장바구니에 담아 둔다. 그런 다음 반복되는 '결제'와 '결제 취소'와의 과정. 이 뻔한 밀당이 두어 번 정도 반복되면, 그때야 비로소 '이건 내 운명이구나' 하는 믿음으로 구입해버리는 편이다. 이는 개인적 취향이며 물론 수시로 변하기도 하지만, 포인트는 갖고 싶은 걸 갖게 될 때의 희열과 기쁨은 그 무엇과도 바꿀 수 없다는 점이다. 더군다나 그 제품이 기대 이상의 기능성과 퍼포먼스를 보여줄 때, 우리는 소위 '득템' 혹은 '횡재'란 말을 사용하게 된다. 스메그의 토스터기를 처음 본 순간도 마찬가지. 특유의 레트로 감성과 유니크한 디자인에 매료된 뒤 블로거들의 리뷰는 물론이고 실물 스캔까지 마치고, 결국에는 2015년 위시리스트에 올려놓고 말았다.

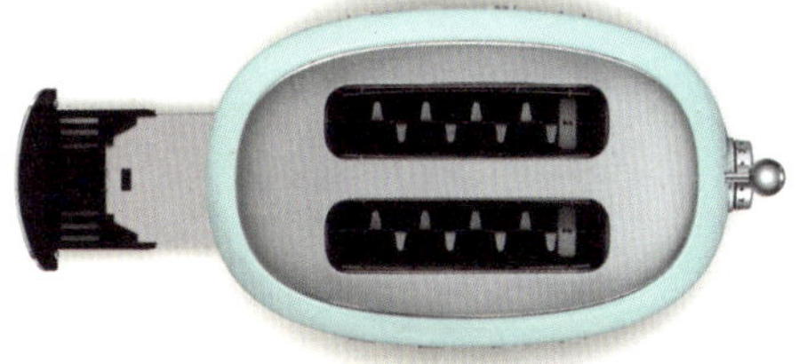

스메그 토스터기를 위에서 바라 본 모습. 36mm의 여유 있는 슬롯과 2단 구성으로 이루어져 있다. 디자인 뿐만 아니라 사용자의 니즈를 배려한 알찬 기능이 돋보이는 제품.

우선 비주얼. 50년대 아날로그적인 디자인과 감성을 차용한 듯도 한데, 오히려 보년해 보인다. 보기만 해도 감탄사가 절로 나오는 전체 유선형의 라인과, 핑크와 블루, 블랙, 레드 등 컬러에서 뿜어져 나오는 아우라는 스메그의 인기를 실감케 한다. 이미 외국에선 출시되자마자 인기리에 판매되었고, 파스텔 그린(민트 컬러)은 품귀현상마저 빚고 있다는 후문이다.

디자인 뿐만 아니라 최신 기능의 결합까지 빼놓을 수 없다. 36mm의 여유 있는 슬롯, 6단계로 구울 수 있는 브라우닝 기능, 빵이 구워지면 나오는 부스러기 받침대, 그리고 재가열과 해동, 베이글 등의 추가 기능까지 갖추고 있다. 미끄럼 방지 지지대도 있고, 샌드위치 랙과 번 워머는 옵션이다. 무엇보다, 이 하나의 토스터기를 위해 이태리 유명 디자이너와 요리사의 콜라보레이션이 투입되었고 그들의 고민과 고민을 거쳐 탄생했다는 비하인드 스토리를 알게 된다면 더욱 그 가치가 느껴지기도 할 듯하다.

**판매 및 문의 스메그 코리아** www.smegkorea.com

모델 MEK-1300S

모델 MER-MC49





# 정말 '멀티'한 쿠커

**Editor's Tip**

개인적으로 멀티 밥솥의 찜 기능을 추천한다. 매직쉐프 멀티 밥솥에는 찜 요리가 가능하도록 선반 하나가 함께 들어있는데, 이걸로 만두나 계란 쪄먹기 딱이다. 혼자 살면서 만두 몇 개 먹겠다고 큰 냄비 꺼내기는 여간 귀찮은 일이 아닐 수 없다. 이럴 때 멀티 밥솥에 물 조금 붓고 선반 위에 몇 개만 올린 뒤 취사 버튼을 누르면 끝. 식힐 동안 라면도 후루룩 끓일 수 있으니, 이거 하나면 야식 걱정은 없겠다.

요즘 온라인몰에서 불티나게 팔리고 있는 물건 중의 하나가 멀티 쿠커라는 사실을 아는지. '라면포트'라고도 불리는 이 제품은 전기주전자 같은 외모에다 라면 두 개 정도는 끓일 수 있는 사이즈, 그리고 선만 연결하면 아무데서나 쉽게 국물요리를 할 수 있는 장점으로 캠핑이나 여행 마니아들 사이에서도 머스트 해브 아이템으로 꼽힌다. 이런 편의성은 싱글족에 있어서도 예외는 아니다. 아무래도 라면같이 간단한 음식을 즐겨 먹는 싱글들이 스피디하게 사용할 수 있는 아이템이기 때문이리라. 이런 호응(?)에 힘입었는지 최근에는 더욱더 업그레이드된 기능으로 무장한 채 소비자들의 즐거운 선택을 기다리고 있다. 라면은 물론 밥 짓기, 계란이나 만두 찌기도 가능한, 정말로 '멀티'한 아이들이 쏟아져 나오고 있다.

'멀티 밥솥'이란 이름으로 출시된 매직쉐프의 멀티 쿠커는 기존 모델에 비해 몇 가지 업그레이드된 사양이 돋보인다. 우선, 밥짓기 가능이 강화되었다는 점과 열판과 본체, 뚜껑으로 분리된다는 점이다.

본체 아래에 있는 열판은 가정의 가스레인지와 같은 역할을 해주는데, 쾌속 취사 기능이 있어 불과 10여분 만에 고슬고슬한 밥을 만들어 낸다. 또 열판은 본체와 분리할 수 있기 때문에, 스테인리스 3중 바닥 소재의 본체는 가스레인지나 버너 등 다른 조리기에서도 사용할 수 있다. 분리형이라 씻기도 편리하다. 기존 제품들의 경우 전기 코드가 연결되어 있어 설거지할 때마다 물이 닿지 않도록 조심해야 했는데, 매직쉐프 멀티 밥솥의 경우 본체만 분리해서 씻고 말리기만 하면 되니 편리하다.

흔한 게 라면포트라지만 혼자 사는 살림이라면 이왕이면 밥짓기 기능에 설거지도 편한 게 우선일 듯. 스테인리스 소재라 아무리 험하게 내굴려도 끄덕없으니, 여러모로 실용적인 아이템이다.

**판매 및 문의 매직쉐프** www.magicchef.co.kr

# 59

혼자 살기로 작정한 이상, '멀티 쿠커' 정도는 꼭 장만해야 하지 않을까. 매직쉐프의 멀티밥솥은 싱글들의 베스트 메뉴인 라면 뿐만 아니라 밥 짓기나 찜 등 다양한 용도로 사용 가능하다. 분리형이라 설거지할 때 본체만 따로 씻어 말리면 된다.

집에서 만들어 먹는 팝콘
# 주말의 명화는 팝콘 팝퍼와 함께!

모처럼의 저녁, 아님 무료하고 나른한 일요일 오후. 드레스 코드는 제일 편한 추리닝. 누구의 방해도 받지 않고 푹신한 소파에 온 몸을 쑤셔 넣은 채 '미드'나 영화를 보는 즐거움은 혼자 사는 이들만이 누릴 수 있는 특권이다. 이 때 심심한 입을 위해 함께 하면 좋은 간식거리가 있으니 바로, 고소한 팝콘. 시카고에서 줄서서 먹는다는 가렛 팝콘이나 극장에서 튀겨주는 달달한 캐러멜맛 팝콘까지는 바라지 않더라도, 그저 시원하게 장전시킨 맥주 한 캔과 핸드메이드 팝콘 한 통이면 천국도 부럽지 않다. 일주일치 스트레스쯤이야 한방에 물리칠 수 있을 것만 같다.

'혼자 살게 되면 꼭 갖고 싶은 물건이 뭐냐'고 묻는 질문에, 많은 이들이 '팝콘 기계'라고 대답한다. 뜻밖이다. 최고급 스피커나 최신 게임기도 아니고 웬 팝콘 기계냐 싶겠지만, 홈시어터와 맥주, 그리고 팝콘과의 조합을 생각하면 충분히 수긍이 가는 부분이다. 요즘은 동네 편의점에만 가도 얼

겉에서 보면 평범한 냄비 같지만 손으로 돌리는 젓개가 손잡이가 연결되어 있어 팝콘 만들기가 가능하다. 완성되어 갈 때쯤 들리는 톡톡톡 팝콘 터지는 소리도 재미지다.

마든지 팝콘을 사먹을 수 있지만, 버터 발라가며 직접 만들어 먹는 재미 또한 소소한 즐거움이 아닐 수 없다. 카페 뮤제오의 '팝콘 팝퍼(PopCorn Popper)'는 집에서도 간단한 노동력(?)만 있으면 기름기 쫙 뺀 나만의 팝콘을 만들어 먹을 수 있도록 도와준다.

얼핏 보면 밥솥 같은데, 자세히 보면 반반씩 열리도록 되어 있는 뚜껑이며 뚜껑 중앙에 붙어있는 손잡이가 예사롭지 않다. 알고 보니 밖에 나온 손잡이와 안의 젓개가 연결되어 돌리면 안에서 옥수수가 고루 섞이면서 팝콘이 튀겨지는 원리란다. 바닥에 눌어붙지 않도록 골고루 저어줄 수 있으며, 쿵짝쿵짝 리듬을 타다보면 어느 순간 한 냄비로 불어난 고소한 팝콘을 확인할 수 있다. 톡톡톡 팝콘 터지는 소리도 라이브로 들을 수 있다. 소리가 점점 작아지고 손잡이가 뻑뻑해지면 다 됐다는 증거. 이 때 기호에 따라 소금을 살짝 뿌려주면 끝이다. 팝콘 본연의 고소한 맛을 원한다면 올리브 오일을 넣어 볶아주고, 극장표 달콤한 맛이 그립다면 캐러멜 소스를 넣은 뒤 살살 버무려주면 된다. 자꾸만 손이 가는 팝콘, 알뜰한 싱글들은 집에서 직접 만들어 먹는다.

**판매 및 문의 카페뮤제오** www.caffemuseo.co.kr

### Editor's Tip

원두를 볶을 때 사용해도 좋다. 팝콘 팝퍼를 자세히 보면 손잡이와 안의 젓개가 연결되어 있음을 알 수 있는데, 이를 돌리면 안에 있는 내용물이 볶아지는 원리다. 같은 방법으로 적당한 온도에 맞춰 원두를 살살 저어준다. 뚜껑 덕분에 연기가 갇히고 로스팅 시 나오는 원두 껍질이 같이 타서 독특한 향이 나기도 한다. 불 조절과 볶는 정도에 따라 나만의 로스팅도 가능하니, 볼수록 참한 물건이다.

# 내 몸을 살리는 '욕망의' 가전, 휴롬

꿈에 그리던 싱글라이프. 이것저것 사고 싶은 것도 많지만, '나'를 위한 살림을 준비할 때 덜 피곤하려면 짐부터 줄이는 게 상책이다. 하지만 '이게 필요할까?', '굳이 이것까지야~' 고민하다 빼놓은 것들은 결국 '살 걸!'이라는 아쉬움으로 바뀌기 일쑤. 주로 먹고, 자고, 씻는 기본적인 행위(?)의 것 이외의 물건에 대해서는 주저하는 경향이 있는데, 그래도 내 몸 건강을 위한 물건 하나쯤은 '질러라'는 것이 많은 싱글 선배들의 조언이다. 건강을 잃고 나면 화려한 싱글라이프도 무용지물이다. 주스 한 잔으로 아침 한 끼는 물론 하루 건강까지 책임질 수 있는 휴롬 주스기를 추천하는 것도 바로 이런 이유에서다.

인스턴트 음식과 육식 위주의 식습관에 길든 현대인에게 과일과 채소는 건강 기능 식품처럼 꼭 챙겨 먹어야 할 식재료지만, 밥 한 끼 해먹는 것조차 힘든 싱글들이 야무지게 이것들을 챙겨먹기란 쉽지 않은 일이다. 이런 이들에게 '휴롬 주스기'의 착즙 주스는 영양제만큼이나 간편하게 영양소의 공백을 채워줄 수 있다. 주스도 '그냥' 주스가 아니다. 물 한 방울 없이 꾹꾹 눌러 만든 진하고 생생한 주스. 재료를 갈지 않고 지그시 짜기 때문에 기존의 갈아 마시는 주스와 달리 영양소 파괴가 거의 없어, 재료의 맛과 색을 고스란히 살려준다고 한다. 심지어 맛있다. 평소 먹기 힘든 강황이나 생강, 케일, 시금치, 오이, 레몬 등을 즙으로 짜내 과일과 혼합해 맛있고 부담없이 주스 형태로 섭취할 수 있다는 장점도 있다.

캡을 활용하여 혼합주스 착즙이 가능하기 때문에, 평소 좋아하는 과일과 잘 먹지 않는 채소와 함께 주스로 내리면 골고루 영양 섭취가 가능하다. 착즙 후 남은 원액이 바닥으로 뚝뚝 떨어지지 않아 주스를 만든 후 주방을 정리하기도 간편해졌다. 소음과 진동도 거의 없어 늦은 시간 사용도 부담 없다. 앞으로는 출출할 때 치맥 대신 과일 주스를 마시는 습관을 들이는 것도 건강을 위해 여러모로 좋을 듯하다.

**판매 및 문의 휴롬** www.hurom.co.kr

착즙 후 남은 원액이 바닥으로 뚝뚝 떨어지지 않아 주스를 만든 후 주방을 정리하기도 간편하다.

## Editor's Tip

아무리 건강하고 오래 살고 싶다지만 출근하기도 바쁜 아침, 한가롭게 야채 다듬고 과일 씻고 있을 시간이 어디 있을까. 이럴 때 좋은 방법은 잠자리에 들기 전 간단한 준비를 미리 해놓는 것. 다음 날 냉장고에서 꺼내 주스기로 착즙하여 바로 마시면 끝! 재료 본연의 맛과 영양을 최대한 섭취하려면 착즙 후 12시간 이내에 마시는 것이 가장 좋다.

# 예뻐서 더욱 손이 가는 전기포트

### Editor's Tip
❶ 'kMix SJM 시리즈' 스테인리스 전기
포트는 단연 비비드한 컬러가 '갑'이다. 소
심하게 선택말고 평소 질러보고 싶었던
컬러를 과감하게 선택해보는 것도 좋다.
❷ 사이즈는 두 가지. 큰 용량 필요없고
커피 한 두 잔 끓일 요량이면 0.75리터, 넉
넉하게 사용하려면 1리터짜리를 권한다.

레드, 옐로, 블루, 오렌지, 그린 등 비비드한 색감
을 자랑하는 'kMix SJM 시리즈'. 컬러가 주는 유
니크함 때문에 인테리어 소품으로 활용해도 손
색이 없다. 밋밋한 싱글 살림에 생기를 줄 수 있
는 아이템.

전기포트 만큼 요긴한 아이템이 또 있을까 싶다. 믹스 커피나 차, 컵라면,
인스턴트 스프, 1회용 국 등 끓는 물만 있으면 가능한 것들이 참 많기 때문
이다. 물 붓고 몇 초만 기다리면 펄펄 끓는 물을 만날 수 있는 편리한 기능
탓에 요즘은 웬만한 공간엔 전기포트 하나쯤은 꼭 있기 마련이다. 더욱이
불필요한 동선을 줄이고 컴팩트하게 살기로 작정한 싱글들이라면 아무리
줄이고 줄여도 전기포트 하나쯤은 있어야 하지 않을까. 하지만 물을 끓이
는 것 외에는 별다른 용도가 없어 보인다고? 하나만 알고 둘은 모르는 이
야기. 커피와 차를 즐기는 라이프스타일이 대중화된 이 시대의 주전자는
물을 데우는 기본적인 기능을 넘어 테이블웨어의 아이콘으로 떠오르고 있
다. 때문에 블랙과 화이트가 다수였던 예전에 비해 최근에는 이런 니즈를
반영한 트렌디한 컬러의 제품들을 많이 만날 수 있다.
캔우드 역시 기존의 노멀한 디자인과는 달리, 컬러와 디자인에 힘을 준 스
타일리시한 디자인을 선보였다. 프리미엄브랜드 'kMix SJM 시리즈' 스테
인리스 전기포트가 그 주인공이다. 식탁 위에 무심하게 올려만 놓아도 톡
톡 튀는 포인트가 되어 줄 것만 같은 이 아이는, 스타일리시한 색상과 스테
인리스 재질, 고급스러운 로고 장식으로 인테리어 소품으로도 손색이 없
다. 근사한 외모 뿐만아니라 실용성이나 기능 면에 있어서도 한층 더 업그
레이드됐다. 내부 전체가 스테인리스 소재로 되어 있어 안전하고, 주둥이

쪽의 필터는 따로 분리가 가능해 씻을 때 편리하다. 손잡이 역시 실리콘 고무 재질이라 그립감이 좋고 미끄러움이 덜하다. 회색 컬러라 때가 타도 표시가 많이 안나 실용적이다. 하지만 뭐니 뭐니 해도 'kMix SJM 시리즈'의 가장 큰 스펙이라면 단연 컬러. 레드, 옐로, 블루, 오렌지, 그린 등 비비드한 색감이 주는 유니크한 이미지는 보는 것만으로도 일상의 포인트가 되어 준다. 이왕이면 매일 쓰는 전기포트, '비주얼한' 것을 고른다면 분위기도 환해지고 밋밋한 싱글살림이 한결 더 생기있어 보이지 않을까.

**판매 및 문의** (주)아이피씨 www.ipcltd.co.kr

# 62

# 63



# 네스프레소 캡술 커피 머신

어느새 우리의 일상이 되어버린 커피. 한 집 걸러 커피전문점이 생긴 지 오래고, 매일 아침 모닝커피로 일과를 시작하며, 누군가는 졸린 몸을 깨우기 위해 오후 3시에 커피를 만난다. 퇴근 후 친구들과의 모임에서도 커피 타임은 필수다. 이런 실정이다 보니 하루 중에 커피에 쏟는 비용은 생각보다 만만찮다. '밥값보다 비싼 커피'라는 말이 나올 정도이니. 부담스런 커피 값 지출은 혼자 사는 싱글에게는 더욱 크게 다가온다. 이럴 때 집에 캡슐형 커피 머신을 두면 여러모로 경제적이다. 조금 번거롭긴 해도 직접 커피를 내리니 좋고, 텀블러에 담아 외출할 때 가지고 나가면 커피값도 줄일 수 있지 않을까.

이처럼 집 안에 홈 카페를 꾸미려는 싱글들이 늘어나면서 네스프레소 캡슐 커피 머신이 인기다. 보관이 손쉽고 이동이 간편할 뿐 아니라 에스프레소 머신에 비해 사이즈가 크지 않아 좁은 평형대의 공간에 적합하다. 산화되기 쉬운 커피 원두의 보관으로부터의 부담감을 덜 수도 있다. 하지만 뭐니 뭐니 해도 캡슐 커피 머신의 최고 장점을

**네스프레소의 초소형 모델 '이니시아'**

심플하면서도 트랜디한 컬러가 돋보이는 초소형 사이즈의 캡슐 커피 머신 '이니시아'. 공간을 많이 차지하지 않으면서도 이동이 간편한 것이 특징. 작은 몸집에도 19바(bar)의 높은 압력을 가지고 있어 완벽한 커피를 추출하는 데 손색이 없다. 25초 예열 기능, 자동 커피량 조절 기능, 9분 미작동시 자동 전원 해제 기능 등이 모두 탑재되어 있다. '오렌지', '루비 레드'에 최근 한정판으로 선보인 '푸시아 벨벳'과 '퍼시픽 블루', 그리고 다시 한 번 소량 판매되는 첫 번째 한정판 컬러 '스카치 블루'까지 총 5가지로 구성되어 있다. 우유거품기 에어로치노와 함께 구성된 패키지로도 구입 가능하다.

**네스프레소 'U퓨어 오렌지'**
자주 마신 커피 양을 기억해 자동으로 추출하는 인공 지능형 캡슐 커피 머신. 리스트레토, 에스프레소, 룽고 등 프로그램화 되어 있는 3가지 커피 추출이 가능하다. 버튼을 누른 지 25초 안에 예열이 끝나 1분이 채 되기 전에 향긋한 커피를 즐길 수 있다. 컴팩트한 디자인으로 공간 활용도가 높다.

꼽자면 최상의 에스프레소 커피 맛을 위해 필요한 요소들이 머신과 캡슐 안에 시스템화되어 있다는 점이다. 질좋은 원두가 담긴 '캡슐'과 높은 압력을 이용한 '캡슐 머신'으로 이루어진 시스템으로, 언제 누가 만들어도 방금 바리스타가 만든 것 같은 신선한 맛과 아로마를 지닌 에스프레소를 만들어낸다. 캡슐 1개 가격이 보통 8백 원~1천 원대 정도니 무엇보다 비용 절감효과도 크다.

**판매 및 문의 네스프레소** www.nespresso.com

**네스프레소 '유밀크'**
카푸치노나 카페라테 마니아라면 추천하고픈 모델. 우유 거품기인 에어로치노가 커피머신과 일체형으로 구성되어 버튼을 누르면 고운 우유 거품이 만들어 진다. 9분 동안 쓰지 않으면 자동으로 꺼진다. 180도 회전으로 사용이 간편하고 캡슐 컨테이너가 다 찼거나 물탱크 용량이 부족할 경우 조명 움직임을 통해 알람 역할도 해준다.

# 64

**싱글들의 워너비 냉장고 NO.1**

## 스메그 FAB28

'스메그(SMEG)'만큼 디자인 가전의 위력을 실감케하는 물건이 또 있을까.
1950년대 복고풍 디자인을 연상시키는 부드러운 곡선과 파스텔 컬러가
매력적인 이 아이는, 언제부턴가 '냉장고의 로망'이라 불리며 개성 강하고
유니크한 디자인을 선호하는 싱글들의 워너비 아이템으로 자리잡고 있다.
비주얼만 우월하다고 생각하기 쉽지만, 알고 보면 크기에 따라 내부 공간
이 실용적이라 나름 다용도로 사용할 수 있는 냉장고임을 알 수 있다.
우선, 유럽식 직냉방식이라 소음이 적고 자동 성애 제거 시스템을 갖추고
있다. 이태리에서 만들어진 만큼 와인랙은 기본이고 다양한 병음료 뿐만
아니라 치즈와 계란, 햄 요리를 보관할 수 있는 공간도 짜임새 있게 마련
되어 있다. 야채는 아래 칸에, 냉동실에는 생선이나 고기 보관을 위한 전

용칸 등 알찬 구성도 돋보인다. 디자인이나 실용적인 내부 구성 외에도 에너지를 줄일 수 있도록 배려한 디테일이 곳곳에 숨어있음을 발견할 수도 있다. 가령, 온도조절기라든가, 직냉방식의 냉장고에서 발생할 수 있는 성애와 이슬 배출 기능 등.

컬러 또한 스메그만의 고유한 스타일을 고스란히 드러낸다. 문을 닫으면 사각형의 작은 피사체로서 진한 레드를 비롯해 크림색, 오렌지, 옐로 등 톡톡 튀는 컬러로 다양한 개성을 표현해주고, 독특한 로고와 손잡이가 포인트를 준다. 워낙 비주얼한 디자인이 특징이라 뜬금없이 냉장고를 거실에 두어도 전혀 어색함이 없으니, 나만의 싱글룸을 꿈꾸고 있다면 이만한 엣지있는 인테리어 소품도 없겠다.

**판매 및 문의** 스메그코리아 www.smegkorea.com

자세히 살펴보면 실용적인 공간 구성과 함께 에너지효율을 고려한 알찬 기능이 숨어 있음을 엿볼 수 있다. 와인랙은 물론, 뚜껑이 달린 냉동칸은 생선이나 고기를 보관할 때 냉기가 빠져나가는 것을 막아준다. 유럽식 직냉방식이라 소음이 적은 것도 특징.

# 딱 1구짜리 전기레인지

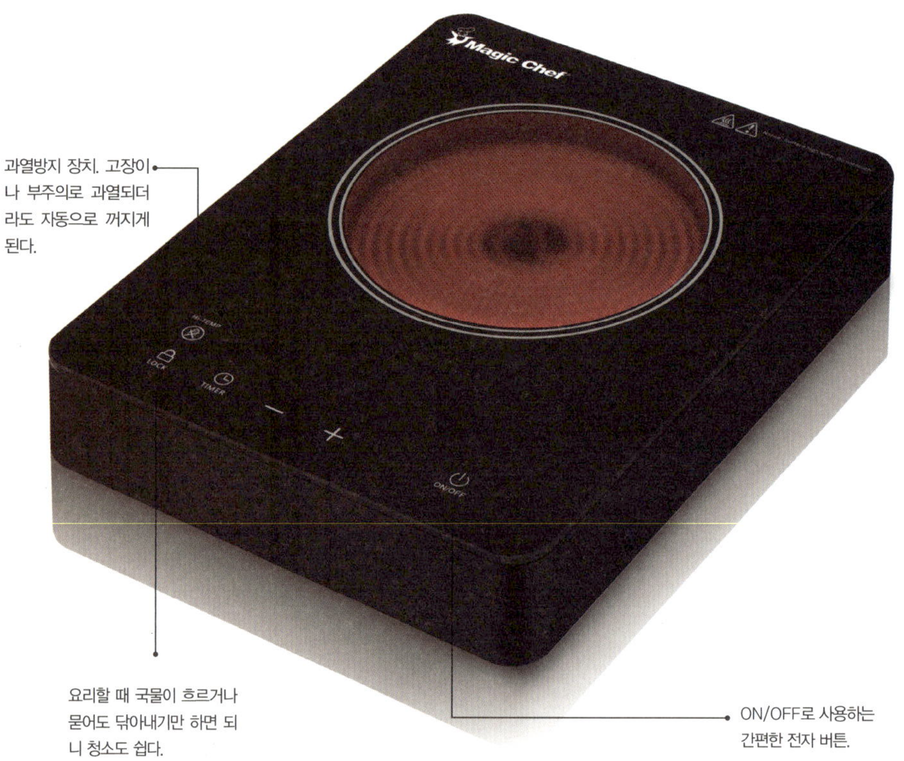



과열방지 장치. 고장이
나 부주의로 과열되더
라도 자동으로 꺼지게
된다.

요리할 때 국물이 흐르거나
묻어도 닦아내기만 하면 되
니 청소도 쉽다.

ON/OFF로 사용하는
간편한 전자 버튼.

덩치만 크고 사용하기 복잡한 것보다는 작고 간편한 제품을 선호하는 싱
글들이 늘고 있다. 혼자 살수록 건강이 우선이기에 안전한 지, 건강에 해
롭지는 않은 지도 선택 리스트에 추가한다. '촉'이 빠른 가전 업체들이 이
를 놓칠 리 없다. 혼자 살아도 요것조것 따져가며 꼭 필요한 것만 지출하
거나, 하나를 사더라도 오래 쓸 수 있는 실속형 아이템에는 기꺼이 지갑을
여는 싱글들의 소비패턴에 주목하고 있는 것이다. 최근 잇달아 출시되고

있는 수많은 '솔로'형 가전제품들이 이를 반증하고 있는데, '매직쉐프 세라믹 원적외선 1구 하이라이트레인지'도 그 중의 하나다.

크기는 A4용지 보다 조금 더 큰 듯하니, 일단 사이즈가 컴팩트해서 마음에 든다. 전기로 연결할 수 있으니 이동이 간편하고, 무엇보다 유해가스로부터 안전하니 더더욱 안심이다. 가정에서 쓰는 가스레인지가 연소 과정에서 여러 유해 물질을 배출한다는 건 이미 알려진 사실인데 이런 이유에서 이미 유럽과 일본의 많은 가정에서는 가스 대신 전기레인지를 사용한다고 알려져 있다. 물론, 화력이 좋고 전기세에 비해 상대적으로 저렴한 가스비는 가스레인지만의 매력적인 부분이기는 하다. 사용 후 환기만 제대로 시킨다면 가스 걱정도 없다. 하지만, 혼자 살면서 자리 많이 차지하는 가스레인지보다는 1구짜리 전기레인지도 여러모로 쓰임새 많다.

매직쉐프 1구 전기레인지는 간편한 전자 버튼 방식으로, 용기의 제한 없이 사용가능하다는 장점이 있다. 하이라이트 발열 방식이라 스테인리스 냄비는 물론, 유리, 양은 냄비 등 용기의 구분 없이 요리가 가능하다. 이동이 간편하니 식탁 위에서도 라면이나 구이 등 간편하게 음식을 해먹을 수도 있다. 서툰 요리 실력에 국물이 흘러도 닦아내기만 하면 되니 청소 또한 간편하다. 과열방지 시스템이 있어서 고장 또는 부주위로 과열될 경우 자동으로 꺼지므로 켜놓고 출근해도 안심이다. 무엇보다 건강을 생각하는 싱글들이라면 환기가 필요 없다는 점도 만족할만한 장점. 생각보다 '착한' 가격대도 마음에 든다.

**판매 및 문의 매직쉐프** www.magicchef.co.kr

### Editor's Tip

전기세가 걱정될 수도 있다. 하지만 설명서에 따르면 하루 1시간 사용할 경우 예상되는 한달 전기료는 약 4,080원.(시간당 전기량을 1.8KW로 계산했을 때 한 달이면 54KW, 이는 전력량 요금이며 부가가치세 등을 다 포함했을 때의 금액이다.) 물론 누진율은 제외한 계산법이긴 하지만, 한 달에 5천원 미만이라면 생각보다 적은 액수이다. 따라서, 많아야 하루 한 끼 해먹는 싱글 살림이라면 전기세 부담도 생각보다는 덜하다고 할 수 있다.

# 미니 엑셀리오 그릴



혼자서도 잘 먹고 잘 살 수 있음에도 부모님께는 늘 걱정거리이자 고민거리인 싱글들. 하지만 '잘 먹는다는 것'이 밖에서 조미료가 잔뜩 들어간 음식을 배 터지게 먹고 포만감과 무게감을 가득 얻어오는 경우라면 문제가 있다. 적어도 혼자 먹더라도 잘 챙겨 먹는다는 안도감이 들 정도가 되려면, 엄마표 집밥의 확장형 메뉴를 잘 선택하거나 한 끼를 먹더라도 제대로 챙겨먹는 것이 중요하지 않을까.

이럴 때 가장 만만하게 선택받는 메뉴는 다름 아닌 '고기'. 밖에서 쉽게 해결할 수 있는 메뉴이기도 하고, 밥까지 더하면 영양 만점 한 끼 식단으로 충분하고도 남으니 말이다. 문제는 홀로 고깃집에 앉아 불판을 뒤적이며 구워먹는다는 게 여간 청승맞지 않다는 점이다. 이 고기라는 음식이 꼭 누군가와 함께 먹어야 왠지 기분이 '업'되고 더욱 맛있게 느껴지는 괴상한 강박관념이 존재하기 때문이리라.

이웃나라 일본은 혼자 고기를 구워먹을 수 있는 1인용 레스토랑이 있고 그들을 위한 작은 그릴이 나올 정도이며, 또 이미 우리나라에도 이와 유사한 식당들이 많이 생겨나고 있지만, 그래도 여전히 익숙한 풍경은 아니다. 테팔의 미니 엑셀리오 그릴이 반가운 이유도 바로 이 때문이다. 궁상맞게 혼

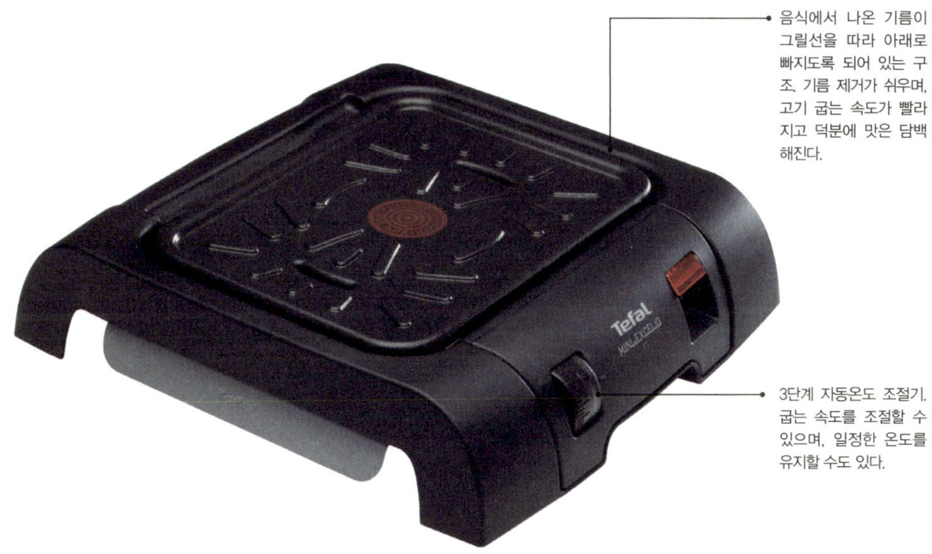



자 고깃집을 기웃거릴 필요도 없고 언제든 딱 적당한 양만큼만 구워 먹을 수 있으니 이 얼마나 편리한가. 기존보다 크기가 40%나 작아져 식탁에서 간편하게 고기를 굽거나 데워 먹기 좋아졌다.

우선, 견고해 보이는 외형이 눈에 들어온다. 둘째는 효율성인데, 이 작은 사각형의 그릴에 테팔의 파워 기능이 그대로 탑재되어 있다는 사실이다. 음식에서 나온 기름이 그릴선을 따라 아래로 빠지도록 되어 있어 기름 제거가 쉬우며, 덕분에 맛은 담백해진다. 3단계 자동온도 조절기는 먹는 분위기에 따라 굽는 속도를 조절할 수 있으며, 일정한 온도를 유지할 수도 있다. 최적의 온도를 알려주는 열 센서 덕분에 재료의 영양과 풍미를 그대로 살려내고도 남는다. 뿐만 아니라 '연기 없이, 냄새 없이~'를 외쳤던, 테팔 하면 떠오르는 추억의 멘트처럼 집안에서 고기 굽는 냄새 또한 생각보다 덜하다. 그릴판이 열선을 감싸는 구조이므로 기름이 타면서 발생하는 연기를 최소화해 주고 물받이 판에 채워 놓은 물이 냄새와 연기를 한번에 잡아주기 때문이다. 이 정도면 빨리 퇴근해서 하루의 고단함을 간단하게 고기와 술 한 잔으로 날려버리고 싶은 마음이 간절하지 않을까.

**판매 및 문의 테팔** www.tefal.co.kr

# 스마트카라
# (Smart KARA)

싱글족의 가장 큰 고민 중 하나는 혼자서 '삼시 세끼'를 챙기는 일이다. 혼자라고 대충 끼니를 때우자니 먹는 재미도 없고 건강까지 해칠 수 있으니 걱정이다. 해서, 집에서 해 먹든 시켜 먹든 혼자살기로 작심한 이상, 웬만한 싱글들도 여기까지는 해결한다. 그런데 문제는 뒤처리. 살림9단 주부들도 비켜가지 못한다는 이 음식물 쓰레기 처리 문제는 혼자 사는 이들에겐 여간 골칫거리가 아니다. 일단, 어느 정도 양이 찰 때까지 악취를 감내해야 하며, 퇴근 후 지친 몸을 이끌고 집밖 처리장까지 손수 데려가야 한다. 자칫 국물이라도 흘리는 날에는 고약한 냄새는 물론, 그날 회사에서 받은 스트레스까지 한꺼번에 역류하는 기분이리라. 그래서, 많은 싱글 선배들은 싱글족을 위한 '권장' 아이템으로 음식물 처리기를 주저 없이 꼽는다.

'스마트카라'는 이런 음식물 쓰레기 처리와 관련된 모든 고민에 도움을 주는 친환경 음식물 처리기다. 젖은 음식물 쓰레기를 분쇄하고 건조시켜 쓰레기의 부피를 줄이고 냄새가 나지 않도록 도와준다. 멸균 상태로 처리해 주기 때문에 악취와 유해 세균 번식으로부터도 해방될 수 있다. 혼자 살면서 야참으로 자주 먹는 치킨이나 먹고 남은 배달음식도 걱정 없다. 닭뼈나 조개껍데기 등 딱딱한 음식물 쓰레기도 완전 분쇄해 가루로 처리하기 때문에 번거롭게 별도 분리할 필요가 없으며, 음식물 쓰레기 부피도 90% 이상 줄여준다.

작동 방법은 간단하다. 음식물 쓰레기를 담아서 뚜껑을 닫아주고 전원 버

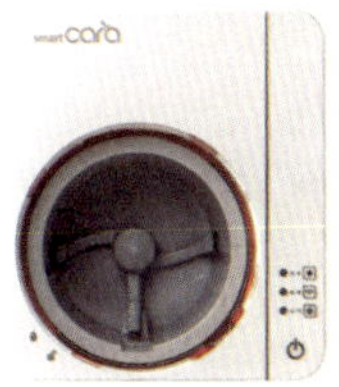

싱글들의 골치 아픈 음식물 쓰레기 처리를 도와주는 스마트카라. 젖은 음식물 쓰레기를 분쇄하고 건조시켜 쓰레기의 부피를 줄이고 냄새가 나지 않도록 도와준다. 멸균 상태로 처리해 주기 때문에 악취와 유해 세균 번식으로부터도 해방될 수 있다.

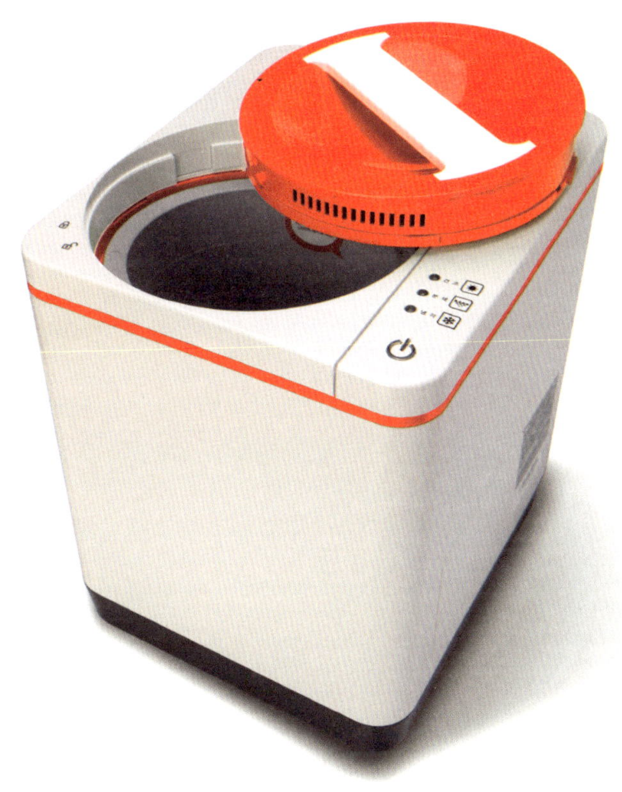

튼 한 번 눌러주면 '음식물 처리를 시작합니다~'란 경쾌한 음성과 함께 건조, 분쇄 과정이 시작된다. 처리 시간은 음식물 양에 따라 다르지만 평균 3~4시간 정도 소요된다. 잠들기 전 작동시키면 아침에 일어나서 말끔히 처리된 현장을 확인할 수 있다. 셀프클리닝 기능이 있어 물을 넣고 돌리기만 하면 청소도 해결된다. 처리를 거친 가루는 음식물 쓰레기 봉투에 모았다가 한 달에 한 두번만 버리기만 하면 되니 편리하고, 키우는 화분에 거름으로 알뜰하게 활용해도 좋다.

**판매 및 문의 스마트카라** www.smartcara.com

# 혼자 먹어도 부담 없는
# 1인 식당

내가 먹고 싶은 것만 시킬 수 있고, 혼자 천천히 음미하며 먹을 수 있다. 밥값 낼 때 이 눈치 저 눈치 볼 필요도 없다. 내가 먹은 건 내가 내면 되니 계산도 깔끔하다. 혼자 살기 참 편해진 세상이지만 아직은 식당에서 혼자 밥 먹기란 영 멋쩍다. 내게 쏟아지는 시선도 민망하고 혼자 덩그러니 자리 차지하고 앉아 있기도 부담스럽다. 고기나 샤브샤브처럼 1인분만 시키기 곤란한 메뉴도 있지 않은가. 그렇다고 동네 김밥집이나 편의점에서 대충 한 끼 때우기는 싫다. 이런 이들을 위해 혼자가기 좋은 1인 식당 일곱 곳을 소개한다.

## 1인 집밥 / 니드맘 밥

혼자 밥 먹을 때 가장 신경 쓰이는 것 중 하나는 바로 다른 사람들의 시선이다. 처음 보는 사람들과 눈 마주치며 먹어야 한다는 건 생각만으로도 어색하지 않은가. '니드맘 밥'은 주방을 둘러싼 바 형태의 구조라 나란히 앉아서 먹게 되므로 혼자 가서 먹어도 남 눈치 볼 필요가 없는 식당. 카운터, 서빙 인력, 주방장이 없는 3無 식당이 기본 콘셉트이다. 식당 입구에 있는 자판기에서 주문하고 식권을 받은 뒤 카운터에 올려놓으면 알아서 음식을 만들어 준다. 서로 편하다. 대표 메뉴는 비빔밥, 각종 덮밥, 볶음밥 등 빠르고 간편하게 먹을 수 있는 메뉴들이 대부분이다. 더군다나 4,000원대라는 '착한' 가격으로 한 끼를 해결할 수 있어 인근 직장인이나 학생들에게도 인기가 많다. 몇 가지 메뉴를 제외하고 500원만 추가하면 테이크아웃 서비스도 받을 수 있다. 홍대입구역 9번 출구로 나오면 바로 앞에 위치한다. 홍대점 외에도 분당 정자동점 등 몇 군데가 더 운영되고 있다.

**add** 마포구 동교동 168-5 **tel** 02-325-9380

## 1인 샤브샤브 / 하나샤브정(亭)

혼자 먹는 샤브샤브 전문점. 흔히 샤브샤브하면 여럿이 둘러앉아 먹는 음식으로 생각하기 쉽지만 이곳에선 전혀 어색하지 않다. 1인 좌석에 1인 냄비가 각각 세팅되어 혼자서도 오롯이 샤브샤브를 즐길 수 있기 때문이다. 메뉴는 쇠고기와 돼지고기 샤브샤브 두 종류. 특히 흔히 맛볼 수 없는 돼지고기 샤브샤브는 이곳 하나샤브후의 대표 메뉴이다. 고소한 참깨 소스에 살짝 찍어 먹으면 그 맛이 일품이다. 다 먹은 후 국물에 익혀 먹는 우동도 맛있다. 야채도 리필로 맘껏 제공되니 유난히 야채가 당기는 날이나 부실했던 영양까지 채울 요량이라면 맘먹고 찾아보자. 삼성역 근처라 근처 직장인들의 속풀이 해장 메뉴로도 손꼽힌다.

**add** 강남구 삼성동 152-9  **tel** 02-538-7114

---

## 1인 라멘 / 이찌멘

누군가와 부딪힐 일조차 없는 완벽한 1인 식당을 찾고 있다면 신촌 라멘집 '이찌멘'을 추천한다. 1인 식당의 원조격에 해당되는 곳이다. 워낙 독특한 콘셉트라 몇 년 전부터 수많은 매제늘의 스포트라이트를 받아온 곳이다. 우선 처음 가면 낯선 풍경에 좀 당황할 지도 모르겠다. 마치 독서실처럼 한 사람씩 앉을 수 있도록 칸막이가 되어 있다.

주문 방법도 독특하다. 먼저 공석표지판에서 빈자리가 어딘지 확인한 후 식권 판매기에서 음식을 주문하고 자리에 앉는다. 그 다음으로 매운 정도를 선택하고 김치, 단무지, 공기밥, 칼슘 등의 추가 메뉴를 고른 뒤 벨을 누르면 그제야 오더가 완료된다. 식수대도 각 좌석마다 있어 굳이 정수기까지 갈 필요도 없다. 메뉴는 나가사끼 짬뽕라멘과 계절 메뉴인 시원한 냉라멘, 유부초밥 등이 있으며, 라멘의 매운 정도를 선택할 수 있다. 주위를 둘러보면 곳곳에 나 말고도 혼자 온 사람들이 훨씬 많다는 점에 큰 위안이 되기도 한다. 칸막이를 빼면 여럿이 식사를 즐길 수도 있다.

**add** 서대문구 연세로5길 38  **tel** 02-333-9565

### 1인 규동 / 지구당

여럿이 가는 것도, 옆 사람이랑 속닥거리는 것도 눈치 보이는 식당이 있다. 혼자 가야 대접받는 1인 식당 '지구당'이 바로 그곳이다. 한 명 이상의 손님은 환영받지(?) 못하며 술도 1인당 딱 생맥주 한 잔만 파는 곳으로도 유명하다. 메뉴는 일본식 쇠고기덮밥인 '규동'으로, 기호에 따라 반숙 계란을 넣어 먹으면 맛있다. 규동 위에 반숙 계란을 올리고 젓가락으로 잘 풀어서 위에서부터 밥과 함께 떠먹으면 달걀 비린내도 안 나고 고소한 맛이 일품이다. 웬만한 일본 본토의 규동 맛을 즐길 수 있다. 점심에 3시간, 저녁엔 4시간만 운영하고 공휴일과 일요일엔 쉰다. 공간이 협소해 오래 기다리는 경우가 많으니 어느 정도의 기다림은 미리 예상하고 찾아 가는 것이 좋다. 인터폰을 누르고 인원수를 말해야 가게 안으로 들어갈 수 있다.

**add** 강남구 신사동 546-20  **tel** 02-546-8422

### 1인 일본 가정식 / 메시야

이태원 경리단길 골목에는 일본 가정식 전문점 '메시야'가 있다. 혼자 밥 먹는 식당 치고는 특이하게 중앙에 길고 큰 테이블 하나만 놓여 있다. 이곳에서 각자의 플레이트를 들고 둘러 앉아 먹는 스타일이다. 10명 정도 테이블에 앉아서 즐길 수 있다. 처음에는 낯설고 어색하게 느껴지지만 밥 먹다보면 자연스레 눈도 마주치고 이야기도 나누게 되는데, 그리 부담스럽지만은 않은 분위기 때문에 오히려 대화가 '고픈' 많은 싱글들이 이곳을 찾는다. 정갈한 느낌의 일본 가정식 전문이며 정해진 메뉴는 없고 그날 재료나 주인장 사정에 따라 매일매일 다른 메뉴로 바뀐다. 오늘의 메뉴 가격은 1만 5천원. 따로 주문할 필요 없이 그냥 주는 대로 맛있게 먹으면 그만이다. 따로 간판이 없기 때문에 근처에서 물어보던지, 아니면 밖에 메뉴판이 나와 있는 곳을 찾으면 된다.

**add** 용산구 이태원동 260-141  **tel** 010-8886-6208

## 1인 비빔밥 / 비비리

비빔밥만큼 간단하고 스피디하게 한 끼 해결할 수 있는 음식도 드물 것이다. 다양한 재료가 들어가기 때문에 영양 면에서도 훌륭한 한 끼 식사 메뉴. '비비리'는 혼자 가도 아무 눈치 없이 양껏 먹고 올 수 있는 뷔페식 비빔밥 전문점이다. 홍대 후문에서 가깝다. 입구에서 발권한 다음 그릇을 받아 밥만 직접 푸고 호박나물, 콩나물무침, 부추무침, 무채, 열무김치 등의 갖가지 나물들을 원하는 대로 넣고 비벼먹을 수 있다. 다진 고기와 계란프라이도 무제한이다. 달콤 고추장, 매콤 고추장, 돼지고기 강된장 등 양념장도 취향 따라 선택할 수 있다. 5,000원이라는 '착한' 가격에 배부를 때까지 얼마든지 먹어도 된다는 인심까지 얻어올 수 있는 곳. 단, 잔반을 남기지 않으려면 미리 먹을 만큼만 담는 것이 좋다.
**add** 마포구 상수동 93-23  **tel** 02-335-0249

---

## 1인 고깃집 / 이야기하나

혼자 먹는 데도 단계가 있다는 사실을 아시는지? 그 마지막 단계로 알려진 고기 구워 먹기와 술 마시기를 한 번에 해결할 수 있는 곳이 있다. 바로 1인 고기집 '이야기하나'. 아무래도 혼자서 불판 피우고 고기 구워먹기란 보통 이상의 내공이 필요하리라. 하지만 이곳에서는 문제없다. 앙증맞은 1인봉 화로에, 딱 먹고 싶은 양만큼의 고기를 눈치 안보고 구워 먹을 수 있다. 부위별로 30g씩 팔기 때문에 혼자서도 여러 부위를 골고루 맛볼 수 있다는 점도 큰 특징 중 하나다. 고기뿐만 아니라 해산물, 꼬치 등 안주 메뉴도 있어서 혼자서 가볍게 술 한 잔 하기에도 부담 없다. 푹 끓인 사골국물로 맛을 낸 사골쇠고기 라면도 해장용으로 인기 만점이다. 역삼동 외에도 최근 경기도 판교에 같은 콘셉트의 '이야기둘'을 오픈했다.
**add** 강남구 강남대로길 110길 24  **tel** 070-4190-8091

# PART 03

BATH

공간적으로 그리 여유롭지 못한 싱글룸, 그 중에서도 욕실은 크게 욕심내기 힘든 공간이다. 큰 돈 들여 리모델링하기도 아깝고, 욕조 놓을 공간조차 변변치 않을 정도로 좁기 때문이다. 각종 화장품이나 헤어드라이어, 청소용품 등 다른 공간에서 흘러 들어온 물건들로 넘쳐나기도 쉽다. 하루 이틀 방치하다보면 자칫 집안의 사각지대가 되기 쉬운 욕실. 하지만 평소 꼼꼼한 청소나 리폼만으로도 변화를 줄 수 있다. 부족한 수납공간은 이동식 바구니나 벽에 거는 수납시스템으로 해결하고, 리프레시 효과를 주는 컬러풀한 소품으로 밋밋한 공간에 활기를 주자.

ROOM

# 욕실, 고칠 수 없다면 스마트하게 즐겨라

하루 종일 고단함에 지친 싱글들이 집으로 돌아와 피로를 씻어내기 위해 가장 먼저 몸과 마음을 내려놓는 곳이 바로 욕실이다. 반신욕을 하며 여유로운 독서를 즐기기도 하고, 음악을 크게 틀어 놓고 샤워하면서 그날 쌓인 스트레스를 다 씻어내기도 한다. 하지만 싱글룸의 욕실은 공간이 좁은 탓에 이런 여유를 즐기기도 힘들 뿐더러 인테리어의 사각지대가 되기 쉽다. 명심할 것은 욕실도 엄연한 공간이라는 사실이다. 어떻게 활용하느냐에 따라 누군가에겐 세컨드룸이 되고, 누군가에겐 자기관리를 위한 힐링 공간이 되기도 한다.

이처럼 욕실에 대한 개념이 바뀌면서 싱글들이 필요로 하는 욕실 아이템의 트렌드도 변하고 있다. 과거에는 샤워부스나 욕실 수납장 정도로도 만족했겠지만 요즘에는 디자인뿐 아니라 스마트한 기능까지 갖춘 제품들이 등장하고 있다. 물이 튀어도 걱정 없는 욕실용 블루투스 스피커, 벽에 걸어두고 쓰는 미니형 드라이어, 스마트폰과 연동으로 홈닥터 기능까지 선사하는 스마트 전동칫솔 등 엣지있는 싱글라이프를 도와주는 똑똑한 디바이스들이 욕실 한 자리를 당당히 차지하고 있다.

● **밋밋한 욕실엔 유니크한 소품으로 생기를 준다**

싱글룸을 준비하면서 욕실까지 디테일하게 준비하고 따져보기는 현실적으로 어렵지만

막상 입주를 하고 나면 하나 둘 마음에 안 드는 부분이 눈에 들어
오기 시작한다. 타일이나 세면대도 밋밋하고 욕실도 어두워 더 삭
막해 보이는 것도 같다. 욕실을 리모델링하기 어렵다면, 톡톡 튀는
컬러 아이템으로 리프레시 효과를 주자. 이동하기 간편한 플라스
틱 수납장, 패션 타월, 감성 돋는 비누 & 칫솔 케이스, 비비드 컬러
휴지 등 몇 가지만 두어도 금세 돈 들인 욕실처럼 유니크해 보인다.
한 가지 잊지 말아야 할 것은, 깔끔한 정리정돈이 곧 스타일이라는
점이다. 너무 꾸미는 데만 신경 쓰지 말고 청결하게 유지하는 데
더 신경을 쓴다면 한 평짜리 싱글룸 욕실도 아늑한 공간으로 여겨
질 것이다.

### ● 간단한 청소나 리폼으로 변화를 준다

싱글룸을 구하다 보면 여러 얼굴의 화장실을 만나게 된다. 신축
원룸이나 오피스텔 정도만 되도 깨끗한 화장실을 기대할 수 있지
만, 오래된 다가구나 빌라의 경우 깨끗한 화장실 찾기란 쉽지 않
다. 환풍이 잘 안되거나 사소한 물때나 금간 타일이 눈에 띌 수도
있다. 이럴 때는 간단한 방법으로 큰 리폼 효과를 볼 수 있으니 한
번쯤 시도해 보자. 타일 줄눈에 낀 곰팡이와 찌든 때는 베이킹 소

다와 식초를 1대 1 비율로 섞은 다음 뿌려 주면 쉽게 제거할 수 있다. 오래 된 실리콘 때는 휴지를 대고 락스를 뿌려준 뒤 다음날 살살 문질러 주면 쉽게 없어진다. 샤워부스가 따로 없거나 좁은 욕실에서는 샤워 커튼으로도 공간을 구분해서 쓴다. 샤워하는 동안 다른 곳으로 물이 튈 염려도 없고 컬러풀한 샤워 커튼 하나면 밋밋한 욕실 분위기를 화사하게 업그레이드시킬 수도 있다. 창문이 없거나 환풍이 원활하지 않은 화장실이라면 천연 방향제를 이용해 본다. 작은 플라스틱 접시 위에 말린 꽃을 뿌려 두면 은은한 향기로 웬만한 악취로부터도 보호해 준다.

### ● 수납공간이 부족할 땐 서브 아이템을 찾아본다

좁은 욕실은 늘 수납공간이 부족하기 마련이다. 이럴 때는 왜건식의 이동 수납 트레이를 욕실 앞에 놓고 사용해 본다. 위아래 칸칸이 나뉘어져 있기 때문에 아래 칸에는 바디 로션이나 세제 등을 수납하고 위 칸에는 자주 쓰는 수건을 정리하면 꺼내기도 편리하고 청결함도 오래 유지된다.

● **혼자 살수록 스마트한 제품에 욕심을 내볼 것**

    싱글라이프의 최고 메리트 중 하나는 첨단의 디바이스들을 누리며 살 수 있다는 것이다. 많은 것을 혼자 알아서 해결할 수 없을 바에야, 때로는 똑똑한 기계들의 도움으로 수고를 줄이는 편이 여러모로 이득이 아닐까. 블루투스 기능이 탑재된 방수 스피커는 샤워하면서도 볼륨껏 음악 감상을 할 수 있도록 도와준다. 옆집이야 좀 시끄럽겠지만, 샤워하면서 음악에 맞춰 목청껏 소리를 질러보는 것도 스트레스 해소에 효과적일 듯하다. 여성의 경우 집에서도 혼자 피부 관리가 가능한 제품을 욕실에 두고 쓰는 것도 좋다. 초음파 이온기나 진동 클렌저 등과 같은 홈케어 제품 등. 피부 관리실이나 에스테틱 숍을 찾기에 경제적인 부담이 큰 이들에게 한 번 투자로 두고두고 사용할 수 있기 때문에 여러모로 알찬 선택이 될 수 있다. 스마트폰과 연동이 되는 전동 칫솔도 치아 관리에 신경 쓰는 싱글이라면 한번쯤 고려해 볼만한 아이템이다. 사용자의 치아 상태를 파악한 후, 그에 맞는 개인 맞춤형 양치질이 가능하도록 도와준다.

# 칫솔 홀더로, 컵으로도 사용하는
# 2 in 1 양치컵

화장실 세면대 위에 오밀조밀 놓인 수많은 물건들 중에서, 혹시 '양치컵'에 주목해본 적이 있는가. 하는 일은 하루 세 번 물 담는 게 전부였던 얌전한 양치컵이, 예전과는 다른 디자인과 기능을 선보이고 있어 눈을 즐겁게 해준다. 양치컵뿐만 아니라 칫솔 홀더로서의 기능도 겸한 퀄리의 양치컵이 그것이다.

흔히 우리는 칫솔을 세면대 위에 아무렇게나 올려놓거나, 거울에 붙이는 칫솔케이스에 끼워두거나, 양치컵에 넣어두거나 셋 중 한 가지 방법으로 보관하곤 한다. 하지만 밥 먹은 후마다 우리의 적나라한 입 속을 경험해야 하는 칫솔에게는 조금은 소홀한 처사가 아닐까. 세면대 위나 양치컵에 넣어두는 방법은 칫솔의 무게 때문에 바닥에 떨어지는 경우가 많고, 거울에 붙이는 케이스의 경우 샤워를 한 뒤 화장실에 습기가 가득해지면 금방이

퍼플, 레드, 그린, 그레이, 투명의 산뜻한 컬러가 눈에 띈다. 양치컵 하나로도 밋밋한 욕실에 악센트를 줄 수 있다.

라도 거울로부터 떨어질 것 같아 조마조마하기 일쑤다. 퀄리(QUALY)의 양치컵(Flip Cup)은 평소에는 평범한 양치컵으로 사용할 수 있지만, 뒤집으면 180도 달라진다. 컵의 바닥에 칫솔을 꽂을 수 있는 좁고 긴 구멍이 뚫려있어, 컵을 뒤집었을 경우에는 든든한 칫솔 홀더로 사용할 수 있다.
디자인 역시 세련된 곡선이 주를 이루어 이목을 끈다. 컬러는 퍼플, 레드, 그린, 그레이, 투명 등 5가지. 가장 무난한 투명 컬러는 어디서나 심플하게 어울릴 듯 하고, 욕실이 화이트 톤이거나 밋밋한 분위기라면 레드나 그린 등의 톡톡 튀는 컬러로 생동감을 주는 것도 좋겠다. 지저분한 세면대 주변도 정리될 뿐만 아니라, 칫솔 따로 물컵 따로 두어야 했던 번거로움도 해소될 수 있지 않을까. 이런 저런 수납공간이 부족한 단촐한 싱글 살림에는 2 in 1 제품이 여러모로 유용한 법이다.

**판매 및 문의** ㈜**필론파리스** www.pylones.kr

### Editor's Tip

양치컵으로, 칫솔 홀더로 사용하는 것까지는 좋은데, 칫솔 홀더로 사용할 경우 입이 닿는 부분에 바닥에 닿아서 찝찝하다고? 하지만 자세히 들여다 보면, 아래 부분 중 한 면이 살짝 들려있는 모양임을 발견할 수 있다. 이런 교묘한(?) 디자인에서 사용하는 이들의 위생적인 부분까지 챙기는 센스를 느낄 수 있다.

# 젠(Zen) 비누 홀더

맘 먹고 구입한 수제비누가 불어 터져서 속상했던 경험들이 한번쯤은 있을 것이다. 사용할 때마다 물도 걸러내고 구멍 쏭쏭 뚫린 받침대도 써보지만, 며칠만 방심해도 금세 밀가루 반죽 덩어리처럼 물러터지곤 한다. 제 아무리 천연 성분에 금가루까지 넣었다는 비누면 뭐하리, 이렇게 관리 소홀로 물러서 녹아버리는 대참사가 빈번하니 말이다. 이런 일이 한두 번 반복되다 보면, 그제서야 비로소 비누 받침대가 눈에 들어오기 시작한다. 디자인 보다는 실용성을, 요란한 컬러 보다는 욕실 분위기와 잘 어울릴 수 있는 무난한 것들을 찾게 된다. 비누를 '제대로' 잘 보관하는 본연의 기능에 충실한 아이에게 저절로 손이 간다.

스웨덴 홈데코 브랜드인 보사인의 '젠 비누 홀더(Zen Soap Holder)'는 스칸디나비안 스타일의 무난한 비누 받침대이다. 북유럽 디자인 특유의 무심하면서도 소소한 아름다움이 그대로 묻어난다. 물이 자연스럽게 흘러내리는 젠 스타일의 정원에서 영감을 얻었다는 디자이너의 센스는 고인 물이 앞으로 조르륵 흘러내리는 특별한 받침대를 만들어 냈다. 비누를 사용하다보면 자연 물과 함께 하기 마련인데, 앞으로 흐르게끔 디자인되어 있어 물이 고일 틈이 없다. 자세히 들여다 보면 가운데 부분이 볼록하게

안에 고인 물이 자연스럽게 흘러내리도록 디자인되어 비누가 무르는 것을 막아 준다. 컬러는 화이트와 다크 브라운 두 가지.

솟은 걸 알 수 있는데, 이는 사용하지 않을 때는 건조가 빨라 비누가 쉽게 무르지 않도록 도와주는 역할을 한다.

재질은 매끈한 세라믹 소재. 화이트 & 다크 브라운 두 가지 컬러로, 일상적인 욕실 분위기와 무난하게 어울릴 수 있는 선에서 선택이 가능하다. 심플하고 청결함을 원한다면 화이트를, 은은하고 세련된 스타일을 선호한다면 다크 브라운이 적당하다. 밋밋한 욕실에 은은한 포인트가 될 것이다. 아랫면에는 미끄럼 방지 스티커도 붙어 있어서 물기 많은 세면대 주위에 놓고 사용하기 더욱 더 편리하다.

**판매 및 문의 티엠앤코** http://blog.naver.com/tmncostory

### Editor's Tip

아무리 조심해도 비누가 흐물흐물해졌다면? 30%는 도움 되는 재활용 팁 2가지.
❶ 당연한 이야기지만, 먼저 물기부터 뺀다. 그 다음은 말리기. 주의할 것은 햇빛보다 건조한 그늘 아래에서 말려야 한다는 점. 너무 바싹말리면 말라서 거품이 안날 수도 있으니, 적당히 말릴 것.
❷ 다이* 등에서 파는 작은 그물망을 이용해 본다. 조물조물 손으로 주물러서 뭉쳐준 다음, 반나절 그늘에서 말리고 그물망에 넣어 단단히 봉해주면 끝. 이렇게 한 뒤 사용하면 어느 정도 비누로서는 쓸만한 정도의 거품이 난다. 단, 물기가 닿지 않게 걸어놓고 쓰도록 한다.

욕실로 들어 온 사물인터넷 세상

# 아주 똑똑한 전동칫솔

"양치질 좀 꼼꼼히 해라! 그렇게 대충대충 해갖고 되겠니?" 어렸을 적, 잠에서 덜 깬 상태로 양치를 하는 둥 마는 둥 하다가 엄마에게 들었던 핀잔의 내용은 대충 이랬던 것 같다. 도대체 '양치를 꼼꼼히 한다'는 것의 기준은 무엇이란 말인가. 사람이 치아를 깔끔히 닦는 것에는 어느 정도 한계가 있다. 정말 꼼꼼하게 치아를 닦으려면 덤벨 운동 뺨치게 팔이 저려온다. 어지간한 인내심이 필요한 일이 바로 양치질이란 말이다. 그런데, 앞으로는 이런 '잔소리'를 칫솔로부터 직접 듣게 생겼다. 사용자의 치아 상태를 파악한 후, 그에 맞는 개인 맞춤형 양치질이 가능하도록 돕는 똑똑한 '오랄비 스마트 전동칫솔'이 바로 그 주인공.

'건강한 치아는 오복의 하나'란 옛말도 있듯이 건강한 라이프스타일에 있어 치아관리는 필수적이다. 가장 기본적인 치아관리는 칫솔을 이용한 양치질인데 입 속에 존재하는 세균과 음식찌꺼기, 플라그를 주기적으로 제거해주기만 해도 각종 치아 질환을 예방할 수 있다. 일반 칫솔로는 완벽한 플라그 제거가 어렵지만, 전동칫솔을 사용하면 플라그 제거에 효과가 있다고 알려져 있다. 오랄비 스마트시리즈는 이 플라그 제거 기능뿐만 아니라 사용자의 치아 상태를 파악한 후, 그에 맞는 개인 맞춤형 양치질이 가능하도록 돕는 '스마트한' 기능을 더했다.

무엇보다 블루투스를 통해서 스마트폰과 전동칫솔이 연동된다는 점. 오랄비 앱을 통해 스마트가이드와 연동시키면 개인 양치질 목표를 설정, 실행할 수 있으며, 치아 구역별 세정 시간을 모니터링 할 수 있다. 또 개인에게 맞는 세정 방법을 찾을 수 있도록 도와주기도 하니, 마치 개인 치과의사를 집에 두는 기분이랄까. 일반 세정, 정밀 세정, 부드러운 세정, 미백, 잇몸 케어, 혀 세정, 압력센서 등 6가지 세정 모드가 제공되며, 개인이 고민하는 치아문제에 따라서 모드를 선택해서 양치질을 할 수도 있다. 16도 각도의 오랄비 뉴 크로스액션이 적용돼 칫솔모가 닿기 힘든 치아 구석구석까지 꼼꼼하게 세정할 수 있다. 오랄비 앱에서 집중 관리 기능을 설정해 놓는 것도 효과적이다. 평소 소홀히 닦는 부위나 치과에서 조금 더 신경을 써서 양치질하라고 알려준 부위를 눌러서 설정을 하면, 그 만큼 시간이 늘어나서 해당 부분을 집중적으로 관리할 수 있다. 게다가 스마트시리즈로 양치를 한 기록이 남아 일간, 주간, 월간 단위로 통계를 내볼 수도 있으니, 이를 근거로 치과의사와 상담하면서 문제 부위를 확인하는 데도 도움이 되지 않을까.

**판매 및 문의 오랄비** www.oral-b.co.kr

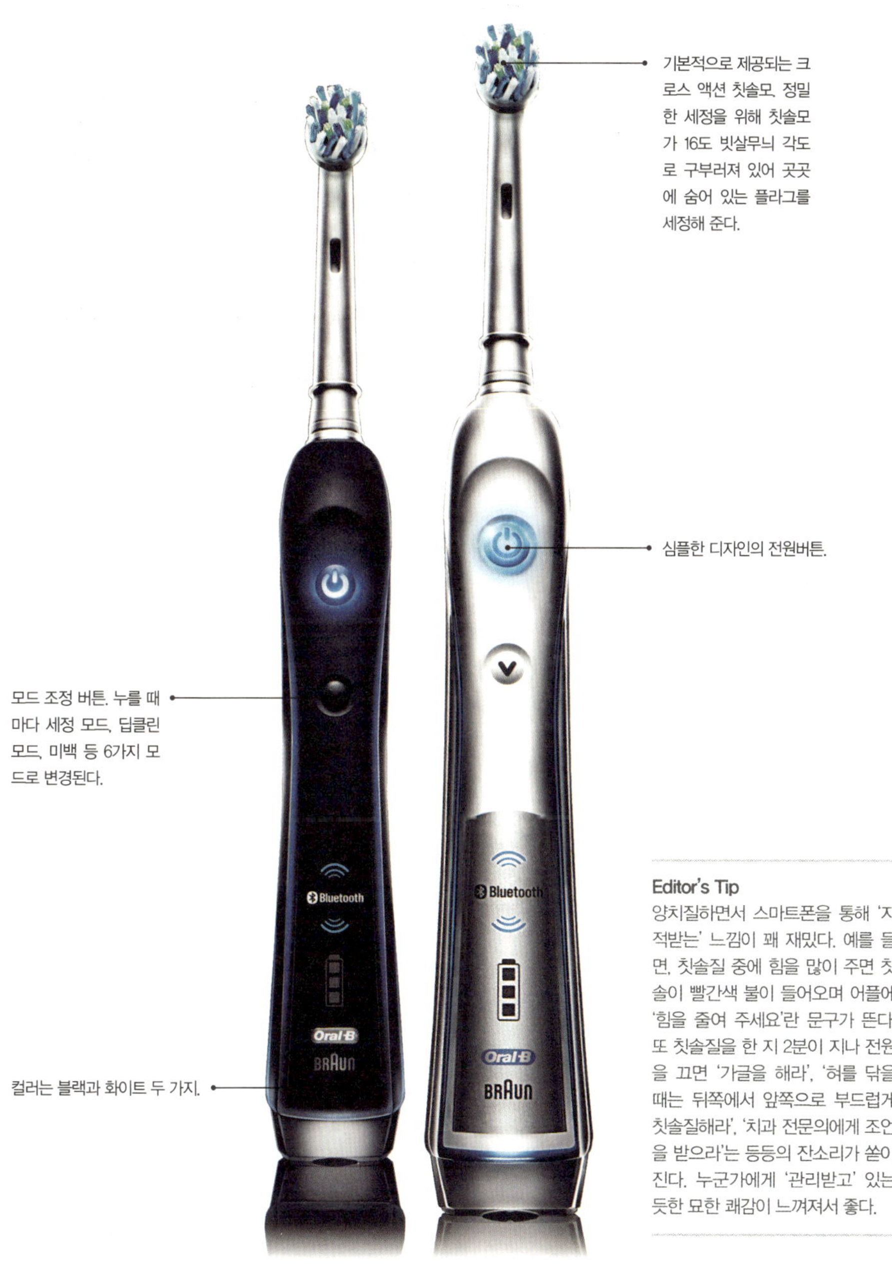


기본적으로 제공되는 크로스 액션 칫솔모. 정밀한 세정을 위해 칫솔모가 16도 빗살무늬 각도로 구부러져 있어 곳곳에 숨어 있는 플라그를 세정해 준다.

심플한 디자인의 전원버튼.

모드 조정 버튼. 누를 때마다 세정 모드, 딥클린 모드, 미백 등 6가지 모드로 변경된다.

컬러는 블랙과 화이트 두 가지.

### Editor's Tip
양치질하면서 스마트폰을 통해 '지적받는' 느낌이 꽤 재밌다. 예를 들면, 칫솔질 중에 힘을 많이 주면 칫솔이 빨간색 불이 들어오며 어플에 '힘을 줄여 주세요'란 문구가 뜬다. 또 칫솔질을 한 지 2분이 지나 전원을 끄면 '가글을 해라', '혀를 닦을 때는 뒤쪽에서 앞쪽으로 부드럽게 칫솔질해라', '치과 전문의에게 조언을 받으라'는 등등의 잔소리가 쏟아진다. 누군가에게 '관리받고' 있는 듯한 묘한 쾌감이 느껴져서 좋다.

작아도 웬만한 알짜 기능은 다 갖
추고 있는 벽걸이 세탁기. 표준,
섬세, 아이옷 삶음, 심야, 탈수, 통
세척 기능이 있으며, 특히 29분짜
리 '표준코스'는 싱글들의 적은 빨
래에 가장 일반적으로 사용할 수
있는 알뜰코스로 꼽힌다.

## 빨래가 '갑'이었던 싱글들이여

# 벽걸이 미니(mini)로 빨래 끝!

### Editor's Tip!

❶ 벽에 걸어 두고 사용하는 제품이기 때문에 사용 전에 설치할 곳의 상태를 미리 체크해보는 것이 좋다. 약한 벽이나 나무 벽 등 설치가 불가능한 곳도 있기 때문이다.

❷ 벽에 걸어 두고 쓰니 빨랫감을 넣고 뺄 때마다 허리 굽힐 일이 없어 정말 편하다.

'벽에 거는' 세탁기라고? 몇 년 전 기사로 처음 접했을 때만 해도 반신반의했었다. 특이한 발상에 살짝 놀람과 동시에 과연 사람들이 '멀쩡한 세탁기를 놔두고 왜 벽에 걸어놓고 쓰겠어?'라는, 은근히 보수적(?)인 우려가 섞였던 반응. 그런데 요즘 상황은 그런 나를 비웃기라도 하듯 동부대우전자의 효자 상품으로 자리 잡았다는 후문이다. 소형 콘셉트야 다른 브랜드에도 있는 상품이니 신선할 것 없고 무슨 최첨단 기능이 탑재돼 있는 것도 아닌데 왜 이토록, 특히 1인 가구들이 이 벽걸이 세탁기에 열광하는 걸까? 내 짐작으론, 소량 빨래가 가능하고 비교적 낮은 유지비, 저소음 등 이런저런 이유도 있겠지만, 싱글들에게 있어서는 '공간 활용'이란 필요성 때문이 아닐까 싶다. 많은 블로거들의 후기에서 의외로 화장실에 설치해놓고 쓰는 경우를 많이 봤기 때문이다.

우리나라 싱글들의 '레알' 삶을 들여다보면 많은 경우가 부엌 달린 방 하나에 화장실이 딸린, 소위 말하는 '원룸형' 생활을 하고 있다. 손바닥만한 베란다는 중형 사이즈 세탁기 하나 들이기조차 벅차다. 그렇다고 싱크대 옆에 두자니 배수 문제가 걸린다. 물론 냉장고며 세탁기까지 세트로 빌트인되어 있는 오피스텔이면 이런 걱정 없겠지만, 그건 일부일 뿐. 주어진 공간을 최대한 활용하며 살아야 하는 보통의 싱글들에겐 여간 반가운 물건이 아닐 수 없다.

사이즈가 작다보니 매일매일 나오는 생활형 빨래 처리하기에도 딱이다. 혼자 사는 생활이라 빨래라고 해야 겨우 수건, 매일 벗어던지는 양말, 속옷들. 얼마 안 되는 이걸 빨자고 세탁기를 수시로 돌릴 수도 없고, 손빨래를 하자니 궁상스럽다. 그런데 3.5kg 앙증맞은 세탁기를 화장실에 설치해놓고 샤워한 다음 집어 넣고 버튼만 누르면 해결되니 얼마나 편리한 일인가.

스펙을 살펴보면 표준, 섬세, 아이옷 삶음, 심야, 탈수, 통세척 기능 등 웬만한 기본 기능은 두루 갖추고 있다. 일명 '알뜰 코스'로 불리는 29분짜리 '표준코스'가 가장 일반적이다. 좀 더 깔끔을 떤다면 세제 없이 표준코스를 한 번 더 돌리든지, 잔류세제가 남지 않도록 말끔하게 삶아주고 헹궈주는 '아기옷 삶음' 기능을 선택해도 좋다. 물 온도가 80도나 되기 때문에 속옷이나 수건 세탁에 특히 좋다. 잘못 세탁했다가 변형되면 어쩌나 신경 쓰였던 블라우스나 니트, 울 소재의 고급의류를 위한 기능도 있다. '섬세코스'로 옷감 손상이나 물빠짐 걱정 없이 단독으로 세탁이 가능하니 세탁소 신세질 일도 줄어들 듯. 소형세탁기를 선호하는 젊은 취향을 의식했는지, 컬러도 한결 다양해졌다. 로즈핑크, 민트블루, 빈티지브라운 등으로 기호에 맞게 선택할 수 있다.

판매 및 문의 동부대우전자 www.dongbudaewooelec.com

초창기 모델에 비해 컬러 또한 한결 다양해졌다. 기본 컬러 외에 로즈핑크, 민트블루, 빈티지브라운 등으로 선택의 폭이 넓다.

# 72

한때 반신욕이 크게 유행하던 때가 있었다. 혈액 순환을 도와 긴장 완화, 면역력 강화에도 도움을 준다는 반신욕. 스트레스 해소는 물론 피부까지 좋아진다니 집에서도 해볼 만한 일이지만, 혼자 살면서 여간 번거로운 '의식'이 아니다. 집에 오자마자 씻고 자기 바쁜데 욕조에 물 받고, 몸 담그고, 기다렸다 씻는 일련의 과정들은 밥 한끼 해먹는 것도 귀찮아하는 싱글들에게는 그림의 떡일 뿐. 이럴 때는 발만 담그는 족욕도 훌륭한 대안이 될 수 있다.

체중의 90%가 쏠리는 발은 우리 몸 중에서 가장 피로해지기 쉬운 부위



## 스마트폰 대신 하루 15분 족욕!

휴대 가능한 전용 파우치. 이것만 들고 가면 어디서나 간편하게 족욕을 즐길 수 있다.

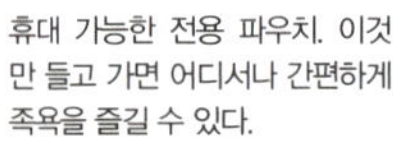

중 하나. 피곤한 발을 위해서라도 적어도 일주일에 한 번은 족욕으로 피로를 풀어주자. 따뜻한 물속에 두 발을 담그면 발 끝에 모여 있던 피가 온 몸으로 퍼지면서 몸 전체가 따뜻해진다. 혈류가 좋아지면서 몸에 머물던 냉기는 몸 밖으로 빠져나간다. 뭉쳐있던 근육도 풀어지고, 몸속 노폐물 또한 땀과 함께 빠져 나오게 된다. 하지만 이 좋은 족욕을 위해서 맘먹고 족욕기 들여놓자니 평소엔 덩그러니 어디 둘 데도 마땅찮을 것 같고, 아쉬운 대로 세수대야로 대신 해보려니 물도 금방 식어버리고 '스타일'도 영 아니다. 이럴 땐 평소엔 족욕기로 쓰다가 사용하지 않을 땐 접어서 보관할 수 있는 튜브형 간이 족욕기가 어떨까.

스웨덴 보사인(bosign) 사의 가정용 '족욕 스파 튜브'는 바람 넣은 튜브를 바닥에 놓고 사용하는 족욕기다. 38~40도의 물을, 복사뼈 위로 10cm 정도 높이에, 15~20분간 담그면 된다. 하드 플라스틱과는 달리 푹신한 튜브형이라 발과 다리에 무리가 가지 않고, 튜브 내부의 공기가 족욕물의 온도를 유지할 수 있도록 도와준다. 크기 또한 족욕에 알맞은 26cm×38cm×20cm의 컴펙트한 사이즈. 밑바닥이 쿠션처리 되어 있어서 족욕 시 살짝 눌러주면 지압 효과도 기대할 수 있다. 양쪽에 손잡이가 달려 있어 이동시 편리하며, 족욕이 끝난 뒤에는 안쪽에서 바깥쪽으로 뒤집어서 물을 버리고 헹구어 말려준 후, 내부 바람을 빼고 깜끔하게 접어 보관하면 된다. 사용하지 않을 때는 바람을 빼서 전용 파우치에 보관할 수 있으며 여행 시에도 편리하게 휴대할 수 있어 어디서든 사용할 수 있다.

**판매 및 문의 티엠앤코** http://blog.naver.com/tmncostory

### Editor's Tip

여기저기에서 긁어 온 깨알 족욕 노하우.
❶ 미지근한 물이나 차를 함께 마신다. 혈액 순환이 원활해질 뿐만 아니라 땀으로 인한 탈수도 막아준다고 한다.
❷ 온도는 38~40도가 적당하다. 맞추기 힘들면 손을 넣었을 때 약간 '뜨겁다' 싶을 정도.
❸ 감염의 위험 때문에 발에 상처가 있으면 자제하는 것이 좋다.
❹ 족욕 효과를 제대로 보려면 물높이는 발목 복사뼈가 충분히 잠길 정도.
❺ 족욕시간은 10~15분 정도가 적당하다.
❻ 발이 부었다면 희석시킨 과일 식초를 족욕물에 조금 넣어볼 것. 부기 빠지는 데 효과가 있다고 알려져 있다.

# 체리 화장실 브러시

어느 날, 화장실에 웬 커다란 체리가 눈에 띈다. 의심 반 기대 반으로 체리 꼭지를 들어올리니 그 정체는 다름아닌 변기솔! 상큼한 체리 모양 변기솔, 퀄리 체리 화장실 브러시(Qualy Cherry Lavatory Brush)라면 이젠 칙칙한 색깔, 천편일률적인 디자인, 시커멓게 때가 낀 비주얼 등 수많은 오명을 뒤집어쓴 과거의 변기솔은 잊어도 될 듯하다. 보는 눈 높은 싱글들에게 있어 '디자인'이 무엇보다도 중요한 선택기준인 요즘, 곳곳에서 유니크한 디자인의 생활용품이 등장하니 어두컴컴한 변기 뒤에서 억울해하던 변기솔이 이 유쾌한 흐름에 빠질 리 없었던 것. 상큼한 체리 화장실 브러시 하나만 있으면 변기관련 용품은 뭐든 지저분하고 못생겼다는 편견은 사라질 것 같다. 귀찮은 변기 청소도 왠지 즐거워질 것 같은 기분이 들기도 한다.

**73**

쳐다보기만 해도 상큼한 체리 화장실 브러시. 욕실의 리프레시 아이템으로도 손색이 없다.

공간이 좁은 싱글의 살림에서 인테리어의 사각지대가 되기 십상인 곳이 사실 욕실이다. 그렇다고 내 집도 아닌데 리모델링하기도 아깝고. 이럴 때는 체리 브러시처럼 깔끔깔끔 톡톡 튀는 아이템으로 리프레시 효과를 주는 것도 좋은 방법이다.

사이즈는 7.5cm×38.5cm로 한 손에 들어오는 딱 앙증맞는 크기. 체리 꼭지에 해당되는 손잡이는 그립감이 좋아 미끄러질 염려도 없다. 브러시 컬러도 오염에 강한 빨간색이라 세척만 잘 해주면 늘 깔끔한 상태로 유지할 수 있다. 강도가 강한 ABS 플라스틱이라 습도 변화에 거의 영향을 받지 않기 때문에 화장실용으로 적합한 소재로도 알려져 있다.

아무리 화장실을 깨끗이 청소했다 한들 구석에 꾀죄죄한 변기솔이 놓여 있다면 이것이야말로 다된 죽에 변기솔 빠트리기가 아닐 수 없다. 깔끔한 화장실의 완성, 야무진 퀄리 체리 화장실 브러시에게 맡겨보자.

**판매 및 문의** ㈜필론파리스 www.pylones.kr

# 꼬망스 미니 세탁기

### Editor's Tip

무상 보증 기간이 무려 10년이나 된다는 사실! 보통 가전제품은 구매하면 무상 보증 기간이 1년이나 길어봐야 3년인 걸로 알고 있는데, 꼬망스는 10년 동안은 고장 나도 걱정 없이 사용할 수 있어 안심이다.

혼자 살다보면 언제 해야할지 참 애매한 빨랫감을 마주하게 된다. 일주일 치를 모아도 세탁기의 절반을 채우기 어렵다. 그리고 일주일씩이나 빨랫 감을 모아두면 악취가 난다. 비닐봉지에 담아 묶어두는 것도 참 난감한 노릇. 안 할 수도 없고. 2, 3일에 한번 씩 커다란 세탁기에 요만큼의 양을 돌리자니 물이며 전기 낭비인 것만 같아 죄책감마저 든다. 이럴 때 드는 생각이, 몇 개 안되는 빨랫감을 넣고도 돌릴 수 있는 미니 사이즈의 빨래 통이 있었으면 하는 바람이다. 이 소원을 한방에 풀어주는 기특한 아이템 이 있으니, 바로 LG전자에서 야심차게 내놓은 미니 세탁기 '꼬망스', 아기 옷만 따로 세탁하거나, 속옷이나 수건들을 구별해서 빠는 세컨 세탁기로 많이 이용되는 제품이기도 하다.

혼자 산다면 한 사람을 위한 세탁기를 사용하는 게 효율적이다. 꼬망스는 3.5kg 용량의 깜찍한 사이즈를 자랑한다. 하지만 보통 크기가 작아지면 기능도 떨어질 거라 생각하는데 천만의 말씀. 크기는 작지만 알찬 기능은 다 갖추고 있다. 스피드, 란제리, 면 속옷, 표준 삶음, 헹굼+탈수, 란제리 코스 등 7개의 코스를 갖추고 있으며, 특히 '스피드' 코스로는 소량의 빨 래를 빠르게 세탁 가능할 수 있어 바쁜 싱글들에게 유용하다. 삶는 기능 으로는 매일 나오는 속옷이나 수건들도 깨끗하고 뽀송하게 빨아 입을 수 있다.

매일 세탁기를 돌리면 전기세 물세가 많이 나오지 않을까 걱정인데, 그럴 염려도 없다. 일반 세탁기와 비교하면 전기세 수준이 1/30이라고. 즉, 하루 에 3번 세탁해도 일반 세탁기 한번 돌리는 것 정도의 전기밖에 안되기 때 문에 꽤 경제적이다.

메탈 케이스의 다양한 컬러와 광택은 혼자 사는 집안의 인테리어 소품 역 할까지 톡톡히 감당한다.

**판매 및 문의 LG전자** www.lge.co.kr

삶음 기능과 물온도 및
헹굼추가를 따로 선택할
수 있다. 통살균 기능도
가능하다.

일반세탁 외에도 스피드,
란제리, 면 속옷, 표준삶음,
아기옷 세탁 기능이 가능하
다. 다이얼로 조절한다.

세제와 섬유 유연제를 넣
는 통. 중앙의 하늘색 부
분을 누르면 탈착이 가능
하다.

세탁물 투입구

배수 찌꺼기 필터가 있
는 통. 씻어서 다시 끼
워주면 청결하게 사용
할 수 있다.

74

# 75



## 벽걸이형 미니 드라이어

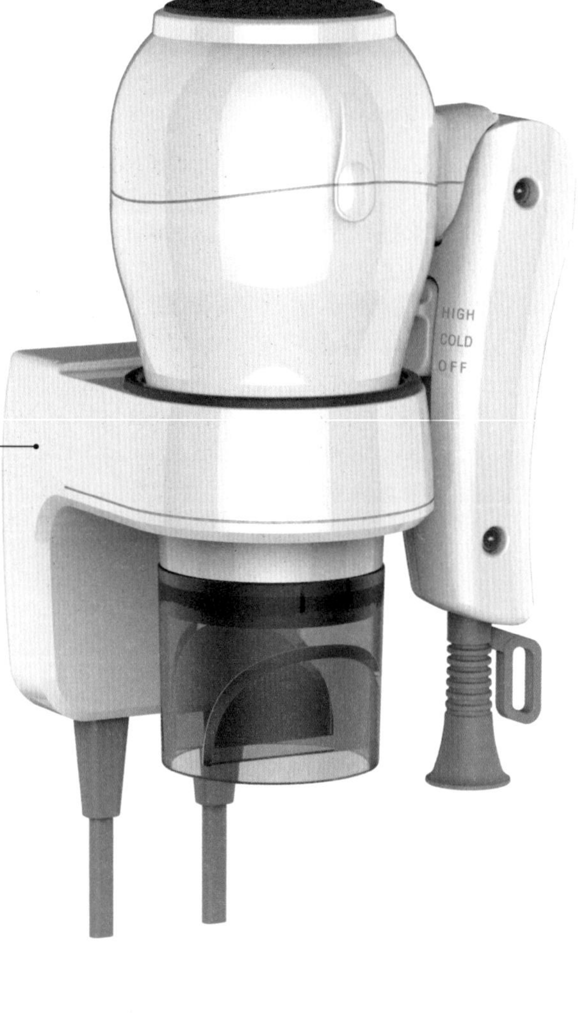

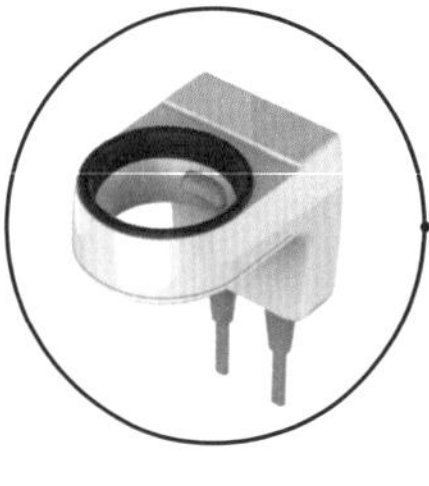

거치대 부분. 사용하다가 드라이어를 꽂으면 자동으로 전원이 차단되어 물기 많은 욕실에서도 안전하게 사용할 수 있다.

바쁜 아침, 출근 준비로 1분도 아쉬운데 머리 한 번 말리려면 드라이어를 어디 두었는지 기억이 나질 않는다. 보관도 불편하다. 사용할 때마다 이리저리 꼬인 선 때문에 대충 감아놓고 손 닿는 아무데나 올려놓기 일쑤다. 욕실에 두고 사용할 때도 마찬가지. 마땅한 보관장소가 없어 변기 등받이 위에 올려놓았다가 실수로 변기 물에 빠트려 낭패를 보기도 한다. 자주 사용하는 물건이지만, 이상하게도 정리하기가 참 애매한 물건 또한 드라이어 아닌가. 하물며 좁은 방에 이런저런 물건 두기도 벅찬 싱글룸에서는 오죽하랴. 최근 1인 가구가 늘어나면서 좁은 집안에서도 효율적으로 사용할 수 있는 '공간 절약형' 가전이 인기를 끌고 있는데, JMW의 벽걸이형 미니드라이어 'DS2021B'야말로 그런 콘셉트에 충실한 물건이 아닌가 싶다.

일단, 벽에 걸어둘 수 있으니 일일이 찾거나 정리할 필요가 없다. 쓰고 나서 전용 거치대에 그대로 걸어놓기만 하면 그만. 기존의 헤어드라이어의 경우 코드 정리가 어려워 보관이 번거로운 것이 단점이었다. 하지만 'DS2021B'는 벽에 걸어두고 사용할 수 있는 전용 거치대와 스프링 코드가 장착되어있어 깔끔한 보관이 가능하다. 사용 중 벽걸이 거치대에 드라이어를 꽂으면 자동으로 전원이 차단되어 안전하게 사용할 수도 있다. 사용하는 동안 제품 자체에서 음이온이 발생돼 모발 건조시 머릿결을 더욱 차분하고 윤기 있게 만들어준다. 편리한 슬라이드 스위치로 풍속 조절이 가능해 사용자의 모발에 맞췄으며 사용 시 정전기 발생도 감소시켜 상쾌한 사용감까지 전달해준다. 세련된 디자인, 컴팩트한 사이즈로 실내 어느 분위기에도 어울려 인테리어 소품으로도 안성맞춤이다.

**판매 및 문의** (주)제이엠더블유 www.jmwkorea.com

**Editor's Tip**
여기저기 굴러다니던 드라이어가 제 집을 찾은 느낌. 욕실 벽에 설치해놓고 사용하니 머리 말리려고 이동할 시간까지 절약해 준다. 미니멀한 사이즈에도 불구하고 있을 기능은 다 있다. OFF – COLD – HIGH 3단 버튼이 장착, 온풍과 냉풍까지 사유롭게 사용 가능하나. 모발 바입에 맞게 원하는 온도와 풍속을 조절하여 사용하면 된다.

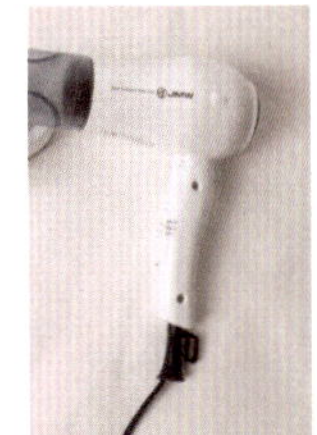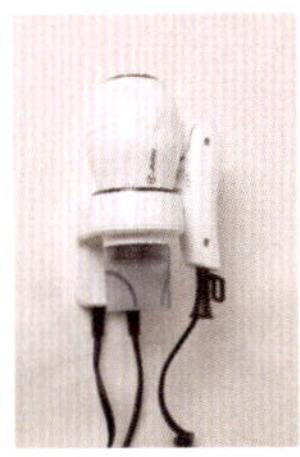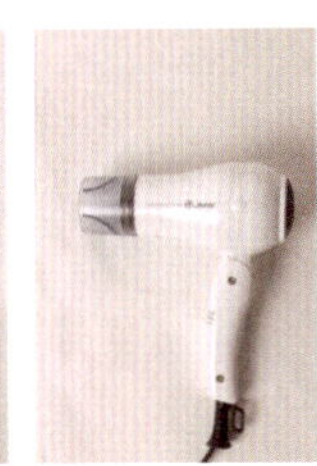

# 방수 블루투스 스피커, 터프(Tough)

**Editor's Tip**

블루투스 스피커라면 재생 시간 또한 중요한 체크 포인트! 터프 스피커는 최장 10시간 정도의 재생 시간을 자랑한다. 중간 볼륨으로는 10시간 이상도 가능하다는 업계 측의 설명. 한 번 충전으로 반나절 내내 들어도 밧데리 걱정은 없다는 이야기.

뭔가 '터프'한 이미지를 기대했다면 좀 의아해할 지도 모를 일이다. 동글동글한 모양에 한 손에 쏙 들어오는 사이즈가 장난감 같기도 하다. '터프 스피커(Tough Speaker)'란 이름을 지닌 이 녀석의 정체는 다름 아닌 블루투스 스피커. 블루투스 운운하면 뭔가 최첨단의 스펙과 기능을 지닌 날렵한 디자인을 예상하게 되는데 터프 스피커는 한 눈에 봐도 '친근한' 이미지다. 그렇다고 우습게 봐선 큰 코 다친다. 무려 8W의 남다른 출력에, 최장 10시간 이상의 재생 기능을 지닌 이 녀석의 최대 강점은 '방수력'. 물에 넣고 써도 무방한 IPX7급의 방수 기능까지 갖추고 있으니 말이다.

사실, 아웃도어에서 블루투스 스피커를 쓰는 이들이 많아진 만큼 최근 많은 블루투스 스피커가 방수 기능을 포함하고 있다. 대부분의 블루투스 스피커 방수 등급은 IPX3~4 등급으로 빗물이나 스키장의 눈으로부터 제품을 보호하는 생활 방수 등급 정도. 프리컴(Freecom)의 터프 스피커

강력한 방수 기능 외에도 앙증맞은
비주얼과 산뜻한 컬러감은 터프 스
피커만의 매력. 욕실뿐만 아니라
실내 외 어느 곳에서도 편리하게
음악을 즐길 수 있다.

**76**

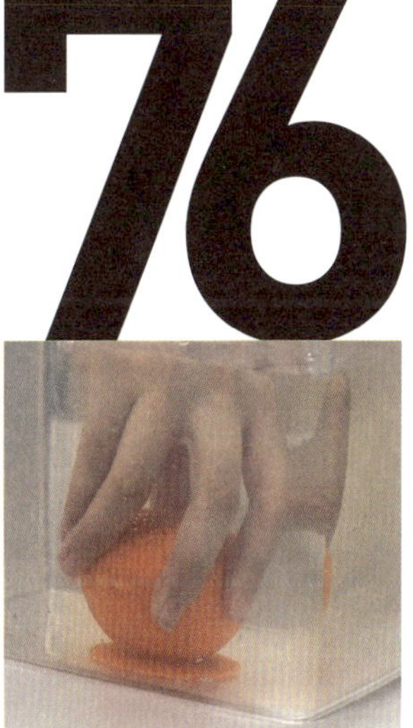

(Tough Speaker)는 일반 방수 스피커보다 훨씬 높은 IPX7 등급의 방수
성능으로, 물속에 넣어도 괜찮을 정도의 높은 방수력을 자랑한다. 굳이
물속에서 음악을 듣는 이는 없을 듯하니 설거지를 하다가 실수로 물에 담
그거나 계곡물에 빠뜨려도 고장 날 염려는 없다는 이야기다. 따라서 샤워
하는 동안 뜨거운 물줄기를 맞으며 스피커를 통해 흘러나오는 음악을 감
상할 수 있다는 점은 터프 스피커만의 매력이다.

작고 가벼워 휴대성 또한 뛰어나다. 아래 위 모두 6cm로 한 손에 쏙 들어
오는 사이즈. 무게 또한 93g에 불과해 가방에 넣고 다녀도 무게에 대한
부담이 없다. 스피커 부위를 제외한 둘레가 실리콘으로 모두 감싸져 있어
외부 충격에도 강하다. 밑면에는 고무 흡착판이 달려 있는데, 유리나 광
택있는 벽면, 도자기 등이라면 아무데나 붙일 수 있어 화장대 거울이나
화장실 타일에 붙여 놓고 화장을 하면서, 볼 일을 보면서도 음악을 들을
수 있다. 스피커 안에 마이크 기능이 들어있어 스피커폰으로도 쓸 수 있
기 때문에 자동차 내부 유리에 붙이면 자동차용 핸즈프리 스피커로도 활
용 가능하다. 흡착판은 깨끗이 닦아주면 흡착력이 복원돼 반영구적으로
사용할 수 있다.

**판매 및 문의** 우석씨앤씨 www.wscnc.co.kr

# 홈 뷰티 케어, 메르비

나이 들수록 '피부발'이 최고라는 데 공감하는 이들이 많을 것이다. 또렷한 이목구비보다 피부가 깨끗해야 미인으로 대접받는 요즘, 누군들 안 예뻐지고 싶겠는가. 불규칙적인 일과와 잦은 야근 탓에 피부 관리는 꿈도 못 꾸는 싱글들에겐 그저 다른 세상 이야기일 수도 있다. 하지만 20대 때 눈가 주름, 피부 잡티처럼 사소한 것만 눈에 띄었다면 30대에는 신경 써야할 부위가 백군 데도 넘게 늘어난다. 수분크림 대신 마스카라에 집착하고 20대에 자외선 차단제에 소홀했음에 지금 땅을 치고 후회하고 있다면, 그대에게도 '관리'가 절실하다는 신호다. 물론 스트레스를 줄이고 꾸준한 운동, 본인에게 맞는 적절한 화장품의 선택 등 뷰티 교과서에 나올 법한 위시리스트야 많지만 만일 시간이 없다면 똑똑한 뷰티 디바이스의 도움을 받는 것도 좋은 방법. 피부 관리실이나 에스테틱 숍을 찾기에 경제적인 부담이 큰 이들에게 한 번 투자로 두고두고 사용할 수 있기 때문에 여러모로 알찬 선택이 될 수 있다.

이 중에서도 ㈜로츠의 메르비는 초음파와 이온 발생 기능으로 클렌징·마사지·영양·리프팅·화이트닝·링클케어 등 기초 피부 관리를 손쉽게 도와준다. 미세한 전류인 갈바닉 이온과 초음파를 이용해 모공 속 피지·각질 등 노폐물을 제거해주며 화장품의 흡수를 도와 탄력있고 건강한 피부를 유지하는 데 효과적이라는 평가를 받고 있다. 이미 수많은 뷰티 얼리어댑터 사이에서 입소문이 나 있는 홈 뷰티 아이템. 특히 초음파 기능의 경우 1초에 백만 번의 미세한 진동으로 맑고 건강한 피부로 만드는 데 도움을 준다.

사용법도 간단하다. 얼굴에 단계별 사용할 제품을 바른 다음, 한 손으로 메르비를 가볍게 잡고 살살 문질러준다. 스텝 버튼으로 필요한 단계를 선택한 다음, 모드 버튼으로 이온과 초음파 동시 기능을 선택한 후, 강약 버튼으로 세기만 조정하면 된다. 클렌징 단계부터 주름 관리까지 다양한 피부 관리가 가능하며, 무엇보다 본인이 사용하던 화장품을 사용해도 무방

미세한 전류인 갈바닉 이온과 초음파를 이용해 모공 속 피지 · 각질 등 노폐물을 제거해주고, 화장품의 유효성분을 진피까지 침투시켜주는 메르비. 클렌징 · 마사지 · 영양 · 리프팅 · 화이트닝 · 링클케어 등 6가지 단계로 선택 가능하다.

하기에 경제적이다. 집에서 쓰는 수분크림, 영양크림 등 다양하게 사용할 수 있어 좋다. 피부톤이 유난히 칙칙한 닐엔 클렌징 단계부터 꼼꼼히 케어해도 좋고, 세수한 뒤 로션이나 영양크림을 바르는 단계에서 4분간 쓱쓱 문질러주기만 하면 되니 더할 나위 없이 편리하다. 특히 잠들기 전 마스크 팩을 얼굴에 올려놓은 뒤 '영양공급 단계' 버튼을 이용하면, 다음날 몰라보게 촉촉해진 피부결을 확인할 수 있다. 몇 번 사용으로 드라마틱한 효과까지는 기대할 수 없겠지만, 사용 후 다음날 맑은 피부톤 만큼은 비포 에프터를 기대해도 좋겠다. 피부과 시술 한 번도 안 되는 가격으로 이 정도의 효과에, 그리고 장기적인 안목으로 생각한다면 투자 대비 이만한 아이템도 없을 듯하다.

**판매 및 문의** ㈜로츠 www.lotts.co.kr

77

# 78



## 귀찮다면 올인원(All in One)!

**Editor's Tip**

오래도록 건강한 피부를 유지하고 싶다면 자외선 케어에도 신경써야 한다. 동안 피부를 갈망하는 싱글남들을 위한 자외선 차단 제품. 왼쪽은 키엘의 훼이셜 퓨얼 UV 가드 SPF 50/PA+++. 번들거림 없이 산뜻한 저자극 자외선 차단제로, 끈적임 없이 흡수되며 땀과 물에 강하다. 오른쪽은 비오템옴므의 UV 디펜스 수퍼 사이즈 SPF 50. 마치 로션을 바른 듯 질감이 촉촉하고 산뜻해 끈적임 없이 흡수된다.

이제는 '관리'도 능력인 시대! 고가의 패션 아이템부터 화장품, 피트니스에 이르기까지 본인만의 '스타일'을 유지하는 데 아낌없이 투자하는 남자들이 몰라보게 많아졌다. 합리적인 '그루밍'을 앞세운 이들은 자신의 경쟁력 확보를 위해 외모관리를 위한 노력에도 적극적이다. 화장품이 대표적인 케이스. 맑고 생기 넘치는 피부는 더 이상 여성들의 전유물이 아니기 때문이다. 여성들처럼 단계별로 메이크업을 하지는 않더라도 기초 제품 한 두 개쯤은 필수다.

'그럼에도 불구하고', 많은 남자들이 스킨케어에 소홀한 이유는 단 하나. 복잡하고 귀찮기 때문이다. 아직도 많은 싱글남들은 아침잠 3분과 로션 바르는 시간을 맞바꾸며, 저녁 세안 후 스킨 하나로 피부 건조를 견뎌내는 놀라운 무심함을 지녔다. 바쁜 라이프스타일로 과정이 단순하되 아웃풋까지 확실한 제품을 찾고 있다면 올인원 제품에 집중해 본다. 한 가지로 보습이나 영양, 리프팅, 안티에이징까지 해결해 주는 똑똑한 제품들이 그것. 여성용 라인과 굳이 비교하자면, 간편하게 사용할 수 있는 기능이 강화되었다는 점이다. 평소 잘 쓰지 않는 스킨케어 제품을 쓰라고 강요하는 것은 또 다른 스트레스를 줄 수도 있기 때문이다. 하지만 무조건 '이것만 바르세요' 란 말에 현혹되지는 말자. 이것저것 많이 발라보길 권한다.

**판매 및 문의**
비오템옴므 www.bioterm.co.kr
키엘 www.kiehls.co.kr

"

**포스 수프림 세럼**
주름 개선, 탄력 증진, 매끄러운 피부결, 생기
있는 피부톤, 피부 활력 부여, 피부 장벽 강화,
영양 공급, 보습 효과까지… 말 그대로 '토탈'
프리미엄 안티에이징 세럼이다. 세 가지 복합
체(혁신적인 블루 알개 추출물과 프록실린, 아
데노신)의 강력한 주름 개선 효과로 세월로 손
상된 남성 피부를 건강하고 탄탄하게 되살려
준다. **비오템옴므**

**기초 아이템 한가지를!**
**아쿠아파워 모이스춰라이저**
5,000리터 스파워터의 보습력이 고
농축된 아쿠아파워 모이스춰라이징
케어 제품. 피부 갈증에 탁월하게 작
용하는 올리고 미네랄 성분과 보습인
자, 비타민 복합체가 즉각적인 보습과
상쾌함을 부여한다. 보습이 해결되니
피부 탄력은 덤이다. **비오템옴므**

**젊고 탄력 있는 남성 피부를 위한 강력 파워!**
**훼이셜 퓨얼 헤비 리프팅**
주름, 탄력, 리프팅을 한 번에 해결해주는 올인원 안티
에이징 모이스처라이저. 키엘의 50년 남성 스킨케어 노
하우를 바탕으로 남성 피부를 위해 태어난 맞춤 스킨
퍼스널 트레이너. 피부 속부터 탄력을 채워 탄탄하고 주
름 고민 없이 매끈한 피부로 만들어 준다. **키엘**

# 뚫어펑, 미스터펑


성공률 100%를 위한 우리 동네 미스터펑
전문가의 팁 몇 가지.
❶ 우선, 정확한 발사(?)를 위해서는 탄산
실린더 장착 입구에 탄산실린더를 넣고
오른쪽 방향 끝까지 잘 돌려 닫아 준다.
❷ 그 다음 배수구에 압착캡이 밀착되도
록 한 뒤 제품을 밀면서 버튼을 누른다.
❸ 뚫고 난 뒤에는 제품을 물통방향으로
약 90도로 세우면서 천천히 변기와 분리
한다.
❹ 대야에 물을 가득 준비하고, 제품을
변기에서 분리하면서 그 물을 한 번에 부
어주면 더욱 깨끗하게 청소된다.

스트레스성 변비 때문인지 퇴근하자마자 화장실에 꼼짝없이 잡혀 있기
를 30분 째다. 죽을 힘을 다해 용을 쓴 뒤 조금 지났을까, 시원한 느낌과
함께 적어도 오늘은 무사히 넘겼다는 안도감에 변기 레버를 내린다. 가
만, 쩌렁쩌렁한 소리가 들려야 하는데 뭔가 이상하다. 다급하게 레버를
계속 내려 보지만 들려오는 건 풀이 잔뜩 죽은, 부글거리는 물소리뿐…
안타깝게도 막히는 건 변기뿐만이 아니다. 싱크대 수챗구멍과 세면대, 욕
조 배수구 또한 자주 막히니 혼자 사는 싱글들의 최대 난관이라 할 수 있
겠다. 간단한 것은 액체로 뚫는 것을 이용하기도 하고 '뚫어뻥'을 이용해
보기도 하지만, 심한 경우엔 전문 수리사를 불러야 한다. 출장비랑 기계
이용료 등 기본 출장비만 해도 몇 만원 잡아야 하니, '헐' 소리가 절로 나
오는 일이다. 하지만 너무나 반갑게도, 집안 곳곳의 막힌 배수구를 간단
하게 뚫어 주는 센 놈이 하나 등장했다. 그 이름하여 '미스터펑'. 탄산압력
을 이용하여 막힌 생활배수관을 원터치로 뚫어 주는 관통기이다.
액화탄산이 기체로 변화면서 순간압력을 발생시킴으로써 막힌 관이 뚫
리는 원리로 사용법도 간단하다. 우선 기다란 본체에 연결관을 통해 압착
캡을 끼워 준다. 그런 다음, 총알같이 생긴 '탄산실린더'를 미스터 펑 내부
에 넣은 다음 막힌 부분을 향하도록 조준(?)을 한 뒤 총 쏘듯 버튼을 누르

미스터펑의 원리는 액화탄산이 기체로 변화, 순
간압력을 발생시킴으로써 막힌 관이 뚫리게 되
는 것이다. 본체에 연결관을 통해 압착캡을 끼우
고 탄산실린더를 미스터펑 내부에 넣은 다음, 막
힌 변기 안에 넣고 총 쏘듯 버튼을 누르면 된다.

## 79

면 된다. 이 때 탄산 실린더의 액화탄산이 기체로 변하면서 순간적으로 강한 압력을 발생시켜, 막힌 부분을 뚫어주게 되는 것. 더욱 기특한 점은 이 탄산이 맥주와 흔히 마시는 탄산음료 등에서 사용하는 식용 탄산이기 때문에 인체에도 무해하다는 것이다. 또 오물 및 이물질을 손으로 제가해야 했던 과거와는 달리 한방에 효율적으로 막혀있는 배수관을 청소해 주니, 혼자 살면서 막힌 변기 때문에 골머리 썩을 일은 없을 듯하다. 일반 사이즈와 미니 사이즈 두 가지로 선택 가능하다. 각 제품에는 모두 10개의 탄산실린더가 기본으로 들어있으며, 리필용 구입도 가능하다.

판매 및 문의 미스터펑(Mr-PUNG) ww.mr-pung.com

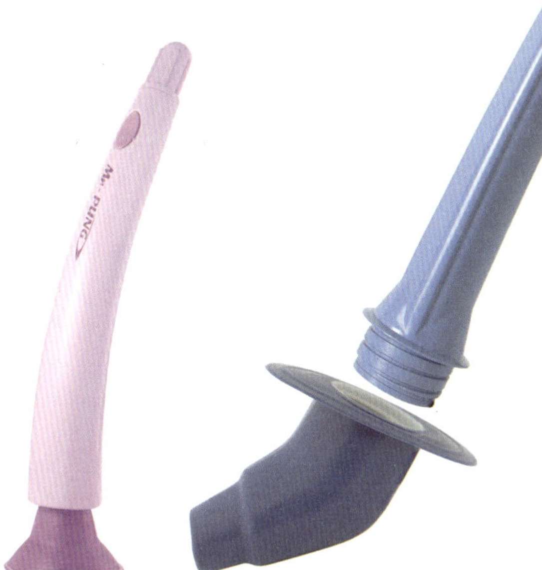

머리카락으로 인한 세면대 막힘도 빈번하다. 이 때는 미니 사이즈의 미스터펑으로 손쉽게 뚫을 수 있다.

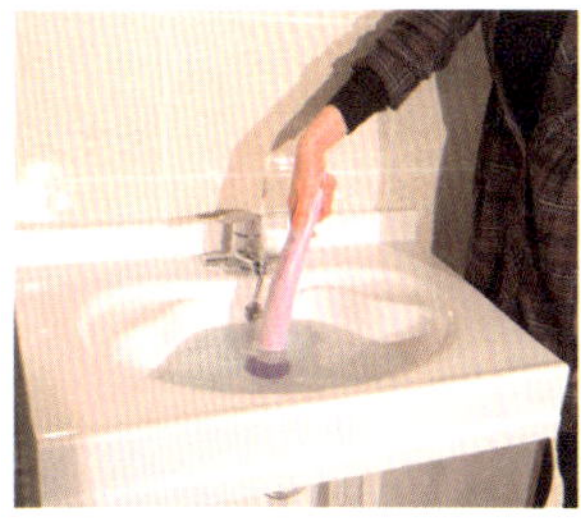

# 잡동사니들이여, 내게로 오라!

한 평 남짓한 욕실에 수납까지 기대하는 건 무리일까. 비누며 칫솔, 샴푸 용기, 바디 제품들, 거기에 많은 싱글들은 이런저런 화장품까지 화장실에 늘어놓고 사용하기도 한다. 이쯤 되니 욕실은 항상 이런저런 물건들로 늘 만원이다. 벽걸이 선반에 놓고 쓰는 수건들도 위생면에서도 걱정이 되는 부분이다. 샤워만 한 번 해도 습기로 가득 차는 공간이라 한결같은 뽀송 뽀송함을 기대하기란 어렵다.

'런더리 3단 무빙 바스켓'은 이런 불편함을 해소하는 기능에 '충실한' 수납가구다. 한눈에 봐도 자질구레한 물건들이 깔끔하게 정리될 수 있도록 적당한 사이즈에, 3단 구조라 사이즈나 물건별로 일목요연한 정리를 도

와준다. 맨 아래 커다란 바구니는 욕실에 들어가기 전, 벗은 옷들을 휙 던져 놓아도 될만큼 널찍한 사이즈를 자랑한다. 나머지 두 바구니에 욕실에서 쓰는 나만의 개인용품을 분리해서 정리하면 좋다. 가장 자주 쓰는 건 맨 위에, 빈도수가 낮은 건 아래에 놓자. 하나만 필요하다면 위에 있는 바구니를 분리해서 다른 용도로 사용할 수도 있으니, 일석이조. 욕실은 사실 은근히 작은 물건들을 수납할 공간이 필요한 공간이라 이런 엑스트라 아이템이 절대적으로 필요하다.

1미터가 조금 넘는 높이를 가진, 바퀴가 달린 움직이는 이 아이는 가로세로를 포함한 전체적인 볼륨이 슬림하고 심플하다. 세탁세제뿐만 아니라 욕실과 싱크대 청소와 설거지를 위한 다양한 여분의 세제를 정리하기에도 그만이다. 하나하나 사서 쟁여둔 목욕제품들을 모아두어도, 작은 타월들을 잘 접어놓기만 해도 묘한 만족감을 준다. 가장 아래에 있는 커다란 바스켓은 손잡이가 달려 있어 세탁바구니로 써도 좋다. 부피가 넉넉해서 며칠 치 빨래감도 거뜬히 보관 가능하다. 깔끔한 싱글을 위한 화이트와 은은한 느낌을 좋아하는 브라운 컬러 등 컬러는 두 가지. 무광택이라 때가 잘 묻어나지 않는 소재 또한 마음에 든다.

**판매 및 문의 카모메키친** www.kamomekitchen.kr

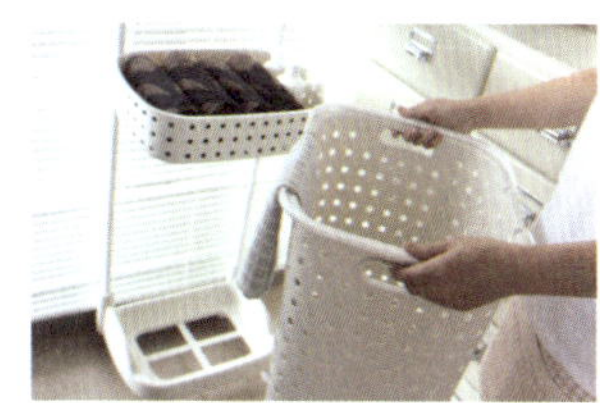

# 별의 별걸 다 배달해주는
# 서브스크립션 서비스

참 편한 세상이다. 별의 별걸 다 배달해주는 세상이다. 힘들게 쇼핑 카트를 끌 필요도 없고, 하루가 다르게 출시되는 신제품 속에서 무엇을 어떻게 사야 할지 고민할 염려도 없다. 배송 주기만 정해 놓으면 반찬, 김치, 생수는 물론이고 각종 생활용품, 유명 빵집의 갓 구운 빵, 테이스팅 전문가가 추천하는 커피 원두까지 집으로 '알아서' 배달해 준다. 이뿐이랴. 우렁각시 같은 도우미 서비스에 여성들을 위한 화장품이나 생리대부터 남성 와이셔츠와 넥타이, 팬티나 양말까지 친절하게 정기 배송을 해주고 있다. 바야흐로 정기 구독을 뜻하는 '서브스크립션(subscription)' 시대를 살고 있는 것이다. 이 편리함의 최대 수혜자는 다름 아닌 혼자 사는 1인 가구. 혼자 살기에 적합한 요소들을 다 갖추고 있기 때문이다. 처량하게 혼자 장보러 다닐 필요도 없고, 필요한 물건들을 주문만 하면 엄선한 뒤 필요한 만큼만 소량씩 박스에 담겨져 오니 개별로 구입하는 것보다 훨씬 저렴하기까지 하다. '엣지있는' 싱글라이프를 꿈꿔왔다면 요즘 가장 '핫한' 서브스크립션 커머스로 눈을 돌려 보자. 아마도 '혼자라도 문제없어!'란 소리가 절로 나올 지도 모르겠다.

### 덤앤더머스(www.dummerce.com)

혼자서 이일저일 해내야 하는 싱글들에게 쇼핑은 생각보다 큰 숙제다. 생수나 간편 식품, 과일, 우유, 양말이나 팬티 같은 소품 등 매일 혹은 매월 단위로 필요한 생활필수품이 있기 마련인데, 문제는 시간이 걸리고 번거롭다는 점이다. '덤앤더머스'는 우유나 잡지처럼 소비자가 필요한 물건을 집으로 편하게, 그리고 정기적으로 배달해 주는 서브스크립션 서비스로 1인 가구를 위한 생수, 반찬, 다이어트 식단 등 생활 밀착형 정기배송이 주를 이룬다. 잦은 외식이 부담스러운 싱글족이라면 반찬 배달을 이용해 보자. 전문 반찬집 명품찬방의 반찬을 정기적으로 배달해주는 '반찬의 격식'과 집밥처럼 정성껏 맛을 낸 반찬을 정기적으로 배달해주는 '집밥의 완성'이 인기다. 다이어트를 고려 중이라면 저칼로리식으로 구성된 '도도한 식단'을, 집에서 만들기 힘든 해독주스를 주기적으로 배달해 주는 '츄링츄링' 서비스를 이용해 볼만하다. 반려동물을 키우고 있다면 매월 필요한 사료와 간식, 장난감 등을 모아 보내주는 '빛좋은 개박스', '반짝이 냥박스' 서비스도 추천한다. 최근에 런칭한 '싱글즈 – 세상의 모든 건강간식'도 인기다. 싱글라이프에 맞춰 만든 1인 전용 건강간식을 모은 구성으로 시리얼, 건과, 견과, 씨앗 간식들을 주기적으로 배송받을 수 있다.

---

### 테이블 플라워(www.tableflower.kr)

이 세상에 꽃을 싫어하는 사람이 있을까? 매주, 아니면 매월 아름다운 꽃다발을 집에서 받아본나고 생각해보라. '나를 위한' 주문이지만, 마치 누군가에게 꽃을 선물 받은 듯한 설레임까지 덤으로 받을 수 있다. 매주, 격주 선택할 수 있고 사이즈 또한 스몰, 라지로 필요에 따라 주문 가능하다. 싱싱한 제철 꽃을 사용하며 격주로 새로운 콘셉트의 꽃다발이 공지된다. 첫 구매 시 기본적으로 꽃병이 제공되는 서비스도 큰 특징이다. 나를 위한 선물용으로도 좋지만, 연인을 위한 로맨틱 이벤트 아이템으로 추천한다. 사랑하는 연인에게 정기적으로 꽃을 안긴다면? 평소 바쁜 스케줄로 서로의 마음을 챙기기가 힘들었다면 한번쯤 플라워 서브스크립션이 큰 메신저가 되어 줄 것만 같다.

## 브레드베어(www.breadbear.com)

'빵' 마니아들이 늘고 있다. 밥 대신 빵을 주식으로, 먹고 싶은 빵이 있으면 일부러 지방까지 가서라도 빵을 사오고 마는 열혈 '빵순이'들도 많다. 이런 이들이라면 '브레드베어'의 친절한 서비스를 이용해 보자. 먹고 싶은 빵 찾아 여기저기 발품 팔지 않아도 되니 이 얼마나 편리한가. '아티장 베이커스', '라틀리에 모니크', '시오코나', '베이커리 차차', '아이엠베이글', '미고'의 빵들을 집에서 편히 받아 먹을 수 있다. 빠른 배송도 큰 장점으로 꼽히며, 전국 배송이라 지방에 사는 빵 마니아들도 반가울만한 소식이다. 빵 뿐만 아니라 신선 목장 유제품, 무설탕 슈퍼잼 등도 함께 구입 가능하다.

## 어반팟(www.urbanpot.co.kr)

우유나 주스도 배달해주는 데 커피가 빠지면 섭섭하다. 전문가가 엄선한 고퀄리티의 맛있는 커피를 집으로 배달해 주면 얼마나 좋을까? '어반팟'은 전국 유명 로스팅 원두는 물론, 테이스팅 전문 패널들이 엄선한 원두를 정기적으로 배달해 주는 커피 서브스크립션 업체로 유명하다. 전국 유명 로스팅 원두를 '정기구독'으로 즐길 수 있다는 점에서 커피 애호가들은 물론, 어떤 원두를 어디서 골라야 할지 고민인 이들에게도 환영받는다. 주문 방법은 '어반팟 멤버스'를 클릭한 뒤 3회, 6회, 12회권 등으로 배송 주기를 선택하면 매주 신선한 커피를 받아볼 수 있다.

## 푸드플랩(www.foodplab.com)

혼자 살다보면 '달달한' 것들이 당길 때가 많다. 과자 좋아하는 이들이 환영할 만한 배달 서비스 '푸드플랩'. 깊고 진한 초콜릿, 부드러운 쿠키, 안주용 스낵 등 종류별 과자들을 매월 1일 박스 한 가득 집으로 보내 준다. 식품 전문 큐레이터가 선별한 세계 각국의 수입 가공식품들이 메인 리스트. 프랑스, 일본, 스위스 등 여러 나라의 과자들을 종류대로 맛볼 수 있다는 점이 가장 큰 특징이다. '이번에는 어떤 과자들이 올까'하는 기대감과 함께 매달 박스를 열 때마다 골라 먹는 소소한 즐거움도 한 아름 안겨 준다.

**언니네텃밭(www.sistersgarden.org)**

한 가지를 먹더라도 제대로 된 재료에 투자하고 싶다면 건강하게 기른 텃밭 먹거리들을 집까지 보내주는 '언니네텃밭'의 제철 꾸러미를 주목하자. '언니네텃밭'은 친환경 농사를 짓는 여성 농민과 생산자들이 모여 직접 키운 농산물을 소비자 회원에게 꾸러미 형식으로 판매한다. 구성은 매번 다르지만 주로 국산 콩두부, 방사유정란, 김치 등과 식혜, 미숫가루 같은 전통 식품과 갓 수확한 제철 채소를 받아볼 수 있다. 매월 횟수를 정하면 그만큼 매주 집으로 보내준다. 혼자라면 '1인 꾸러미'가 적당하다. 제철꾸러미 구성에서 전통 가공 식품 대신 제철채소 2~3 종류와 간식, 반찬 한 가지가 각각 추가되는 구성이다. 1회 꾸러미 가격은 20,000원으로 매월 꾸러미 배송 횟수에 따라 월회비가 책정된다. 아이스박스 포장이라 안전하고 신선하게 받아볼 수 있고 각 농산물마다 생산자의 이름과 연락처, 생산지 등이 적혀 있어 더욱 믿음이 간다. 편지 형식의 간단한 레시피도 함께 보내준다.

---

**올프레쉬(www.allfresh.co.kr)**

아무리 몸에 좋다지만 혼자 살다보면 과일 챙겨먹기도 힘들뿐더러 골고루, 그것도 조금씩 사먹기는 힘들다. 조금씩이라도 매일매일 꾸준히 과일을 챙겨먹고 싶은 싱글이라면 '올프레쉬'의 '자연그대로 패키지'를 이용해 보기 바란다. 딸기, 귤, 키위, 청포도, 멜론, 바나나 등의 맛있는 과일들을 종류대로 집에서 주문해서 먹을 수 있다. 무엇보다 전국 친환경 농가들과 직거래를 하므로 낭도 높은 고품질의 과일은 물론, 매일 판매수량을 정해 놓을 정도로 신선도가 높아 더욱 신뢰가 간다. 과일 소믈리에가 엄선한 제철 과일 중 원하는 과일만 골라 담아 주문할 수 있는 '골라담기' 패키지가 인기고, 단품 과일이나 선물 세트, 커팅 과일도 주문 가능하다.

# HEALTH&

# PART

# 04

# OUTDOOR

혼자서도 '잘 노는' 사람이 성공적인 싱글라이프를 누릴 수 있다. 혼자만의 특권으로 주어진 이 시간을 얼마나 적극적으로 잘 관리하고 누릴 수 있느냐에 따라 싱글라이프의 성패가 갈리기도 한다. 여행이나 운동, 취미를 위한 아이템들이 싱글들의 머스트해브 아이템으로 떠오르고 있는 것도 이런 이유에서다.

# HEALTH & OUTDOOR

## 건강과 취미를 위한 '가치 투자'에 집중해라

'혼자'라는 특권으로 주어지는 싱글의 삶. 자신만의 싱글라이프에서 무엇을 가장 중요하게 생각하느냐에 따라, 또는 얼마나 주도적이며 자발적인 태도로 살아가느냐에 따라 그 만족도가 달라질 수 있지 않을까. 얼마 전 싱글들의 다양한 이야기를 리얼로 담아내는 인기 TV 프로그램 '나 혼자 산다'에 그룹 신화의 김동완이 출연한 적이 있다. 37살 싱글남인 그는 손수 아침밥을 준비하고 혼자서도 스스럼없이 뷔페에 가는가 하면, 건강을 위해 필라테스를 찾고 취미로 헬리캠을 날리며, 집에 돌아와서는 동네 후배를 초대해 즐거운 시간을 갖는 등 혼자만의 일상을 여과 없이 보여 주었다. 무대 위의 화려한 모습과는 달리 혼자서도 여유롭고 당당하게 지내고 있는 그를 보며 싱글라이프의 소소한 매력에 빠져든 이들도 많았을 것이다. 그의 예에서도 알 수 있듯이 혼자서도 충분히 즐길 수 있는 '무엇'이 있다면 팍팍한 혼자 살이도 더 이상 외롭지 않다. 이를 위해선 취미나 건강, 스포츠, 아웃도어 활동 등에 자신만을 위한 '가치 투자'를 해보자. 혼자 올레길을 걷거나, 자전거를 타고, 스케이트 보드 동호회를 기웃거리고, 요가 스쿨에 등록을 하고, 창문가 한 뼘 미니정원을 가꾸는 것도 좋다. 나홀로 여행은 물론 혼자 보는 공연이나 영화도 의외의 즐거움을 안겨준다. 누군가에는 피규어 콜렉션이, 누군가에겐 첨단 웨어러블 기기들이라도 좋다. 이제는 자신에게 집중하는 아이템들에게 주목해 보자.

## ● 하비(hobby) 홀릭 제품은 낭비가 아니다

스스로 자문해 보자. 나는 혼자 있을 때 무엇을 하며 노는가? 외로움을 달래 줄 어떤 취미를 갖고 있는가? 시간을 투자해도 아깝지 않을 관심 분야는 무엇인가? 이 질문에 대한 답이 바로 떠오르지 않는다면 어쩌면 혼자살기에 '적성'이 맞지 않는 사람일지도 모른다. 바빠서 그럴 여유조차 없다는 건 궁색한 변명일 뿐이다. 주변에서 혼자서도 잘 노는 싱글들을 보면 그들만의 어떤 흥밋거리가 있음을 알 수 있는데, 그 몰입이야말로 혼자 사는 삶의 강력한 에너지와 자극제가 되기 때문이다. '피규어'로 대변되는 장난감 콜렉션도 여기에 해당된다. 피규어는 일명 '키덜트'로 불리는 어른들이 열광하는 대표적인 장난감이다. 키덜트는 'kid'와 'adult'가 합쳐진 말로, 어릴 적 갖고 놀던 장난감들에 여전히 열광하고 탐닉하는 어른들을 일컫는 말이다. 이들은 유치할 정도로 천진난만하고 재미있는 피규어들을 모으며 살아간다. 누가 아직도 아이들이나 갖고 놀만한 이런 장난감을 수집하고 공을 들이고 있겠냐고 생각한다면 오산이다. 쉴 틈 없이 바쁘게 돌아가는 세상, 반복되는 답답

한 일상에서 조금이라도 쉼과 재미를 누리고 싶은 그들은 어릴 적 갖고 놀던 장난감을 더듬어 보고 위안을 삼는다. 자전거 동호회에 가입해서 종주 여행을 다닐 정도로 자전거에 '홀릭'하는 마니아들도 많다. 요리를 좋아하다 보니 만든 요리에 어울리는 그릇을 갖고 싶어서 도예를 배우는 사람도 있다. 이처럼 하비홀릭(hobby holic)을 위한 아이템 하나 정도에는 꼭 투자하며 살자.

### ● 가끔은 혼자만의 여행을

많은 이들이 혼자 떠나는 여행이야말로 여행의 참모습이라고 입을 모은다. 굳이 커플이 아니어도, 친구들과의 요란한 동행이 아니어도 좋다. 가끔은 다른 사람과 어울리지 않고 혼자만의 여유로움을 즐기는 것만으로도 행복해질 수 있다. 홀로 떠나는 여행은 자신을 돌아보고 자신에게 집중할 수 있는 좋은 방법이다. 또 혼자 다니면 '사람 만나기'가 가능해진다. 새로운 사람을 만나는 것은 여행의 묘미인데, 함께 어울려 다니다보면 이런 즐거움은 놓치기가 쉽다.

출판사에 다니는 한 지인은 한 달에 한번 정도 제주도에 다녀오곤 한다. 그저 게스트하우스에 머물면서 혼자서 먹고, 걷고, 푹 자고, 책을 읽거나 바닷가 찻집에서 커피를 마시다 오는 게 전부다. 이유가 뭘까? 그녀의 여행 목적은 무언가를 더 보고 쇼핑하는 게 아니라, 온전히 자신에게 집중하고 쉬는 과정이기 때문이다. 싱글들의 이러한 여행 문화의 변화는, 관광이 중심이었던 과거 여행과는 달리 자신에게 집중하는 새로운 여행 트렌드를 이끌고 있다. 때문에 최근에는 혼자 떠나는 이들을 위한 싱글전용 여행 상품도 인기를 얻고 있고, 다양한 여행 용품도 싱글들을 위한 물건들 선택 리스트에 오르고 있다. 여행하는 동안 본인의 스타일리시한 감각을 뽐낼 수 있는 엣지있는 트렁크나 각종 파우치, 넥쿠션 등과 같이 소소한 물건들이 그것이다.

### ● 가드닝, 도시농부의 즐거움을 누려 보라

여유로운 싱글라이프를 꿈꾸고 있다면 도시 농사나 실내 가드닝도 꽤 즐거운 놀이가 될 수 있다. 베란다가 없어도 화분 놓을 공간만 있으면 누구든 시도해볼 수 있고, 안전한 먹거리를 얻을 수 있음은 물론 식물이 주는 교감은 정서적으로도 꽤 소소한 즐거움을 안겨 주기도 한다. 한 설문조사에 의하면 싱글라이프의 로망으로 '시디 파머(City Farmer)'를 꼽는 이들도 많고, 실제로 싱글들이 애용하는 온라인숍에는 이들을 위한 카테고리가 따로 마련되어 있을 정도로 그 인기를 반증한다. 세계적인 뮤지션 제이슨 므라즈도 아보카도 농사를 짓는 것으로도 유명하다. 아마도 자기가 좋아하는 걸 직접 키워서 먹는 즐거움 때문은 아닐까. 단순히 유행을 따르라는 것이 아니다. 싱글에게는 집 안에 있는 생명체를 돌본다는 것 자체만으로도 건강한 소일거리가 될 수도 있고 공기 정화 효과가 있어 건강까지 챙길 수 있다. 식물은 반려동물처럼 항상 보살펴 줘야 하는 번거로움도 없고, 물만 주면 의외로 키우기도 간단하다. 처음에는 작은 화분부터 시작해서 상추나 방울 토마토, 허브처럼 취향따라 점점 종류를 늘려나가는 것도 좋다.

● **싱글을 지키는 힘, 건강**

온전히 자기 자신을 위해서 쓸 수 있는 싱글의 삶. 본인의 의지에 따라 얼마든지 더 많이 즐기고, 더 즐겁게 살고, 더 많은 자기 계발을 하며 살 수 있다는 특권이 주어진다. 여기서 가장 우선순위에 두어야할 것은 다름 아닌 '건강' 이다. 제 아무리 완벽한 싱글라이프를 꿈꾸더라도 아프면 모든 것이 소용없는 일. 운동도 꾸준히 하고 규칙적인 생활을 하는 등 건강을 위한 투자는 아무리 강조해도 지나침이 없다. 때문에 혼자 살면서 제 몸 가꾸는 물건 하나 정도는 꼭 갖추고 살라고 조언하고 싶다. 누군가에는 신나는 달리기를 도와 줄 운동화가, 바람을 막아줄 바람막이 점퍼가 될 수 있다. 또 요즘 유행하는 스마트 건강 팔찌나 다이어트 기기, 뭉친 근육을 풀어주는 안마기가 될 수도 있다. 오래도록 만족스런 싱글라이프를 꿈꾼다면 자신을 위한 건강 아이템에 돈 쓰는 걸 아까워하지 말자.

사람들과의 원만한 관계를 유지하는 것도 무엇보다 중요하다. 물론 혼자서 잘 지낸다면 걱정할 일이 없다. 하지만 한 연구 결과에 의하면 혼자 사는 사람이 가족과 함께 사는 사람보다 우울증 발병 확률이 최대 80% 높다고 한다. 이는 사람과 사람사이의 관계가 그만큼 중요하다는 것을 의미하는 것. 자신만의 싱글라이프를 꾸려 나가더라도 여러 사람들과 만나고 부대끼는 것이 정신건강에도 이롭다. 때문에 적어도 부담 없이 만날 수 있는 소모임 한 두 개 정도는 유지하는 게 좋고, 취미나 관심사가 같은 사람들과 어울려 시간을 보내 보는 것도 좋은 방법이다. 최근엔 싱글들을 위한 모임 어플리케이션까지 등장했는데, 모바일 상에서 다양한 모임을 개설하고 참여할 수 있다. 다양한 주제의 정기 모임과 일반 모임이 진행되고 있다.

혼자 지내면서 가장 걱정이 되는 부분은 아무래도 안전의 문제이다. 특히 싱글 여성의 경우는 더욱 그렇다. 혼자 살기 때문에 집을 비우는 일이 많고 뉴스를 보면 여자 혼자 사는 집을 노린 범행도 종종 일어난다. 때문에 음식을 배달시켜 먹을 때 일부러 현관에 남자 신발을 놓아두기도 하고, 행여 도둑이 들지는 않을까, 가스를 켜놓진 않았을까, 혼자 두고 온 반려동물이 잘 지내고 있는 지 걱정하는 이들도 많다.

이런 필요에 의해 최근 다양한 보안 용품들이 출시되고 있다. 현관용 도어 센서는 물론이고 외부에서 창을 열면 경보가 울리는 창문 경보기, 문을 열지 않고 수령할 수 있는 무인택배함, 밖에서도 스마트폰으로 실시간 집 안을 확인할 수 있는 홈 CCTV를 설치하는 이들도 늘고 있다. 싱글족을 겨냥한 '세콤홈즈(Secom Homz)' 서비스도 이용할 수 있다. 보안 시스템이나 각종 호신 장비 등 이제 소화기를 비치해 두는 것만큼이나 당연한 일이 되어버린 요즘, 혼자 살기로 결심했다면 안전 또한 자기 몫이다. 어쩌면 자신을 지키기 위해 돈을 쓰는 건 선택이 아닌 '필수'다. 가능하다면 안전과 관련된 투자 만큼은 아끼지 않도록 한다.

여유로운 라이프스타일을 꿈꾼다면

# 버츄(virtue) 클래식 자전거



자전거를 타는 사람만이 아는 소소한 즐거움이 있다. 불어오는 바람, 흩어지는 공기, 평소엔 무심코 지나쳤던 것들이 나를 위한 풍경인 것처럼 느껴지는 소중한 순간. 답답하고 꽉 막힌 마음을 시원하게 뚫고 싶다면 자전거를 타고 페달을 맘껏 밟아보라. 스치는 풍경을 보며 느끼는 쾌감은 타본 사람만이 아는 즐거움이다.

자전거 인구 1000만명 시대를 맞고 있다. 친환경적인 삶을 선택하고 건강한 삶을 위해 자전거를 선택하는 이들이 늘어나고 있다는 건 반가운 일이다. 특히 1인 가구의 증가는 여유로운 라이프스타일을 꿈꾸는 싱글들의 트렌드로 이어져 자전거 인구를 늘이는 견인차 역할을 하고 있다. 그래서 싱글들에게 자전거란, 어쩌면 '탈 것 이상'의 의미를 갖는 지도 모르겠다.

그렇다면 자동차 대신 자전거를 선택한 싱글에게는 어떤 합당한 이유들이 있을까. 일단 건강을 챙기려는 습관이 이미 몸에 밴 사람들이고, 자전거의 기동력과 가벼움을 신뢰하며, 그리고 주차의 불편함과 짜증을 멀리할 수 있다는 점 등이리라. 이런 기준에서 많은 바이크 선배들은 버츄(virtue)를 추천한다. 버츄 클래식만이 가진 기본적인 안정감과 심플한 디자인 때문이리라.

누구든지 일상 속에서 편하게 탈 수 있는 자전
거를 추구하는 버츄(virtue). 가격 대비 스타일과
기능을 모두 갖춘 모델로 인정받고 있다.

미국 샌디에고에 본사를 둔 클래식 전문 자전거 브랜드 버추는 클래식 디
자인을 모토로 어느 누구든지 일상 속에서 편하게 탈 수 있는 자전거를
추구하는 브랜드. 무엇보다 가격 대비 스타일과 기능을 모두 갖춘 모델로
인정받고 있다. 코스터 브레이크(페달을 뒤로 돌리면 브레이크가 잡히는
기능)와 함께 버추 클래식만이 갖춘 프론트 프레임이 멋스럽게 안착되어
있으며, 날렵한 안장과 가벼운 무게는 남자가 번쩍 들어 어깨에 걸치기에
큰 무리가 없다. 그렇다고 여자들이 탈 수 없다는 말이 아니다. 안장의 위
치만 내리면 키가 작은 싱글에게도 적합하다. 무엇보다 심플함이 묻어나
는 디자인이 특징으로 그린과 블랙 컬러 중 선택할 수 있고, 몇 가지의 추
가 옵션으로 원하는 장치들을 넣을 수 있다.
스트레스가 팍팍 쌓이는 날이면 퇴근 후에 자전거를 타고 근처를 돌아다
니는 것만으로도 스트레스가 풀린다는 사실은 경험해본 사람만이 알 수
있으리라. 고유가 시대에 기름값 아낄 수 있고 자연과 함께 호흡할 수 있
는, 싱글의 자유로움과 가벼운 마음만이 이해할 수 있는 특별한 자전거의
행복을 시작해 보자.

**판매 및 문의 IBE** www.ibebike.co.kr

# 캐스 키드슨 에코백



언젠가부터 에코백의 소소함을 찾는 이들이 많아졌다. 배우 유아인이 한 패션 브랜드의 에코백을 직접 디자인해 화제를 모으는가 하면 일명 '이효리 에코백'은 없어서 못 파는 경우까지 생기기도 했다. 에코백의 역사를 거슬러 올라가면, 1990년대 일회용 비닐봉지(plastic bag) 사용을 줄이자는 취지로 처음 시작됐다고 전해진다. 백화점이나 대형마트에서 한 번 물건을 담고 버리는 비닐봉지 대신 재사용이 가능한 소재로 만든 장바구니를 쓰자는 의도였다. 그 당시만 해도 예쁜 장바구니 정도로만 사용되던 에코백이 패션 아이템으로 자리 잡기 시작한 데에는 2007년 영국의 유명 디자이너 애냐 힌드마치(Anya Hindmarch)의 힘이 컸다. 그가 디자인한 'I'm not a plastic bag'이라는 로고가 찍힌 천 가방이 폭발적인 인기를 얻은 것. 그 후로 에코백은 어떠한 캐주얼한 코디에도 어울리는 일상의 아이템으로 사랑받고 있다.

이처럼 친환경적 가치뿐만 아니라 스타일이라는 유연함까지 갖춘 에코백은 가볍고 휴대성이 강해 단촐한 라이프스타일을 즐기는 싱글들이라면 하나쯤은 소지하고 있어야할 '잇' 아이템으로 꼽힌다. 무거운 명품백 대신

가볍게 매고 다닐 수도 있고, 출퇴근 시 도시락이나 자잘한 개인용품을 해결할 수 있는 세컨 백으로도 적당하다. 바게트 하나 무심하게 꽂아 넣고 텀블러 가득 커피 담아 자전거 페달을 밟으면, 뉴요커 코스프레도 가능하나. 퇴근길, 마켓에 들러 가벼운 장을 볼 때에도 왠지 환경보호에 동참하고 있는 것같은 묵직한 뿌듯함을 준다. 이 중에서도 특히 캐스 키드슨의 '북백'은 매번 기다리는 즐거움을 주는 에코백이다. 매 시즌 북백의 신상품이 출시될 때마다 이번에는 또 어떤 사랑스런 프린트를 보여줄까 기대하게 만드는 아이템. 지난해 이효리가 한 방송 프로그램에서 매고 나왔던 캐스 키드슨(Cath Kidston)의 블루 컬러 북백은 일명 '이효리 에코백'으로 불리며 완판되기도 했다. 최근 선보인 킹스우드로즈(Kingswood Rose)와 파라다이스 필드(Paradise Fields) 역시 캐스 키드슨 특유의 러블리한 감성을 한껏 뽐내고 있다. 가볍고 튼튼한 면 소재로, 안쪽에는 포켓이 붙어 있어 자주 사용하는 작은 소품을 넣어 보관할 수 있다. 슈퍼마켓을 갈 때나 학교 보조가방 등의 데일리 아이템으로도 적당하다.

**판매 및 문의 캐스 키드슨** www.CathKidstonkorea.co.kr

매년 새로운 디자인의 출시를 기다리게 만드는 캐스 키드슨의 북백. 장 볼 때나 도시락 가방, 학교 보조가방 등 활용범위가 넓다.

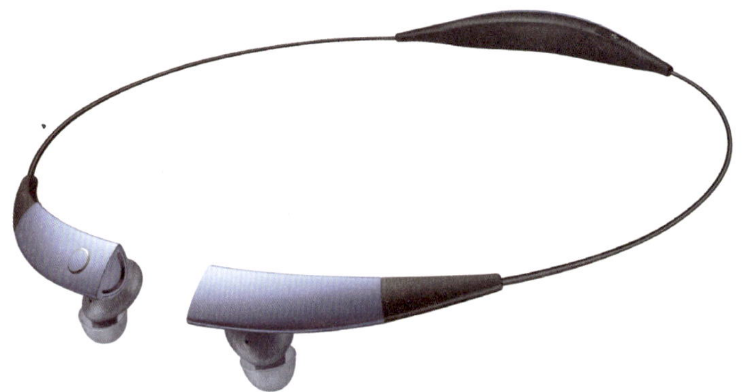



'엣지있는' 스마트 어댑터족을 위한 블루투스 헤드셋

# 삼성 기어 서클

**Editor's Tip**

주로 음악 감상용으로 사용할 요량이라면 'Gear SoundAlive'를 이용해볼 것을 권한다(기어 서클은 사전에 삼성 기어앱을 설치해야한다). 직접 음질을 컨트롤할 수 있어서 굿. 고음이나 저음은 물론 악기나 보컬까지 조절할 수 있어서 취향대로 들을 수 있다.

요즘은 '웨어러블'이 대세다. 웨어러블로 말하자면 '옷 입듯 편하게' 스마트폰, MP3, 컴퓨터 등의 기계를 편하게 갖고 다닐 수 있는 형태를 말한다. 이 요상한 트렌드가 왜 생겨났을꼬 반문한다면, 왜 기계를 옷에 덕지덕지 붙이고 다니냐는 질문을 할 참이라면, 한번 그 편리함을 느껴보면 이해가 갈 것이다. 우선, 구글의 최신기술이 총동원된 대표적인 웨어러블 기기, '구글 글라스'. 안경처럼 착용하면 네비게이션 기능, 사진촬영 기능, SNS 공유, 통화, 문자전송 등 스마트폰에서 가능한 대부분의 기능을 누릴 수 있는 참으로 똑똑한 녀석 아닌가. 말 그대로 눈앞에 컴퓨터가 하나 펼쳐진다고 생각하면 된다. 애플의 스마트워치는 '손목에 차고 다니는' 스마트폰이다. 누구나 한번쯤은 길을 가다 마주치는 애플 스마트워치 찬 사람을 보고 이유 모를 부러움에 힐끔거린 적이 있었을 터. 이외에도 증강현실 게임기, 스마트 헬스 밴드 등이 모두 웨어러블 기기의 대표주자들이다.

굳이 왜 기계들을 몸 여기저기에 못 붙여서 안달이냐고? 우선 손이 편하기 때문이다. 일명 '핸즈프리' 콘셉트인 점. 스마트폰으로 끊임없이 일정과 연락을 확인해야 하는 동시에 손으로도 업무를 봐야하는 입장이라면 몸 어딘가에 붙여만 두어도 자기 역할을 알아서 해내는 웨어러블 기기야말로 얼마나 고마울까. 스마트폰 붙들고 통화하랴, 업무 보랴, 운동이나 여가활

# 83

동까지 부지런히 소화해내는 철저한 싱글족들에게는 더더욱 요긴한 아이템이 아닐 수 없다.

삼성의 '기어 서클'은 이런 스마트 어댑터족 뿐만 아니라 바쁜 현대인들을 위한 목걸이형 웨어러블 기기라 할 수 있다. 기어 서클은 스마트폰, 태블릿 등과 같은 블루투스 지원기기와 무선으로 연결하여 사용하는 블루투스 헤드셋으로, 연결된 기기로 수신된 전화를 받고 음악 파일을 감상할 수 있다. 일반적인 이어폰과는 달리 기기와 연결되는 선이 없다는 것이 특징. 일단 폼 난다. 카페에서 음악을 듣거나 길을 걸을 때, 헬스장에서 런닝머신을 탈 때 기어 서클 하나면 왠지 '엣지있는' 스타일이 완성될 것만 같다. 굳이 스마트폰을 손에 들고 다니지 않아도 되니 손으로부터 자유롭고 이어폰 줄이 꼬이거나 엉킬 염려도 없다. 마그네틱을 떼었다 붙였다 하는 방식이라 통화 및 차단, 음악 멈춤이나 재생 가능 등도 편리하게 조작할 수 있다. 헤드셋이 들어있어 선글라스를 거꾸로 쓰듯 뒤에서 귀에 걸어서 사용해도 무방하다. 모든 블루투스 지원 스마트폰과 호환이 되며 삼성 기어 앱을 깔아야 사용 가능하다. 무엇보다, 운전 중이나 업무 중 핸드폰 통화량이 많거나 늘 음악을 끼고 듣는 이들이라면 유용하게 사용할 수 있지 않을까.

**판매 및 문의 갤럭시 기어** www.samsung.com

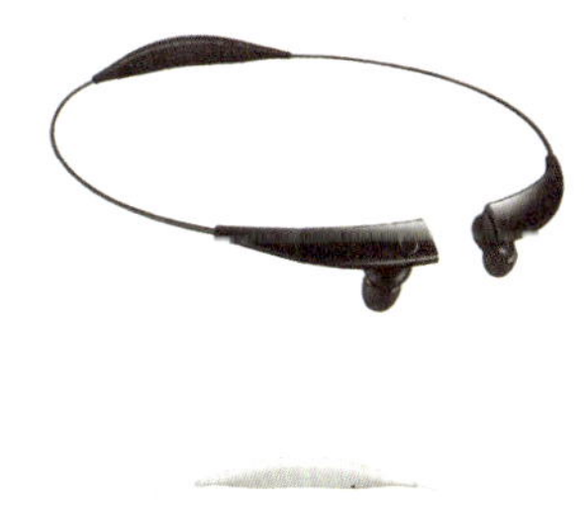

# 1인용 전동 스쿠터, 에어휠(Airwheel) S3

너도나도 건강을 먼저 생각하는 요즘. 자전거는 물론이고 보드를 비롯한 다양한 운동기구들을 이용해 몸도 건강도 챙기는 싱글들이 늘고 있다. 특히 최근에는 건강뿐만 아니라 번잡한 출퇴근 교통난을 대체하는 운송 수단으로, 나아가 '친환경'이란 의미까지 부여한 개인용 이동수단을 이용하는 이들이 늘어나고 있는 추세다. 신개념 레저 이동 수단이라 불리는 '왕발통(전동 스쿠터)'이 대표적인 예. 쉽게 말해 바퀴가 2개 달린 T자 모양의 1인용 운송 수단을 말하는데, 실제로 청담 사거리나 무역센터 근처에 가면 양복 차림으로 1인용 스쿠터에 몸을 실은 채 출근을 서두르는 직장인을 적잖이 볼 수 있다. 현재 외국에서는 경제적인 차세대 이동수단으로 각광받고 있다고 하는데, 자동차나 오토바이처럼 기름이 드는 것도 아니고 자전거처럼 힘들게 페달을 밟을 일이 없으니 그야말로 경제적인 이동수단이라 할 수 있다.

국내에 판매되고 있는 다양한 모델 중에서도 에어휠(Airwheel)사의 '에어휠 S3'는 서서 타는 바이크 형태의 신개념 전동 스쿠터로, 초기 비용과 고장을 제외하고는 유지 비용이 거의 들지 않아 무엇보다 경제적이다. 전기 충전으로 작동하기 때문에 탄소를 배출하지 않아 친환경적이기도 하다.

### Editor's Tip

❶ 평균 시속은 18km 정도이지만 안정성을 확보하기 위해 그 이상 속도가 올라가거나 언덕 등을 내려갈 때는 자동으로 속도가 제어된다.

❷ 최고속도(20km/h) 이상 주행 시 동력이 차단될 수도 있으므로 안전 경고음(15km/h)이 들리면 속도를 조절하거나 서행하는 것이 좋다. 과속 경고음이 울림에도 불구하고 속도를 줄이지 않고 무리하게 주행하면 위험상황으로 인식하고 동력이 차단될 수 있다.

❸ 경사 구간이나 언덕, 과속 방지턱 등을 오르내릴 때는 반드시 서행하도록 한다.

무엇보다 쉽고, 간단하고, 유용하다는 점이 특징. 중심과 평형을 잡아 주는 첨단 기술 자이로스코프센서(둥근 바퀴가 이중, 삼중으로 지지하여 어느 방향으로나 회전할 수 있는 기술) 기능이 탑재되어 페달을 밟지 않고 전기를 이용해 자동으로 전진, 후진, 커브 회전이 가능하다. 무게중심을 이용해 조작하기 때문에 몸을 앞으로 기울이면 전진하고 뒤로 기울이면 후진한다. 멈추고 싶을 때 가만히 서 있으면 되니 편리하다. 최대 18km의 속도로 쉽고 빠르게 이동할 수 있기 때문에 출·퇴근 길이나 가까운 거리를 산책할 때도 좋다.

밤에는 불도 들어오며, 본체 아래에 풀레인지 스피커가 내장되어 있어서 스마트폰과 블루투스로 연결하여 주행과 음악을 함께 즐길 수도 있다. 고농축 리튬이온 배터리가 내장되어 있어서 약 6시간 정도 완전 충전하면 30km의 주행이 가능하다(탑승자의 무게 및 지형, 온도 등에 달라질 수 있다). 단, 무엇보다 안전이 가장 중요하므로 조작이 익숙치 않은 처음에는 반드시 스스로를 보호할 안전 장비를 착용한 채 이용하도록 한다.

**판매 및 문의 로리스토어** www.roristore.com

# 하루 10분 밸런스톤(Balance Tone)

### Editor's Tip

발가락에 끼워서 운동할 수 있는 '밸런스톤 엑사'를 함께 사용하면 더 확실한 운동 효과를 기대할 수 있다. 발가락을 폈다 오무렸다 하는 자세를 반복하는 것만으로도 체형 및 자세 교정 효과가 크다. 밸런스톤 엑사를 사용해서 좌우로 스윙해주면 안쪽으로 기울어지면서 하반신이 안쪽으로 향하게 되어, 오자형 다리 교정도 도와준다고 한다.

그냥 신고만 있어도 다이어트는 물론 S라인 교정에도 효과적이라고? 새해에 세운 야심찬 운동계획도 작심삼일로 끝난 지 오래다. 회사와 집 사이를 쳇바퀴 돌 듯 왔다갔다, 운동할 짬도 없이 동동거리며 살아가는 싱글들에겐 자다가도 눈이 번쩍 뜨일 뉴스 아닌가? 운동은 귀찮고, 그러면서 몸관리에는 고민 많은 이들이게 솔깃하게 다가오는 이 물건은 '밸런스톤(Balance Tone)'이라는 기능성 슬리퍼.

슬리퍼라고는 하는데 모양새가 조금 특이하다. 반쯤 잘린 듯한 모양에 바닥은 U자형으로 조금 휘어있다. 동글동글한 것이 신고 서있으려면 꽤나 힘이 들어갈 것 같은 외모다. 신고만 있어도 앞뒤 좌우 다리 근육을 당겨주는 효과가 있다고 한다. '밸런스톤'은 일본 기능성 신발 브랜드 'AKAISHI'에서 출시한 다이어트 슬리퍼. 실내용이며 큰 힘 들이지 않고도 효과적인 스트레칭을 가능하게 해준다고 알려져 있다.

필자를 비롯, 의외로 다리 균형이 안 맞는 사람들도 많은데 이는 모두 '자세불량'에서 기인한 습관성 불균형이라고 한다. 오죽하면 자세를 바로 잡아줌으로써 살을 뺀다는 신종 프로그램이 나오고 한 유명 연예인의 자세 다이어트가 검색어에 오르내리기까지 했을까. 그런데 이 '밸런스톤'은 신고

밸런스톤은 발바닥 전체로 신는 것이 아니라 발 중앙부만 걸쳐서 신는 신발. 신으면 자동적으로 뒤꿈치가 들리게 되고 그 상태에서 앞뒤로 좌우로 움직여주면 저절로 근육이 움직여진다.

똑바로 걸으려고만 해도 왠지 몸의 균형이 잡혀가는 듯한 느낌을 받는다. 그 이유는 반쯤 잘린 신발 모양에 숨어 있다. 발바닥 전체를 신는 것이 아니라 발 중앙부만 걸쳐서 신는 신발로, 신으면 자동적으로 뒤꿈치가 들리게 되고 그 상태에서 앞뒤로 좌우로 움직여주면 저절로 근육이 움직여진다. 그래서 몸 전체를 움직이지 않고도 근육을 움직이게 하는 트레이닝 효과가 있다고 한다. 그냥 신고 있는 것만으로도 평소 안쓰던 다리 근육까지 쫙쫙 당겨주기 때문에 신체 밸런스 향상 및 다이어트에 도움이 되지만, 여러 가지 운동 동작을 따라하게 되면 보다 효과가 뛰어나다. 밸런스톤 운동법은 인터넷 검색을 통해 쉽게 찾아볼 수 있다.

또한, 신발이 앞에만 신도록 되어 있어서 불편할 듯 싶은데 안에 쿠션이 있어서 신고 왔다 갔다 해도 불편한 느낌은 없다. 하루 10분만 신고 있어도 매끄러운 다리까지는 바라지 않더라도 운동 효과는 기대 이상일 것 같다. 운동도 싫고 나가는 것도 귀찮은 싱글들이라면, 이 정도의 투자 정도는 감당해야하지 않을까. 하루 10분이니까.

**판매 및 문의 워킹앤루킹** www.wnl.co.kr

# 내 손안의 진동 마사지기

**86**

하루 종일 회사에서 일하다 보면 하루가 어떻게 지나가는 지도 모를 때가 많다. 그러다가 화장실 가려고 일어나거나 누가 불러서 일어나는 순간, '뚜두둑'… 갑자기 어깨 결림과 허리 통증이 밀려온다. 이뿐이랴. 컴퓨터만 넋 놓고 바라보는 거북이 목과 등, 그리고 마우스를 쉴 새 없이 눌러대는 손목과 어깨는 언제 터질지 모르는 폭탄처럼 우리의 피로치를 가중시키고 있다. 이럴 때 비로소 소셜 마켓에서 마사지 쿠폰을 구입하거나, 아쉬운 대로 동네 찜질방으로 눈을 돌리게 되지만 문제는 '오래가지 않는다'라는 점이다. 좀 더 적극적인 방법으로는 스트레칭이나 요가 클래스를 찾기도 하지만, 이것 또한 그 때 뿐이다.

한림통상에서 나온 이 깜찍하고 앙증맞은 진동마사지 기계를 써 보니 앞으로는 이런 번거로움에서 조금은 벗어날 수 있을 듯하다. 일단, 한손 안

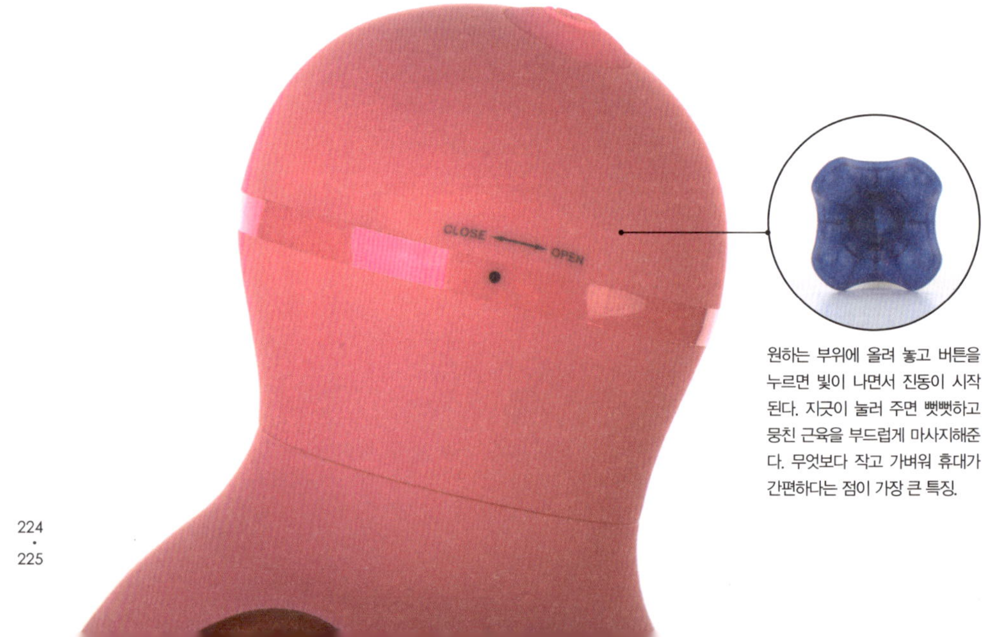


원하는 부위에 올려 놓고 버튼을 누르면 빛이 나면서 진동이 시작된다. 지긋이 눌러 주면 뻣뻣하고 뭉친 근육을 부드럽게 마사지해준다. 무엇보다 작고 가벼워 휴대가 간편하다는 점이 가장 큰 특징.

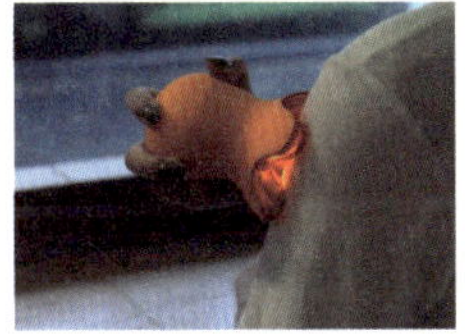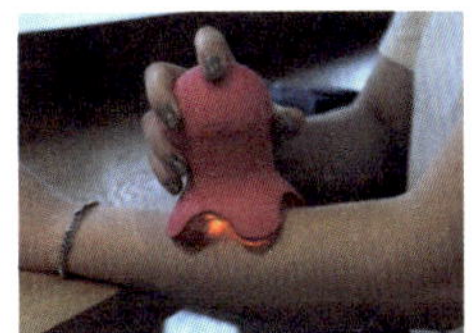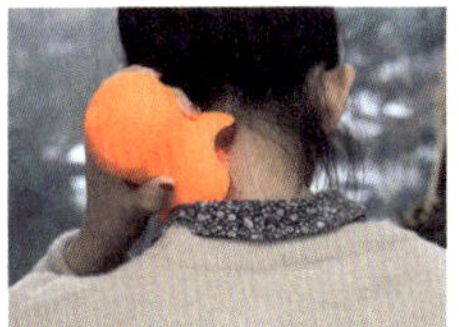

에 쏙 들어오는 컴팩트한 사이즈로 슬쩍 보기엔 아이들 장난감이나 작은 소품으로 보여도, 마사지가 필요한 부위에 올려놓고 버튼을 누르면 빛이 나오면서 진동이 느껴지기 시작한다. 일반 안마기처럼 원하는 부위에 대고 지긋이 눌러주면 뻣뻣하고 굳은 목이나 종아리을 살살 주물러준다. 마우스를 많이 사용하는 사무직 근무자라면 쉬는 시간 커피 타임을 이용해서 손등이나 팔목, 어깨를 마사지해주면 좋을 것 같다.

작고 앙증맞은 사이즈라 책상 위에 놓고 생각날 때마다 수시로 눌러댈 수 있고 휴대가 간편해서 가방 속에 쏙 넣어다니기도 편하다. 심지어 생활방수 기능이 있어 샤워할 때도 유용하게 쓰이겠다. 핑크를 비롯한 블루, 화이트, 옐로 등 컬러 또한 산뜻해서 욕실이나 책상 위에 올려놓으면 정감 가는 인테리어 소품도 된다. 외로움의 통증까지 주물러주진 못하겠지만 하루의 피로를 확실하게 풀어 줄 지도 모른다. 작동 시 AAA건전지 3개가 필요하다.

**판매 및 문의** 1300K www.1300k.com

야마하 NX–P100 블랙



# 블루투스로 즐기세요!

도대체 '블루투스 스피커'가 뭐길래. 검색창에 '블루투스'란 네 글자만 쳐도 수십 종류의 블루투스 스피커들이 줄을 잇는다. 제각각 대표 스펙이며, 디자인, 특징 등도 너무 다양해서 어떤 걸 골라야할지 선택하기가 곤란할 정도다. 블루투스 스피커는 유선 연결없이 무선의 편리함을 만끽할 수 있는 아이템 중 하나로 얼마 전까지는 기껏해야 차량용 블루투스, 헤드셋 정도 사용되던 무선 제품들이 이제는 고음질의 음악 감상용 제품까지 출시될 정도로 다양화되고 있는 추세다. 이는 야외 활동의 증가와 간편함을 지향하는 라이프스타일과도 무관하지 않다. 단지 음악 감상용 뿐만 아니라 스피커폰 기능, 그리고 방진, 방수 기능 지원을 통해 여행, 캠핑, 등산 낚시 등 다양한 아웃도어 아이템으로까지 그 영역을 확장하고 있다.

하지만 스마트폰으로도 가능한 것들을 왜, 굳이 블루투스 스피커를 사용해야만 할까. 지극히 개인적인 생각이지만, 아무래도 음질의 '휴대성'에 있지 않을까 싶다. 실내에서까지 이어폰이나 헤드폰을 끼고 싶지는 않고, 스마트폰만으로 음악을 듣기에는 스마트폰 음질은 전문 스피커에는 못 미친다. 출장이나 여행갈 때도 유용하지 않을까. 블루투스 스피커 하나만 챙기면 언제 어디서나 '고퀄'의 사운드를 즐길 수 있다.

'야마하 NX–P100'은 음질에 집착하는 이들이라도 반길 만한 아이템이다. 일단, 깔끔한 디자인이 돋보인다. 컬러는 화이트, 블랙, 라이트 그린 컬러

야마하 NX-P100 라이트 그린

로 예쁘게 마감해 발랄한 느낌을 준다. 무엇보다 근거리 무선 통신 기술인 블루투스와 NFC(Near Field Communication, 근거리통신기술) 기능을 통해 스마트폰, 태블릿PC 등 스마트기기에 저장된 음원을 무선으로 손쉽게 재생할 수 있다. IPX4 수준의 생활 방수를 지원하고 내장 배터리로 8시간 구동이 가능하니 야외에서 활용하기도 좋다.

중요한 건 음질. 4cm 풀 레인지 유닛 2개를 탑재한 스테레오 방식으로 최대 출력은 2W×2라니 이만하면 출력은 상당한 편이다. 컴팩트한 사이즈임에도 불구하고 사운드 또한 음향기기 전문 브랜드 제품답게 탁월한 음질을 자랑한다. 야마하 고유의 저음 강화 기술인 'SR-Bass'와 압축된 오디오 소스의 손상된 음원을 복원해주는 '뮤직 인핸서(Music Enhancer)' 기능이 적용되어 깊고 풍부한 저음과 원음에 가까운 생생한 사운드를 제공해 준다. 굳이 블루투스 스피커로 사용하지 않아도 노트북이나 PC 등에 AUX단자를 사용해서 듣는 경우에도 만족감이 높다. 적당한 사이즈에 디자인 또한 심플해서 어디에 배치하더라도 자연스럽게 어울려 실내용 세컨 스피커로도 적당하다. 또 한 가지, 야외에서 스마트폰 배터리가 떨어졌을 때, USB 케이블로 스마트폰과 연결하면 바로 보조 배터리로 사용할 수 있어 편리하다.

**판매 및 문의 야마하** www.yamaha.com

**Editor's Tip**

기계치들도 누구나 할 수 있을 정도로 페어링 방법은 간단하다. 기기의 전원을 켜고 블루투스 기능이 있는 스마트폰, 태블릿, 멀티미디어 플레이어에 블루투스를 활성화시키고 'NX-P100 Yamaha'라는 이름을 찾아 연결하면 그것으로 끝이다. 블루투스 연결이 성공하면 LED에 파란색 불빛이 들어오고 연결이 없거나 해제하면 오렌지색 불빛이 들어온다.

건강한 싱글라이프를 꿈꾼다면, 달려라!
# 나이키 에어맥스 2015

철저한 자기관리를 바탕으로 다양한 방면에서 자신을 계발하려는 적극적인 싱글이 많아지면서 '운동'을 생활화하는 싱글들이 많다. 아침시간을 활용한 집 주변 공원산책, 퇴근 후 저녁시간 조깅 등등 일부러 시간을 내어서 꾸준히 하는 운동은, 건강한 라이프스타일을 지향하는 싱글들에게 적지 않은 보람을 안겨준다. 여기에 반드시 함께해야 할 아이템이 있으니, 바로 '런닝화'다. 운동할 때는 아무래도 평소에 막 신고 다니는 운동화보다는, 발을 최대한 편하게 해주고 충격을 완화시켜 주는 등 '운동'에 최적화된 런닝화를 신는 것이 좋은 선택이 아닐까. 어떻게 알았는지 최근 다양한 신발 브랜드들이 앞다투어 런닝화를 출시하고 있다는 반가운 소식 또한 들려온다. 내 발에 꼭 맞는 착용감과 상큼한 디자인으로, 경쾌한 걸음걸이에 왠지 모를 설레임과 뿌듯함까지 더해주는 런닝화.

런닝화 하면 단연 나이키의 가벼운 에어맥스 시리즈를 손꼽을 수 있다. 통통 튀는 쿠션감과 가벼운 착화감으로 매시즌 전세계 마니아들을 기대

에 들뜨게 하는 나이키의 대표 모델 중 하나. 특히 이번에 새로이 출시된 나이키 에어맥스 2015(NIKE AIR MAX 2015)는 산뜻한 쿠셔닝과 역동적인 착용감 그리고 과감한 디자인으로 에어맥스 마니아들의 기대에 멋지게 부응하고 있다. 갑피 전체에 '엔지니어드 메쉬(Engineered Mesh)' 소재를 적용한 점도 돋보이는 변화다. 이로써 이전 모델보다 가볍고, 유연하며 편안한 착용감이 가능해졌다. 또한, 지지력이 중요한 부분과 통기성이 중요한 부분을 구분했으며, 안정적인 지지력과 발과 하나가 되어 움직이는 다이내믹한 핏을 구현했다. 신발 내부의 힐카운터(Heel counter) 또한 뒤꿈치를 부드럽게 감싸서 발과 신발이 편안하게 결합하도록 돕는다. 에어맥스와 함께 신나게 달릴 일만 남았다.

**판매 및 문의 나이키 코리아** www.nike.co.kr

### Editor's Tip

이번에 새롭게 출시된 '나이키 에어맥스 2015'의 디테일한 스펙
❶ 발바닥 전체를 커버하는 전장 '맥스 에어(Max Air) 쿠셔닝' 기술
❷ 발바닥 전체의 충격을 혁신적으로 흡수하는 플렉스 그루브(Flex Groove) 구조의 밑창. 극강의 유연성을 자랑한다.
❸ 와플 모양의 밑창을 적용해 접지력을 강화했다.
❹ 맥스 에어와 갑피 사이에 쿠실론(Cus–hlon) 소재를 배치함으로써 유연함과 동시에 달릴때 부드러운 착용감을 선사한다.

# 89



유난히 옆구리 시린 싱글들이여

## 추울 땐 히트텍하세요!

겨울은 춥다. 오리털, 거위털 아무리 거창하게 둘러도 안에서 꽁꽁 싸매주지 않으면 매서운 바람을 막을 수 없다. 아무리 몽끌레어 패딩 하나 입는 것보다 여러 겹 레이어링이 따습다지만, 차마 '내복'에는 손이 가지질 않는다. 결혼한 유부남들이야 와이프가 알아서들 챙겨주겠지만 싱글들은 각자 제 몸 스스로 챙겨야한다. 싱글녀들도 마찬가지다. 촌스럽다고, 스타일이 구겨진다고 뻗대는 것도 그만, 이제는 '몸 생각'도 해야 한다. 때문에 실제로 많은 싱글들은 스타일도 살리고, 따뜻함을 찾아 보온성이 뛰어난 이너웨어를 갖춰 입으며 겨울을 난다. 아마도 유니클로의 '히트텍'이 남녀노소 필수 월동 아이템으로 등극한데는 이런 요소들이 작용하지 않았을까. '패션'과 '보온'이라는 양립하기 어려운 두 가지 기능을 만족시키며, 스타일이 살지 않는다는 이유로 내복 입기를 꺼리던 젊은 세대들도 스스럼없이 지갑을 열게 만들고 있으니 말이다.

히트텍은 쉽게 말해, '발열 내의'다. 몸에서 발생하는 수증기를 흡수해서 열에너지로 변환하는 원리를 이용해서 만든 이너웨어. 여기에 유니클로

"""

는 머리카락의 10분의 1 굵기인 극세 마이크로 아크릴 섬유를 사용해 단열 효과가 높은 공기층을 만들어냈다.

레이온, 아크릴, 폴리우레탄, 폴리에스테르 등 서로 다른 특성을 지닌 네 가지 섬유들을 복잡한 구조로 발열, 보온, 그리고 땀 흡수와 건조까지 궁리한 이 제품은 일단 가볍고 따뜻해 일본은 물론 우리나라에서도 겨울에 많은 사랑을 받고 있다. 얇고 가벼운 원단, 그리고 다양한 디자인 덕분에, 보이지 않는 속옷의 개념을 넘어 '레이어링' 아이템으로 그 용도가 확장됐다. 셔츠 속에 레이어드해 입기도 하고, 터틀텍 스타일의 상의는 스웨터 안에 깔맞춤으로 입기도 한다. 하의 혹은 레깅스 역시 바지 속에 넣어 입어도 전혀 어색하지 않다. 보온성이 높은 아우터도 필요하지만, 무엇보다 '몸 관리'가 최우선인 싱글족들에겐 히트텍은 필수 이상의 '생활형' 아이템이 아닐까. 매년 실시되는 히트텍 세일 시기도 놓치지 말아야 하는 이유다.

**판매 및 문의 유니클로** www.uniglo.kr

나이키 레볼루션 트레이닝 재킷(Revolution Training Jacket)

# 사시사철 바람막이

언제부턴가 '바람막이'는 운동할 때의 필수 아이템으로 자리 잡았다. 피트감 있는 런닝화, 짱짱한 MP3에 활동성 좋은 바람막이야말로 '엣지있는' 운동을 완성시켜 주는 3요소가 아닐까. 운동 그 자체뿐만 아니라 스타일도 포기할 수 없다면, 갖출 건 다 갖춘 것 같은데도 어딘가 허전한 느낌이 든다면 바람막이를 강력하게 권한다.

바람막이는 우선, 가볍다. 신기한 것은 매우 가볍고 얇은데도 웬만한 바람과 추위는 막아줄 수 있을 만큼 따뜻하다는 것이다. 패딩 같은 두꺼운 옷을 입었을 때보다 바디라인도 더 잘 살아나고, 많이 움직여도 전혀 불편함이 없을 만큼 활동성도 좋으니 바람막이를 누가 마다하겠는가.

축구 선수들의 경기들을 극대화할 트레이닝복으로 개발됐다는 나이키의 '레볼루션 트레이닝 재킷'은 무엇보다 '가볍게' 입을 수 있다. 세계적 풋볼 스타들의 경기력 향상 고민 끝에 나온 작품이라고 하니 그 성능이나 퀄리티는 따질 필요도 없겠다. 우선, 스타일리시하다. 감각적인 투명 내피로 디자인되어 은은하게 비치는 실루엣이 매력적이다. 시스루 원단과 세련된 형광색 원단을 사용하는 등 디자인에 더욱 집중해 스타일도 챙기고 싶은 뭇 스포츠 마니아들의 이목을 끈다. 나이키 풋볼 재킷 중 가장 가벼운 무게를 자랑한다는 점도 돋보이는 사양. 또, 등과 어깨, 팔꿈치 부분에 고탄력 엔지니어드 메쉬(Stretch Engineered Mesh) 소재를 적용, 소매가 재킷의 주요 이음새와 독립적으로 움직이도록 함으로써 착용하는 선수들에게 자유로운 움직임을 제공할 수 있도록 했다. 재킷 안쪽은 자카드(jacquard) 직물로 짜인 그물망을 통해 통기성과 착용감을 전달해 주기 때문에 땀을 많이 흘리는 운동을 해도 걱정 없다. 소매 아래 부분 또한 재킷 내부로 공기가 순환되도록 설계되어 땀이 나도 금방 배출되는 구조다. 어느 정도의 생활 방수 기능도 있어 운동할 때 갑자기 쏟아질지 모르는 비에도 안심이다. 게다가 신경 쓴 듯 안 쓴 듯한 패션 아이템으로도 활용할 수 있으니, 한 벌 장만하면 두고두고 든든하게 입고 다닐 수 있을 듯하다.

**판매 및 문의 나이키 코리아** www.nike.co.kr

감각적인 디자인이 돋보이는 나이키 레볼루션 트레이닝 재킷. 일단 가볍고, 재킷 내부로 공기가 순환되는 구조로 디자인되어 땀이 나도 금방 마르기 때문에 항상 뽀송뽀송한 착용감을 느끼며 입을 수 있다. 사시사철 바람막이로 적당하다.

90

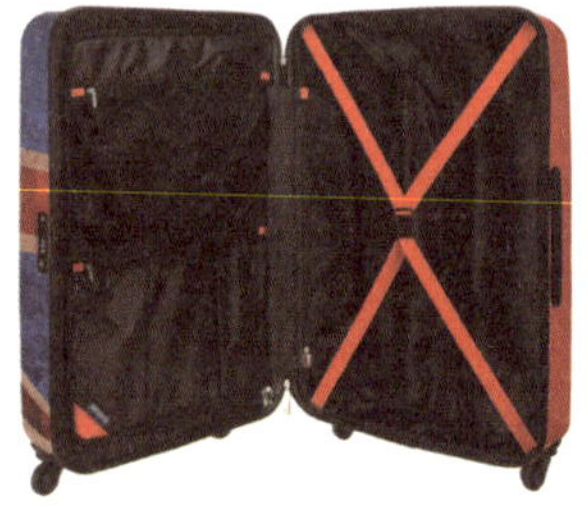



# 아주 스타일리시한 캐리어

밤잠을 설치며 캐리어에 옷가지를 차곡차곡 포개어 넣는 설레임은 여행이 주는 소소한 즐거움이다. 손 때 묻은 캐리어는 내 여행의 흔적이 고스란히 묻은 의미있는 물건이기도 하다. 캐리어를 고르는 기준은 저마다의 기준이 다르겠지만, 많은 이들은 옷은 편하게 입되 가방만은 '특별한' 것을 선택하라고 조언한다. 여기서의 특별함이라 함은 단지 고가이거나 유명 브랜드를 지칭하는 것이 아니다. 튼튼하고 실용적이되, 자신의 아이덴티티를 표현하는 수단으로도 캐리어가 활용되기 때문이리라.

캐리어는 한 번 구입하면 몇 년은 사용하는 만큼 내구성, 잠금장치, 바퀴, 수납공간 등을 꼼꼼히 살펴 고르는 것이 먼저다. 특히 기내에 직접 가지고 타지 않는 경우엔 수하물 센터 컨베이어에 떨어지거나 계단이나 모서리 등에 세게 부딪히는 경우가 빈번하기 때문에 바퀴와 여밈이 충격에 강한지 체크해봐야 한다. 하드 케이스는 내용물이 파손될 염려가 적고 습기로부터 짐을 보호하는 기능은 강한 반면 충격을 받으면 가방이 열리거나 본체가 파손될 우려가 있고, 소프트 케이스는 가볍고 유연하지만 습기에 약한 것이 흠이다.

반면, 트렌드세터들의 캐리어 선택기준은 단연 '디자인'이다. 유니크한 디자인과 핫한 컬러의 캐리어로 이목을 집중시키고 싶은 이들이라면 '수잇수잇(SUITSUIT)'의 캐리어 라인을 눈여겨볼 것. 하드 케이스는 단조롭고 투박할 것이라는 편견을 단숨에 깨줄 다양한 디자인과 세련된 컬러로 무장했으니 말이다. 2008년, 네덜란느에서 첫선으로 보인 수잇수잇은 캐리어의 필수 조건인 실용성과 안정성, 세련된 디자인을 모두 갖춘 브랜드다. 유니크하면서도 톡톡 튀는 스타일, 그리고 최근 트렌드에 잘 매치되는 디자인이 특징. 특히 영국 국기를 모티브로 디자인된 '유니온 잭' 라인이 가장 인기다. 여러 연예인들의 착용 이미지가 SNS를 통해 널리 알려지면서 연예인 캐리어로도 입소문을 타고 있다. 최근 런칭한 '팝캣' 라인 또한 감각적인 레오파드 프린트가 캐리어 전체로 디자인되어 시선이 집중된다. '팝캣'은 20인치, 24인치, 28인치 세 가지 사이즈가 출시되었으며, 세련된 디자인뿐만 아니라 일본 히노모토사의 핸들과 바퀴사용, 가방이나 자물쇠의 파손 없이 TSA 마스터키로 열 수 있도록 만들어놓은 점 등 퀄리티에서도 디자인 못지 않은 만족감을 준다.

**판매 및 문의 수잇수잇 코리아** www.suitsuit.co.kr

### Editor's Tip

❶ 수잇수잇의 캐리어 커버 또한 예사롭지 않은 포스를 자랑한다. 수영복에 사용하는 라이크라 소재를 사용해 24인치부터 28인치까지 모두 덮을 수 있는 유연성이 특징. 커버를 사용하면 스크래치로부터 캐리어를 보호해주는 것은 물론, 멀리서도 눈에 확 띄는 디자인이라 수하물 찾을 때 특히 유용하다.

❷ 품질보장 기간이 무려 10년. 꽤 합리적인(?) 가격에 보장기간도 넉넉하니 더욱 매력적이다.

# 일상을 여행처럼, 택툴(tagtool)

공항 갈 때마다 여행용 캐리어에 달려 있는 택(tag)을 유심히 쳐다보는 버릇이 있다. 어디로 가는 지, 혹은 누구와 떠나는 길인지, 마치 '들떠있는' 듯한 택을 보면 그 여행의 설레임이 그대로 느껴지기도 한다. 여행자의 기본 정보나 행선지, 또는 인솔 여행사를 구별하기 위해 하나씩은 걸려있기 마련인 택(tag). 언제부턴가 하나의 액세서리처럼 다양해지고 있다. 형광 컬러의 아기자기한 디자인부터 손을 대면 불이 깜박인다든지 등등, 비닐 소재의 단순한 디자인을 넘어 각양각색의 유니크한 디자인으로 본인만의 개성을 나타내기도 한다. 물건의 용도나 성격을 알려주는, 단순한 소품에 지나지 않은 이 아이가 '엣지있는' 라이프스타일 액세서리로 변신한다면? 무인양품의 '택툴(tagtool) 세트'는 실리콘 케이스에 택툴을 끼워 용도에 맞게 사용하는 아이디어 라이프스타일 소품. 여행 할 때는 물론 소소한 일상에도 본인만의 스타일과 감각을 추구하는 싱글족을 배려해 출시되었다. 디자인을 보면 영락없는 택(tag)이다. 5.5cm×1.5cm×3.3cm의 깜찍한 사이즈. 컬러는 화이트, 블랙, 네이비, 레드, 옐로 5가지로 실리콘 소재 특유의 말랑말랑함이 느껴지는 큐트한 비주얼을 자랑한다. 진짜 주인공은 바로 이 텍 안에 끼우는 택툴(tagtool). 무려 8종의 다양한 택툴이 저마다의 기능을 자랑하고 있다. 우선 1일당 도보 수를 체크해주는 만보기 택툴을 실리콘에 끼운 뒤 가방이나 바지 벨트에 달아 보라. 야무진 이 아이는 하루 동안의 걸음량을 모조리 기록해 게으른 당신에게 '무언의' 메시지를 보낼 것이다. 평소 감기를 달고 사는 이들이라면 '온·습도계' 기능의 택툴도 추천한다. 어느 장소에 가든지 알아서 온도 및 습도를 감지해서 창에 띄워주니 미리미리 건강을 챙길 수 있도록 도와준다. 심각한 길치라면 '나침반' 택툴이 필요하다. 손쉽게 방향을 확인할 수 있기 때문에 낯선 여행지나 첫 산행지에서 길을 잃고 이리저리 헤매지 않도록 도와준다.

특히 라이트 기능이 있는 'LED 라이트'는 밤길이 무서운 싱글여성들에게 참으로 요긴할 듯하다. 어두운 길에서 가방 속 소지품을 찾거나, 문 앞 열쇠 구멍을 찾을때 안성맞춤이다. '거울' 기능 택툴은 수시로 메이크업이나 식사 후 구강상태를 체크하기도 알맞다. 이밖에도 3배, 7배용으로 선택이 가능한 '돋보기', 빛을 반사해서 어두운 곳에서 사용하면 좋은 '리플렉터', 언제어디서나 쓱쓱 꺼내어 사용하기 편리한 '줄자' 택툴도 선 선보이고 있다.

**판매 및 문의 무인양품** www.mujikorea.net

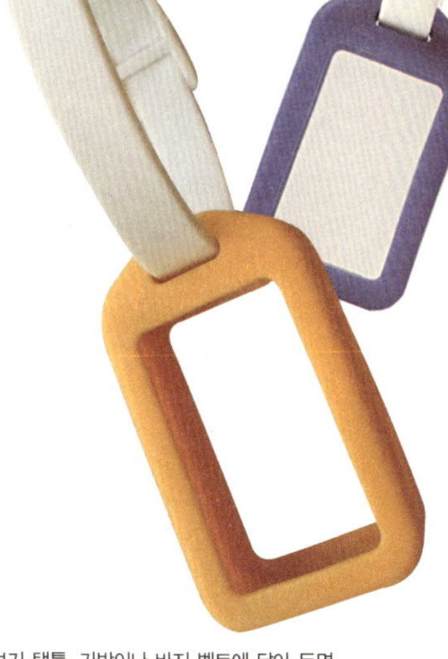

만보기 택툴. 가방이나 바지 벨트에 달아 두면 하루 동안의 걸음량을 체크할 수 있다. 유니크한 디자인으로 액세서리처럼 연출할 수도 있다.

92

# 나를 위한 경비원, 브이스타캠-100V

외부 오디오 입 / 출력 기능이 있어 강력한 음성 전송과 오디오 청취가 가능하다.

야간 적외선 감시를 위한 12개의 IR. 불빛이 없는 공간에서 8~9m까지도 선명한 촬영을 지원한다.

브이스타캠의 마이크. 스마트폰 앱을 통해 현장의 목소리를 듣거나 전달하는 등, 양 방향으로 음성을 전달할 수 있다.

혼자 살 때 가장 걱정되는 문제는 뭘까. 먹거리, 빨래, 청소, 건강, 자기관리? 이런저런 소소한 문제들이 있겠지만 어디 '안전'만큼이야 할까. 특히 요즘은 각종 흉악 범죄가 늘고 예기치 못한 사고를 당하기도 쉽기 때문에, 혼자 사는 여성들에게 보안 문제는 아무리 강조해도 모자라지 않다. 또 혼자 살다 보니 집을 비워놓을 때가 많아 행여 도둑이 들지는 않을까, 가스를 켜놓진 않았을까 하는 불안함이 앞선다. 홀로 남겨두고 온 강아지가 잘 지내는지도 걱정 된다. 이럴 땐 유명 보안 업체의 관리라도 받고 싶지만 혼자 사는 형편에 유난을 떤다 싶은 생각도 들고 그 비용 또한 만만찮다. 최근 이런 걱정으로부터 자유롭지 않은 싱글족을 위한 대안으로 홈 CCTV가 잇달아 출시되고 있다.

도난 방지를 목적으로 가정용 CCTV를 설치한 경우라면 동작 감지 센서 알림은 필수다. '브이스타캠-100V'은 전면 센서를 통해 동작이 감지되는 경우 모션 알람을 울려주기 때문에 낯선 이의 침입에 대비할 수 있어 참으로 유용하다. 하지만 안타깝게도 이 모션 알람 기능은 실시간 모니터링 중에만 작동되기 때문에, 스마트폰으로 계속 모니터링 기능을 켜두고 있다가는 배터리가 순식간에 닳아버릴 수도 있다. 이를 위해 '브이스타캠-100V'은 스마트폰 배터리 걱정 없이도 본인 사무실 및 해외에서도 실시간 모니터링을 가능하게 해준다.

가정용이지만 천장에 설치 가능한 브래킷이 포함되어 있어 벽면 어디든 설치 가능하다. 블랙 & 화이트의 심플한 디자인이라 집안 어디에다 두어도 튀지 않고 무난하게 어울린다. 꼭 보안이 목적이 아니더라도 건망증이 심한 이들이나 집에 물건을 두고 오지 않았나, 가스불은 제대로 잠겼나 감시하는 용도로 사용해보는 것도 좋을 듯하다.

**판매 및 문의** ㈜위드앤올 www.vstarcam.co.kr

**Editor's Tip**

❶ 원격 조정도 가능하다. 스마트폰에서 앱을 연결시키면 카메라가 현재 찍고 있는 화면이 스마트폰 화면에 뜬다. 그 화면을 터치하면 사방으로 화살표가 표시되는데, 그 화살표를 터치하면 화살표 방향에 따라 카메라가 돌아가고 그 방향을 볼 수 있다. 싱크대 가스는 끄고 나왔는지, 화장실 불은 껐는지, 피해나갈 구멍이 없겠다.

❷ 그렇다고 무작정 스마트폰을 켜두란 이야기는 아니다. 3G나 4G(LTE, LTE-A)로 접속하는 경우 요금제에 따라 데이터 요금이 발생할 수도 있으므로, 주의할 것!

# 94



**싱그러움을 담다!**

# 자연을 담는 가방,
# 패브릭 화분 박삭(Bacsac)

생긴 건 꼭 푸대자루 같은데 알고 보면 파리지앵들의 '잇 아이템'이란다. 가방처럼 생긴 이 물건은 프랑스의 조경 전문가와 디자이너들이 함께 만든 패브릭 화분 '박삭(Bacsac)'. 옥상, 사무실, 심지어 자동차 지붕도 상관없다. 세우고 걸어둘 곳이 있다면 그곳이 바로 꽃밭, 텃밭, 자연이 된다. 흙이 숨 쉴 수 있는 투과성 소재 덕분에 식물이 잘 자랄 수 있다. 원하는 장소에 놓고 흙만 담으면 바로 농지가 되니 신기한 화분이다.

휴대성 뿐만 아니라 이동이 편리해 주변 어디든 공간만 있으면 멋진 가드닝을 가능케 해주는 박삭(Bacsac). 패브릭 소재라 유연하고 가볍다는 점이 큰 특징. 사용하지 않을 때는 접어서 보관할 수도 있다.

일반적으로 집 안이 왠지 삭막하다고 느껴질 때, 사람들은 가장 먼저 식물을 떠올린다. 하지만 집에 마당이나 화단이 없고 마땅히 따로 공간을 내기에도 어려운 상황에는 작은 화분 하나 키우는 일에 만족할 수밖에 없는 것이 현실이다. 혼자 사는 싱글들도 처음에는 방 안에 온기를 들이기 위해, 또 인테리어 용도로도 가드닝을 시작하는 경우가 많지만, 얼마 지나지 않아 금세 관심에서 벗어나 말려 죽이기 쉽다. 박삭은 이동이 편리하고, 주변 어디든 공간만 있으면 나만의 멋진 어반 가든을 만들 수 있다는 매력이 있다.

면면을 사세히 살펴보자면, 소재 자체가 투과성 섬유인지라 흙과 물, 공기를 이상적인 비율로 유지시켜 주므로 밭과 흡사한 환경을 제공한다. 유연하고 가볍기 때문에 베란다나 책상 위, 사무실 등 어디에나 손쉽게 설치할 수 있고 100% 재활용이 가능하며 수분이 쉽게 증발되지 않아 기존의 밭보다 물도 적게 사용할 수 있다. 작은 면적에서도 작물을 교대로 심기도 편하다. 또 멀리 이동하지 않아도 텃밭 가꾸기가 가능하니 게으른 싱글들에겐 제대로 된 가드닝 아이템으로 강추될 만하다. 식물을 키우지 않을 때는 접어서 보관할 수 있으니 수납 면에서도 나무랄 데 없다. 단, 소재의 특성상 투과성이 있는 재질이라 물이 살짝 고일 수 있어 실내에서는 화분 받침이 필요하다. 수분이 쉽게 증발되지 않아 물을 많이 주지 않아도 텃밭 환경과 흡사한 조건을 만들어 준다는 점도 특징이다.

**판매 및 문의 카탈로그 잇** www.katalog-it.com

천장에 걸어두고 즐기는 자연

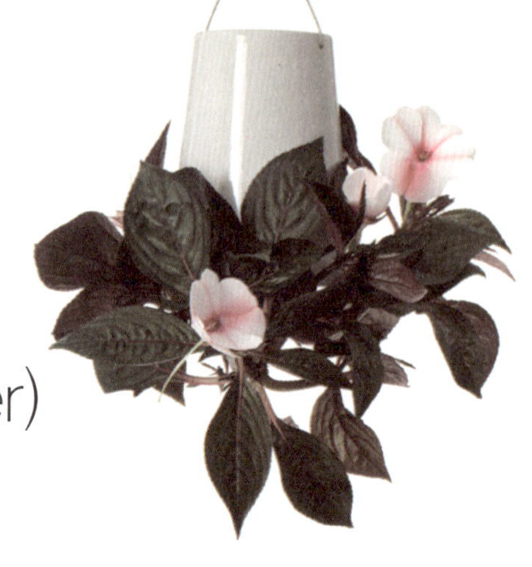

# 스카이 플랜터(Sky Planter)

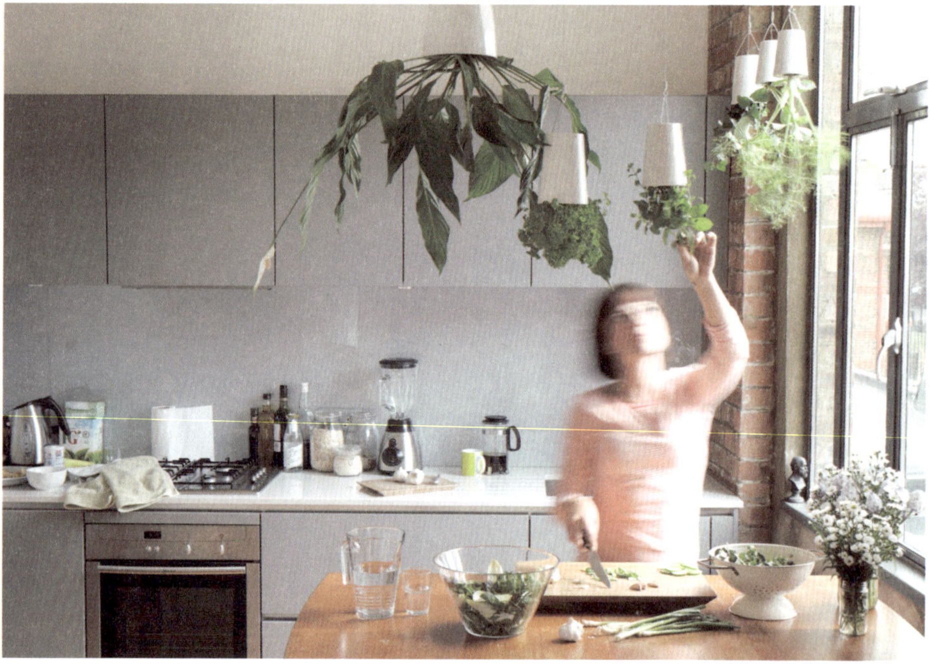

자신에게 아낌없이 투자하며 스마트한 라이프를 즐기는 싱글들이 많다. 좋아하는 취미가 있다면 자신의 라이프스타일을 고려해 집을 꾸미는 것도 좋은 방법이다. 가드닝도 그 중의 하나다. 베란다에 꽃밭을 꾸미거나 텃밭을 만들어도 좋고, 공간이 여의치 않다면 작은 화분 하나만으로도 삭막한 실내에 생기를 줄 수 있기 때문이다. 하지만 화분 놓을 장소가 마땅찮다는 점과 잔 손 많이 가는 관리 때문에 망설이는 이들이 많다. 이럴 때는

거꾸로 매달아 키우는 화분에 도전해보는 것도 색다른 방법이다. 밋밋한 실내를 멋스럽게 화분을 떨어뜨려 연출한다면 기분도 새로워질 수 있다. 스카이 플랜터(Sky Planter)는 말 그대로 천장에 매달아 키우는 화분으로 뉴질랜드의 디자이너 패트릭 모리스(Patrick Morris)의 아이디어에 의해 탄생했다. 화분을 뒤집어 천장에 매단다고 하니 놀랄 만도 한데, 이는 거꾸로 매달았을 때 식물이 떨어지지 않도록 고정해 주는 잠금 디스크과 테라코타로 만든 물 저장고가 있기에 가능한 일. 바닥이 너무 비좁아서 화분 데코를 포기했던 이들에게도 눈이 번쩍 뜨일 아이템 아닌가. 물 저장고에 신선한 물을 채워 주기만 하면 물을 자주 주지 않아도 되니 가드닝에 자신없는 이들도 쉽게 도전해볼 수 있다. 부엌에 허브 화분 몇 개 매달아두면 요리에 필요한 식물들을 바로바로 뜯어서 사용할 수도 있지 않을까. 주의할 점은 스카이 플랜터를 고정시킬 천장의 상태를 고려해야 한다는 점이다. 당연한 이야기지만, 기본 구성품 중의 실링 후크(Celling Hook)는 단단한 재질의 천장에만 설치가 가능하다. 안전을 위해서다. 고정시킬 곳의 재질이 확실치 않은 경우 전문가에 문의할 것을 권한다.

**판매 및 문의 카탈로그 잇** www.katalog-it.com

집이 좁아서 가드닝이 망설여졌다면 천장에 매다는 스카이 플랜터에 도전해보자. 관리 방법도 물 저장고에 신선한 물을 채워 주기만 하면 되니 간단하다.

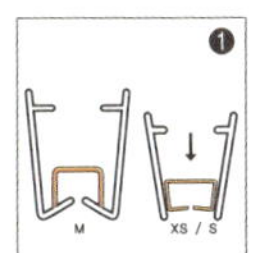    

❶ 스카이 플랜터를 준비한다. 물 저장고(테라코타)를 조심히 화분 안에 넣어 준다. ❷ 흙을 적당량 채운 후 화초이 뿌리가 상하지 않도록 조심스럽게 식물을 심어 순다. ❸ 흙을 더 채운 뒤 그물망을 식물 크기에 맞게 잘라서 덮어 준다. 꽃집에서 피는 이끼로 대신해도 좋다. 단, 그물망을 덮지 않아도 토양이 안정화되면 흙이 떨어지지 않는다. ❹ 뚜껑을 흙에 맞춰 넣고 회전시켜 고정시켜 준다(단단히 고정되었는지 확인한다.). ❺ 스카이 플랜터를 조심히 뒤집어 물 저장고가 제대로 자리잡았는지 확인한다. 매단 후에 물 저장고에 물을 채운다.

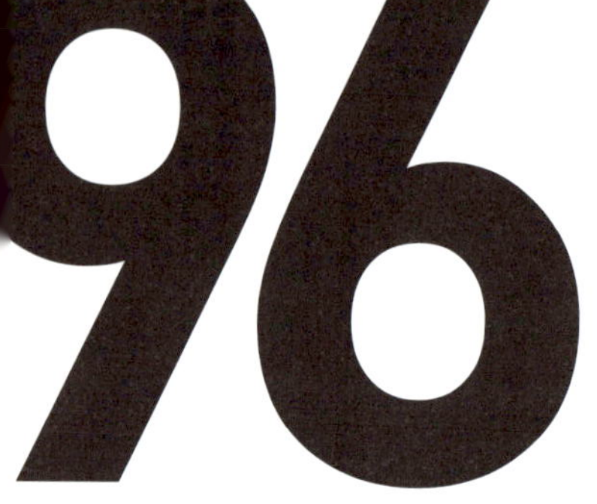

# 96

잔 손 가는 싱글 살림에 하나쯤은

# DIY가 필요할 땐, 후쿠

일부러 사기는 그렇고, 그러다가 필요할 때 없으면 참 아쉬운 물건들이 있다. 가정용 공구세트도 그 중의 하나. 거창한 공구세트까지는 아니더라도 '드라이버'도 그에 해당하는 물건이다. 혼자 사는 살림에 무슨 공구까지 필요하냐고 묻는다면, 그건 닥쳐보면 이해할 일이다. 현관 디지털 도어 밧데리가 닳아서 한밤중에 문이 안 잠길 때, 갑자기 싱크대 설거지 선반이 내려앉을 때, 택배로 받은 수납용 가구를 직접 조립해야 할 때 등 의외로 소소한 쓰임새가 많다. 잦은 이사의 숙명을 타고 난 싱글들에겐 당장 이삿짐 푸는 순간부터 뭔가를 걸고, 조이고, 못 박는 일들이 허다한 법. 그 뿐이 아니다. 아무리 단촐한 싱글 살림이지만 집수리며 인테리어며 잔 손 가는 부분이 얼마나 많은지. 하물며 버티컬을 달거나 벽에 못질 하나를 하더라도 다른 사람 힘 안 빌리더라도 드라이버만 있으면 아쉬운 대로 해결이 가

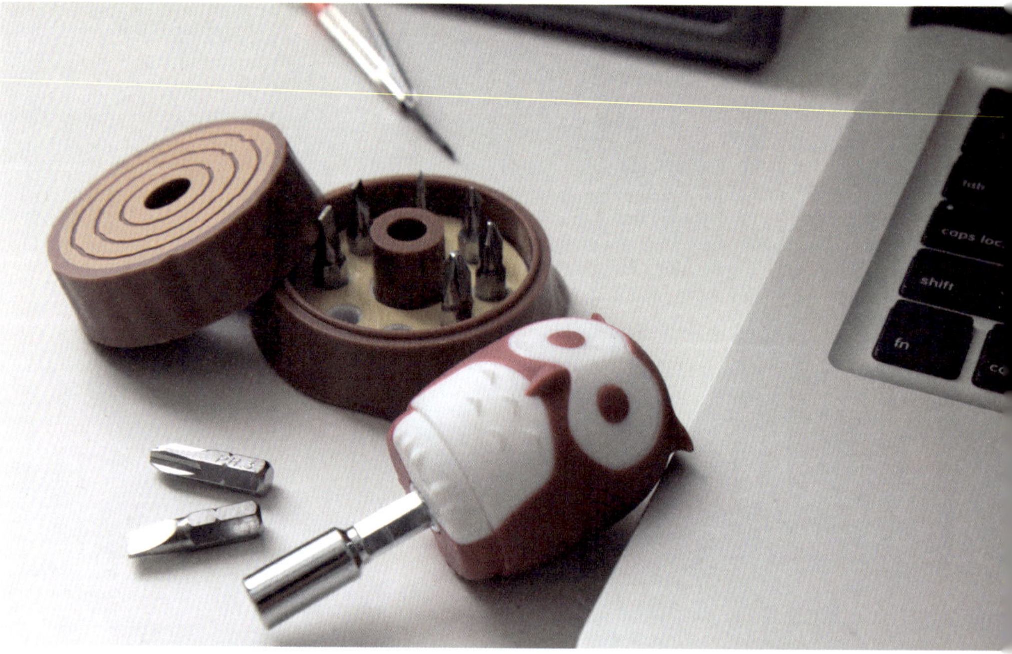

**Editor's Tip**
❶ 책상 위에 놓고 장식품으로 쓰다가 필요할 땐 바로 해체가 가능하니 편리하다. 아무리 좋은 도구가 있어도 필요할 때 찾으면 온 집을 뒤집어야 가능한데, '후쿠'는 항상 보이는데 둘 수 있으니 찾는 수고를 덜어준다.
❷ 사무실 책상 위에도 한 마리 들여놓고 맥가이버를 자청해보라. 직장 선배들의 사랑을 한 몸에 받을 수도 있다.

능하다. 하지만 마치 전문 수리점을 방불케하듯, 온갖 부품들이 세트로 들어있는 공구세트를 장만하자니 부담스럽다.

이때 숲의 수호자 부엉이가 나타나 모든 문제를 해결해 준다면? 바로 대만에서 날아온 가정용 드라이버 세트 '후쿠'. 미니어처 장식품이 아니라 있을 건 다 있는 드라이버 세트다. 평소에는 인테리어용으로 장식해도 좋을 만큼 앙증맞은 외모를 자랑하지만 드라이버가 필요할 때면 이야기가 달라진다. 귀여움 속에 삼춰신 8종류의 드라이버가 항상 출동 대기하고 있기 때문이다. 우선 67mm×82mm의 작은 사이즈로 한 손에 쏙 들어오는 그립감이 특징. 부엉이의 몸체에 해당하는 부분을 분리하면 아래쪽에 그루터기 모양의 받침대가 있는데, 그 안에는 (+)드라이버, (−)드라이버가 크기별로 각 4개씩 무려 8개의 드라이버가 장착되어 있다. 필요한 상황에 따라 골라 쓰면 된다. 사용할 때는 부엉이 밑에 간단하게 끼우면 가능한데, 길게 빼서 사용해도 되고, 부엉이 본체로 밀어 넣어서 짧게 사용할 수도 있다. 마그네틱 부분으로 고정되기 때문에 빠질 염려는 없다. 휴대하기 편한 것도 후쿠 드라이버의 장점. 후쿠 본체 하단에 드라이버를 수납할 수 있는 공간이 따로 마련되어 있다. 6개까지 수납이 가능하므로 그루터기를 제외한 후쿠만 달랑 데리고 나가서 사용할 수 있다.

**판매 및 문의 펀샵** www.funshop.co.kr

# 건강한 팔찌,
# 핏비트 차지(Fitbit Charge)

과연 제대로 살고 있는 걸까? 하루에 만보는 걸어야 건강에 좋다는데, 아침에 눈 떠서 저녁에 자리에 누울 때까지 과연 몇 걸음이나 움직이는 걸까. 다이어트에 성공해 멋진 몸매도 갖고 싶다. 하지만 주위에는 맛있는 것들이 얼마나 넘쳐나는가. 자제력을 잃고 나도 모르게 손이 가는 순간, 칼로리가 저절로 계산되면 저절로 식탐이 줄어들 것도 같다. 이뿐이랴. 아침이면 몰려 오는 피곤함, 분명히 어젯밤 충분히 잔 것 같은데 이상하게 몸이 찌뿌둥하다. 이럴 때 누군가가 내가 몇시간 잠을 잤는지, 얼마나 푹 잤는지 체크해 준다면 도움이 될 텐데…

생각으로만 꿈꾸던 이런 일들이 이제는 '팔찌 하나로' 가능하게 되었다. 대표적인 웨어러블(Wearable) 기기, 스마트 밴드 '핏비트 차지(Fitbit Charge)'. 쉽게 설명하자면 손목에 착용하는 '활동량 측정기'로, 일상 속 활동량을 높이고 건강한 라이프스타일을 추구하는 이들을 위해 개발된 고성능 스마트

팔찌처럼 착용하는 웨어러블 스마트 밴드, 핏비트. 손목에 차고 다니는 동안 그날의 걸음 수, 이동 거리, 칼로리 소모량, 운동 기록, 수면 기록 등 나의 모든 활동량을 낱낱이 기록하고 알려줌으로써, 게을러 지기 쉬운 일상에 건강한 자극을 준다.

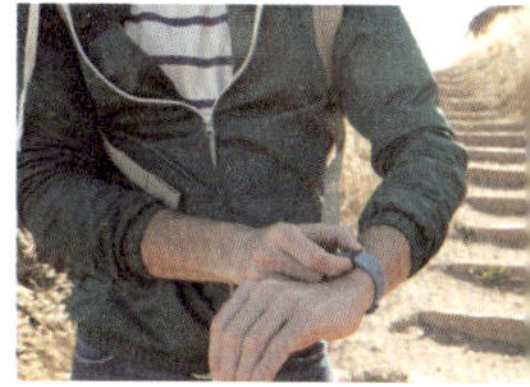

밴드라 할 수 있다. 팔찌 모양으로 생긴 핏비트 차지를 손목에 착용하면 실생활을 하는 동안 나의 모든 일거수일투족들을 낱낱이 기록하고 저장해서 알려준다. 걸음 수, 이동 거리, 칼로리 소모량, 오른 계단 수, 운동 기록, 수면 기록 등. 또 목표치를 설정해 놓으면 진동과 디스플레이를 통해 운동을 독려하기도 하고, 목표를 달성하면 진동과 디스플레이로 축하도 해주는 등 운동하는 재미도 쏠쏠하다.

무엇보다, 게으른 몸에게 보내는 뚜렷한 '동기'가 생기니 만족스럽다. 하루 종일 손목에 차고 있으면 왠지 한 걸음이라도 더 걸어야 할 것 같고, 눈앞에 산해진미가 있더라도 칼로리 알려주는 핏비트 차지 때문에 '덜' 먹게 되지 않을까. 다음은 자세한 사양. 우선, 현재 시각 및 측정된 데이터를 즉각적으로 확인할 수 있는 OLED 화면과 세련된 디자인을 채택했고, 이전 제품보다 착용감도 개선했다. 또 블루투스 4.0을 통해 120종 이상의 iOS, 안드로이드, 윈도우 기기에 무선으로 연동되고, 실시간 자동 동기화 된 데이터는 모바일 또는 온라인 어플리케이션 대시보드를 통해 확인할 수 있다. 핏비트 어플리케이션은 제품을 통해 전송 받은 데이터를 차트와 그래프로 제시해 효과적으로 일일 활동을 모니터링 할 수 있고, GPS를 활용한 모바일 런 기능을 통해 걷기, 달리기, 하이킹 중 이동 경로 및 속도 등을 분석해 보여준다. 친구와의 공유 등 도전 기능을 통해 지속적으로 동기를 부여한다는 점도 핏비트 만의 건강한 매력. 하루 종일 너무 앉아만 있다거나, 누군가의 '잔소리'가 있어야만 몸을 움직이는 체질이라면 주저없이 이 똑똑한 스마트 밴드에 팔목을 내어주어야만 할 것이다.

**판매 및 문의 Fitbit Inc.** www.fitbit.com

# 97

**Editor's Tip**
핏비트 차지를 사용하려면 먼저 프로그램 설치가 우선. https://www.fitbit.com/kr/setup에 들어가면 쉽게 따라 할 수 있다. 프로그램 설치 후 컴퓨터 화면의 지시에 따라서 핏비트 차지의 버튼을 눌러서 켠 후, 기기 인식 과정을 거치면 대시보드로 들어갈 수 있다. 핏비트 차지에서 기록된 모든 데이터가 무선으로 동기화되어 대시보드를 통해서 일목요연하게 나타나므로 나의 활동량을 확인할 수 있는 것. 스마트폰용 앱을 설치하면 스마트폰을 통해서도 대시보드를 이용할 수 있다. 구글 플레이로 들어가서 'Fitbit'으로 검색하면 설치 가능하다.

# 스타벅스 텀블러

**Editor's Tip**

을미년 '양의 해'를 맞아 스타벅스에서도 예외없이 신년 텀블러를 내놓았다. 이 제품의 정식 명칭은 2015 SS트로이 신년 텀블러. 스타벅스 마니아들 사이에서는 '청양 트로이'로 통한다. 출시하자마자 몇 시간 만에 품절됐을 정도로 인기인 이 텀블러는 착하고 순수한 푸른 양의 이미지가 돋보이는 제품. '태교에 좋다'는 속설로 예비엄마들 사이에서 인기몰이를 했다는 후문도 전해진다.

'음료수를 마시는 데 쓰는 밑이 편평한 잔'이라는 사전적 의미를 지닌 텀블러(tumbler)가 대중화된 지 오래다. 환경보호 인식이 확산되면서 종이컵을 밀어내고 본인 컵을 사용하는 추세이기도 하고, '스타일리시한' 패션 아이템으로 자신만의 텀블러를 갖는 것이 유행처럼 굳어졌다. 특히 혼자 사는 싱글인 경우, 바쁜 아침이라도 텀블러만큼은 꼭 챙겨서 출근하는 이들이 많다. 시간에 쫓기면서도 갈아 놓은 원두를 내리고, 텀블러에 담기까지 번거로운 수고를 마다하지 않는다. 이처럼 이동식 컵을 손에 들고 가는 만큼 사람들의 시선을 끄는 건 당연한데, 많은 트렌드세터들의 선택을 받고 있는 주인공은 다름 아닌 '스타벅스 텀블러(starbucks tumbler)'. 가장 일반적인 이유를 말하자면 생활 속 스타벅스의 인식 자체가 트렌디하고, 가격 대비 높은 만족과 더불어 글로벌한 이미지를 주고 있기 때문으로 해석된다. 다양한 컬러와 디자인으로 선택의 즐거움을 제공하고 있지만, 그 중에서도 기본이 되는 원형의 루시 로고가 박힌 텀블러는 가장 심플하면서도 가장 인기가 많은 모델이다. 군더더기 없는 오리지널 콤비네이션이 완벽한 조화를 이루기 때문 아닐까.

커피를 이용해서 가장 대중성을 가진 상품들로 발전시킨 스타벅스의 아이디어에는 놀라움을 금치 못할 때가 정말 많다. 해마다 새로운 텀블러 에디션을 내놓고 나라마다 기념품이 될 만한 독특한 디자인을 가지고 있기에, 이를 수집하는 콜렉터도 수두룩할 정도니 말이다. 텀블러를 비롯해 보

온병도 녹색과 하얀색을 바탕으로 심플하게 나온 디자인이 한동안 유행을 탄 적이 있었지만 지금은 단종되었다. 이렇게 소장 가치가 점점 느껴지는 스타벅스의 머천다이징 상품 중 텀블러는 머그 컵 다음으로 가장 인기 있는 아이템이다. 그래서인지 점점 가장 기본에 충실했던 디자인이 그리울 때가 많다. 써본 사람들은 다 알겠지만 오래 지속되는 보온력과 꽉 맞물리는 리드의 안전함도 칭찬할 만하다. 단, 너무 뜨거운 음료를 넣거나 탄산음료를 넣으면 안 된다는 점은 반드시 기억해야 할 부분. 350㎖, 470㎖의 두 가지 용량으로 선택 가능하다. 텀블러나 보온병을 사면 무료 커피 시음권을 주니 왠지 커피 한 잔을 공짜로 얻어 마시는 기분도 들면서 할인 받는 마음까지 덤으로 얻게 된다.

**판매 및 문의 스타벅스** www.starbucks.co.kr

싱글들의 '잇' 아이템인 텀블러. 그 중에서도 많은 트렌드세터들의 선택을 받고 있는 주인공은 다름 아닌 스타벅스 텀블러. 특히 '루시' 로고가 박힌 텀플러는 오리지널인 매력으로 가장 인기있는 모델 중 하나로 손꼽힌다.

## Editor's Tip

스마트빔의 다재다능한 활용법 몇 가지

❶ 뭐니 뭐니 해도 내 방의 작은 영화관으로! 스크린이 있으면 물론 금상첨화이지만, 빈 벽이나 천장을 이용해 보고 싶은 영화만 골라 본다. TV처럼 사용해도 좋다. 그것도 누워서.

❷ 카페나 자동차 안에서. 나 홀로 게임이나 맘껏 소리 지르며 경기관람도 가능할 듯.

❸ 각종 회의나 모임, 스터디 등에서도 엣지있게. 스마트빔을 활용하면 왠지 더 스마트한 진행이 가능해진다.

❹ 잊지못할 추억을 만들고 싶다면 캠핑지에서 단둘이. 텐트내부를 스크린 삼아 달달한 영화 감상하는 재미란… 2시간까진 가능하지만, 그래도 불안하다면 보조 배터리만 준비해도 좋다.

싱글룸에 꾸민 나만의 전용 영화관

# SKT 스마트빔

내 집 안방 벽 위에서 〈타이타닉〉의 육중한 타이타닉호가 물살을 가르며 항해를 시작하고, 천장에는 〈그래비티〉속 광활한 우주가 펼쳐진다. 집안의 벽과 천장은 물론 캠핑을 나갔을 때 텐트의 표면, 심지어 자동차 표지판까지 나만을 위한 극장으로 둔갑시킬 수 있다면? 이런 상상이 가능하게 되었다. 언제 어디서든 투사할 '벽' 만 있으면 TV는 물론 각종 영화들을 볼 수 있는 미니 프로젝터의 등장 덕이다. 어디서든 내가 원하는 장소에서, 오직 나만을 위한 홈시어터를 장만할 수 있게 된 것이다. 회사일과 각종 업무로 너덜너덜해진 몸을 달래기에는 혼자 눈물콧물 다 짜내면서 보는 영화 한편만한 게 또 있을까.

SKT 스마트빔은 배터리를 내장해 휴대성을 극대화한 초경량 프로젝터이다. 129g으로 테이크아웃 커피 한 잔과 비교할 수 있을 정도로 아주 가볍다. 가로, 세로, 높이 4.5cm의 정육면체의 크기에 밝기 40안시 루멘 이상의 밝기로 최대 200인치까지 비춰주는 미니빔. 해상도 VGA급(640×480)으로 스마트폰이나 노트북만 있으면 멋진 영화관을 만들수 있다. 한 손에 쏙 들어오는 사이즈로 덩치 큰 다른 프로젝터와 달리 가방 안에 넣고 다녀도 부담스럽지 않다. 내장 배터리는 최대 2시간까지 사용할 수 있다. 충전용 배터리가 따로 있어 따로 챙겨가도 무방하다.

다음은 성능 차례. 스마트앱을 설치하고 함께 제공된 인증번호를 입력하면 약 930편의 영상을 무료로 제공 받는다. 콘텐츠는 매년 업그레이드된다. 다양한 기기와의 호환성 또한 눈여겨볼만 하다. 갤럭시노트3, LG G3, 아이폰 5S 등 최신 스마트폰 기종과 연결 가능할 뿐만 아니라 갤럭시 S3, 갤럭시 S4, 갤럭시노트2와 같은 일부 스마트폰들도 변환 젠더만 연결해주면 영상 출력이 가능하다. LED 광원램프로 최대 10,000시간 사용할 수 있을 정도로 긴 램프 수명도 맘에 든다. 하루에 2시간씩 사용하면 무려 13년을 사용할 수 있다. 따라서 유지비 부담도 적다. 내장 스피커 기능이 있어 따로 스피커를 연결하지 않아도 충분한 음질을 느낄 수 있다. 볼륨 조절은 스마트폰으로 하면 된다.

**판매 및 문의 SK 텔레콤** www.uo.co.kr

스마트빔은 가로, 세로, 높이 4.5cm의 정육면체의 크기에 밝기 40안시 루멘의 밝기로 최대 200인치까지 비춰주는 미니빔이다. 해상도 VGA급(640×480)으로 스마트폰이나 노트북만 있으면 멋진 영화관을 만들 수 있다.

# 어른들의 장난감,
# 피규어(figure)

'키덜트'라는 유행어가 낯설지 않게 된지 오래다. 키덜트는 어감 그대로 'kid'와 'adult'가 합쳐진 말로, 어릴 적 갖고 놀던 장난감들에 여전히 열광하고 탐닉하는 어른들을 일컫는 말이다. 일단, 진지하고 무거운 것은 사절이다. 유치할 정도로 천진난만하고 재미있는 피규어들을 모으는 것이 키덜트의 원칙이라면 원칙. 세상은 자꾸 바쁘고 각박하게만 돌아간다. 답답한 일상도 반복된다. 그 쳇바퀴 속에서 조금이라도 쉼과 재미를 누리고 싶은 어른들이 어릴 적 갖고 놀던 장난감들을 다시 더듬어보기 시작하면서 이 독특한 복고가 시작되었다고 대부분은 추측한다. 누가 아직도 이렇게 건담 프라모델과 흘러간 옛 애니메이션 속 주인공들의 피규어, 큼지막한 레고 세트들을 수집하고 앉아 있겠느냐 의심한다면 큰 오산이다. 더 이상 키덜트 문화는 남 얘기가 아니다. 피규어 종류별로 동호회와 팬카페가 개설되어 있음은 물론, 연예인 중에서도 여러 키덜트 마니아들이 산재해 있을 정도로 피규어 사랑은 단단히 자리잡고 있다.

## 베어브릭(Be@rbrick)

이처럼 두터운 매니아층을 자랑하는 키덜트 피규어 중에서도 최고의 인기를 누리는 녀석은 바로 '베어브릭'. 혹시 가방이나 핸드폰에 달려 있는 큼지막한 곰 장난감을 본 적이 있다면, 당신은 YG 양사장과 빅뱅의 탑도 정신 못 차린다는 '베어브릭'을 목격한 것이 틀림없다.

베어브릭(Be@rbrick)은 곰(bear)과 브릭(brick)의 합성어로, 곰 인형 모양의 장난감이다. 은유적으로 어린 시절의 감성을 자극하는 아주 독특한 장난감으로 일본 메디콤 토이(Medicom Toy)사가 실제 성인들의 수집을 목적으로 탄생시켰다고 한다. 지난 2001년 일본에서 열린 세계 캐릭터 전시회에서 첫 등장해 디자인을 중요시하는 젊은 세대를 타깃으로 시리즈나 주제에 따라 다양한 디자인을 선보이고 있다.

2010년 7월에 출시된 '아이언맨 6'. 베어브릭은 미국 마블사나 디즈니 등에서 선보이는 여러 영화 캐릭터들을 모델로 만들어지기도 한다.

2014. 6월에 출시된 '카리모코' 모델. 100년 역사
를 자랑하는 일본의 유명한 목조 가구회사 이름
을 따서 제작되었다.

베어브릭은(Be@rbrick)은 6개의 부위(머리, 상체, 하체, 팔, 다리, 손)로
나눠지며 색상은 일반적으로 원색이지만 시리즈나 주제에 따라 부드러운
파스텔톤과 형광색 등을 사용하기도 한다. 플라스틱, 합금, 나무 등 다양
한 소재는 물론, 컬러와 패턴 등 다양하다. 특히 전 세계 유명 아티스트와
작가, 명품 브랜드와 콜라보레이션을 통해 차별화된 디자인으로 희소성
을 높이기도 해 한정판 제품의 경우 마치 예술 작품처럼 가격이 치솟기도
한다. 최근에는 유명 연예인들의 수집품으로 알려짐과 동시에, 히어로 영
화, 디즈니 등을 소재로 한 작품을 출시하면서 대중들과 더욱 더 친숙해
지고 있는 추세이다. 뿐만 아니라 높은 가치와 희소성을 위해 한번 생산
된 시리즈는 절대로 재생산을 하지 않는 것으로도 유명하다.

100

## 액션 피규어(Action Figure)

〈스파이더맨〉속 영웅 스파이더맨이 금방이라도 거미줄을 쏠 듯 날렵하게 점프하고, 〈스타워즈〉속 레이저검 결투 장면이 미니 사이즈로 펼쳐진다. 초록색 피부 아래서 마치 진짜같이 힘줄이 꿈틀대는 헐크가 옷을 찢고 튀어나오는가 하면, 007시리즈의 주인공들이 검은 양복을 입고 늠름한 자세를 취한다. 마음속 영원한 영웅, 어른들을 위한 장난감, '액션 피규어'에 관한 이야기다. 애니메이션, SF영화, 코믹북 슈퍼히어로 등 다양한 엔터테인먼트 콘텐츠 속의 캐릭터들을 실제처럼 모형으로 제작한 것을 일컬어 액션 피규어라 한다. 정확히 꼬집어 말하면 액션 피규어는 놀이보다는 수집을 위해 만들어진다. 때문에 액션 피규어의 주 고객층 역시 성인들이다. 어린이들이 갖고 노는 장난감보다도 훨씬 정교해 관절 등을 자유자재로 움직일 수 있으며, 옷을 갈아입히거나 자유롭게 색을 칠할 수도

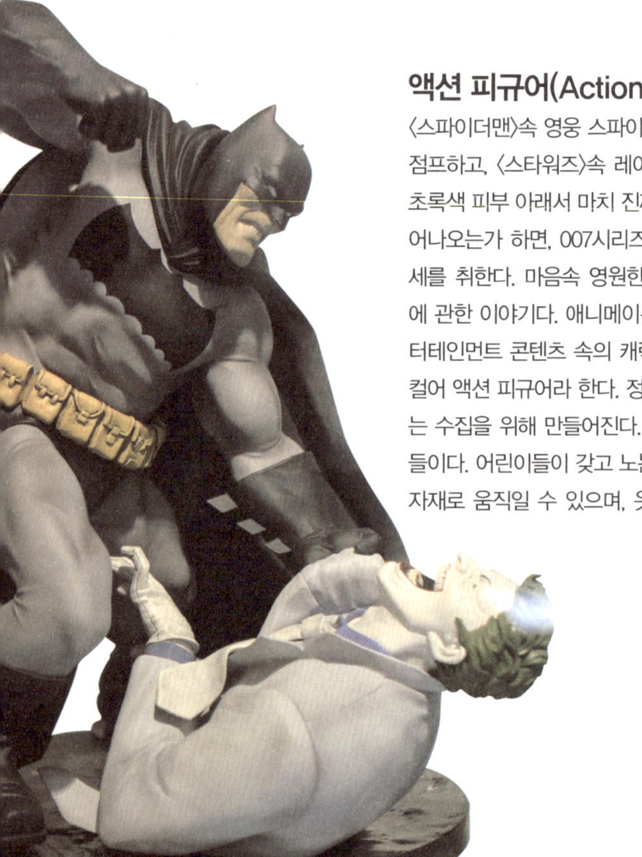

있다. 사이즈 역시 손에 잡을 수 있을 정도의 작은 사이즈부터 실제와 같은 사이즈까지 다양하다.

액션 피규어의 유행은 온갖 캐릭터로 요약될 수 있는 코믹북과 영화산업이 중심이었던 60년대 미국에서 시작되었다. 〈지.아이.조〉속 캐릭터들부터 시작하여 그 유명한 마블(MARVEL)사의 히어로들을 거쳐 007, 스타워즈 등 한 시대를 풍미했던 영화 속 주인공들이 액션 피규어로 줄줄이 재탄생되있다. 이어서 나양한 코빅묵과 드라마 속 주인공들, 농구선수와 야구선수들까지 액션 피규어로 제작되게 된다. 이 변천사를 거치며 액션 피규어는 더욱 세밀해졌고, 한정 콜렉션과 열혈 수집가들이 등장하는 등 성인들 위주로 즐기는 수집문화의 한 코드로 자리매김하게 되었다.

**판매 및 문의 쎈토이** www.ssentoy.com

슈퍼맨 마니아들이라면 환영할만한 슈퍼맨 피규어. 다양한 모델과 사이즈가 눈길을 끈다.

# 싱글들을 위한
# 똑똑한 재테크 A to Z

싱글라이프의 가장 큰 장점은 온전히 '나'를 위해서만 돈을 벌고 쓸 수 있다는 점이 아닐까? 그런데 아이러니하게도 혼자일수록 돈 모으기가 힘들다. 당연히 기혼자들보다 넉넉하고 저축이 많아야 정상인데 소비성향이 높아지는 것이 가장 큰 문제. 생각 없이 지출하다 보면 쓰는 데 익숙해져서 미래에 대한 계획이나 고민 없이 현재 생활에 안주하기 쉽다. 여유 있는 싱글라이프를 위해선 어쩔 수 없이 돈이 뒷받침되어야 한다. 언제까지 월세 살이로 만족할 것인가? 내집 마련은 물론 약간의 취미 생활도 즐기고, 만약의 경우 노후까지 홀로 보낼 작정이라면 지금부터라도 미리미리 준비해야 한다.

### 본인의 재정 상태부터 들여다보라

생각보다 별 계획 없이 돈 관리를 하는 사람들이 많다. 월급을 받고도 내 통장에서 공과금이 얼마나 이체됐는지, 카드 대금이 얼마나 빠져나갔는 지도 통장 잔고로만 확인할 뿐이다. 예상치 않은 돈이 생기면 고민 없이 가방, 옷을 사는 데 바로 써버린다. 해가 바뀔 때마다 야심찬 각오로 적금을 들어 보지만 1년을 넘긴 적이 없다. 이런 위험천만한(?) 생활을 하고 있다면, 우선 자신의 재정 상황을 파악하는 게 급선무다. 가장 효과적인 진단법은 지금 통장에 얼마만큼의 돈이 들어있는지, 이번 달 카드 사용 금액이 얼마인지를 기억해보라. 만일 몇 초안에 대답을 못한다면 그건 빨간불이 이미 들어왔다는 증거다. 이럴 때는 바로 '가계부 쓰기'를 추천한다. 가계부 기록은 흔히 재테크의 출발이라는 말도 있지 않은가. 가계부를 쓴다고 돈이 저절로 모이는 것은 아니지만 하루하루 쓰다 보면 한 달 간 돈의 입출금 내역 및 사용 흐름을 한 눈에 알 수 있기 때문에 대책 없이 돈이 새는 것을 막을 수 있다. 가능한 한 체크카드를 사용하는 것도 좋은 방법이다. 신용카드와는 달리 사용할 때마다 돈이 빠져 나가기 때문에 정해진 생활비 내에서 사용할 수 있고 잔액을 수시로 체크할 수 있어서 과소비를 막을 수도 있다.

### 매력적인 목표를 세워라

자신의 냉정한 재정 상태 파악이 끝났다면, 다음은 돈을 모으겠다는 의지를 불태우는 단계로 들어가 보자. 아무리 좋은 정보를 얻고, 팁을 터득히디리도 막상 실천하지 못한다며 모든 것이 허사다. 이럴 때 좋은 방법은 동기 부여가 될 수 있는 '매력적인' 목표를 만드는 것이다. 이를 테면 5년 안에 전세 자금을 마련한다거나 차 구입 비용, 결혼, 해외여행 경비 모으기, 연수 비용 만들기, 성형 자금 등 자신만을 위한 현실적인 목표를 세우는 것이다. 이렇게 하면 매번 다가오는 '지름신'도 멀리할 수 있다. 재테크에 있어서 지출을 억제하는 것도 중요하지만 일단 돈을 모으겠다는 분명한 의지만큼 확실한 건 없다는 사실을 알아야 한다.

## '목표 지향적' 가계부를 써라

무작정 기록만 하는 것은 의미가 없다. 명확한 목표를 세워놓고 가계부를 쓰는 것이 바람직하다. 예를 들면, 매월 말일에 이런 목표를 설정해 놓는다. 다음 달에는 수입의 3분의 1을 저축하겠다, 여행이나 공연 관람 등 자기 계발을 위해 매월 1만원씩을 모으겠다는 식으로. 그러다보면 점점 목표에 맞게 아낄 건 아끼고 포기할 건 포기하는 돈관리가 가능해진다. 가계부 앱을 이용해 편리하게 수입 지출을 관리하는 것도 좋은 방법이다. 시중에 나와 있는 '편한가계부 Next', '똑똑가계부', 복식 부기 방식으로 자산 상태를 보다 상세하게 파악할 수 있는 'Owlet-웹 가계부 Whooing' 등도 도움을 준다.

## 통장과 친해져라

본격적인 나만의 '돈 관리 시스템'을 구축하는 단계이다. 통장과 친해져야 돈 모으는 즐거움은 물론 돈이 흘러가는 동선 따라 미래 계획도 세울 수 있다. 통장은 가능한 용도별로 여러 개로 쪼개서 사용한다. 먼저, 가능한 집이나 직장과 가까운 곳이나 월급이 이체되는 은행을 위주로 주거래 통장을 만든다. 그런 다음 급여가 들어온 시점에서 5일 내로 생활비 통장, 쇼핑 통장, 관리비 통장 등으로 이체가 이뤄지도록 날짜를 맞춰 놓는다. 이렇게 항목별로 여러 개로 쪼개 놓으면 관리는 물론 한눈에 파악하기도 쉽고 불필요한 낭비도 줄일 수 있다. 그래야 필요한 곳에 먼저 지출하고 남은 돈으로 저축하는 합리적인 지출 습관을 기를 수도 있다. 통장이 여러 개다 보니 스스로 돈을 '관리'한다는 만족감마저 느낄 수 있지 않을까? 인센티브나 연말정산 환급액, 추가 소득, 남은 돈 등은 따로 '비상금 통장'을 만들어 별도로 모으는 것도 좋은 방법이다. 이럴 경우, 자주 인출할 계획이 아니라면 하루만 맡겨도 이자가 상대적으로 높은 CMA 통장을 활용해 본다.

## 빚부터 갚아라

대출 금리보다 높은 금리를 주는 예금이나 적금을 본 적이 있는가? 누군가는 재테크의 시작은 '빚 갚기'라고 표현한다. 돈이 생기면 무조건 저축부터 하는 것이 바람직하지만 마이너스통장, 학자금 대출, 신용카드 할부, 신용 대출, 약관 대출 등 미래를 갉아먹는 빚이 있다면 이것부터 처리하는 게 급선무다. 물론 빚이라고 무조건 나쁜 것은 아니다. 대출을 이용해 재테크를 성공적으로 해내는 경우도 있다. 근로자 전세 자금 대출, 보금자리론 등 금리가 낮은 정부 지원 대출은 재테크에 큰 도움이 될 수 있다. 하지만 이러한 대출 또한 예·적금보다 금리가 높으니 여유가 생길 때마다 즉시 갚아나가는 것이 좋다. 또 설령 대출이 있더라도 예상치 못하게 돈 쓸 일이 생길 수 있기 때문에 만일의 경우를 위한 어느 정도의 저축은 필요하다. 비상용 통장으로 따로 만들어 두거나 수입의 일부는 단기적금 식으로 여유 돈을 만들어 두었다가 만기가 되면 비상금 통장으로 옮겨둔다.

## 비상금 '1천만 원'을 모아라

빚을 다 갚았다면 본격적으로 저축을 시작하자. 그 첫 번째 목표는 1천만 원을 모으는 것으로 시작해 보는 건 어떨까. 힘들다 싶으면 목표액을 5백만 원으로 줄여도 괜찮다. 단, 본인의 재정 상태보다 조금은 '과하게' 목표를 설정하는 것이 현명하다. 저축은행이나 새마을금고 등 은행보다 이자가 높은 곳의 적금을 드는 것도 좋은 방법이다. 5천만 원까지는 예금자보호가 되니 안심해도 된다. 적어도 목표액을 채울 때까지는 무조건 은행에 저축만 하겠다는 각오로 기를 쓰고 돈을 모아본다. 그래야 불필요한 씀씀이도 줄일 수 있다. 일단 모아지기만 하면 그 돈을 정기예금으로 돌리고, 다시 1년 적금을 들고 만기가 되면 합치기를 반복한다. 그러다보면 저절로 불어나 몇 년 안에 생각지도 못한 큰 목돈을 만들 수도 있다. 처음 목돈 만들기가 힘들지, 이 기간만 잘 참아내면 그 다음부턴 통장 불어나는 재미에 누가 시키지 않아도 돈을 모으게 된다.